U0343559

北京市典型地区地面沉降演化过程与机理分析

The Evolution Process and Mechanism of Land Subsidence in Typical Area, Beijing

陈蓓蓓　宫辉力　李小娟　雷坤超　著

中国环境出版社 · 北京

图书在版编目（CIP）数据

北京市典型地区地面沉降演化过程与机理分析/陈蓓蓓等著．—北京：中国环境出版社，2015.2
（环境与资源博士文库．第 3 辑）
ISBN 978-7-5111-2206-3

Ⅰ．①北…　Ⅱ．①陈…　Ⅲ．①地面沉降—研究—北京市　Ⅳ．①P642.26

中国版本图书馆 CIP 数据核字（2015）第 010598 号

出 版 人　王新程
责任编辑　沈　建
助理编辑　郑中海
责任校对　尹　芳
封面设计　彭　杉

出版发行　中国环境出版社
（100062　北京市东城区广渠门内大街 16 号）
网　　址：http://www.cesp.com.cn
电子邮箱：bjgl@cesp.com.cn
联系电话：010-67112765（编辑管理部）
010-67113412（教材图书出版中心）
发行热线：010-67125803，010-67113405（传真）
印　　刷　北京中科印刷有限公司
经　　销　各地新华书店
版　　次　2015 年 4 月第 1 版
印　　次　2015 年 4 月第 1 次印刷
开　　本　880×1230　1/32
印　　张　9.125
字　　数　170 千字
定　　价　32.00 元

项目资助

1．国家基金（重点项目）：北京地区地面沉降三维形变及演化机理研究（41130744/D0107）；

2．国家自然基金（面上项目）：地下水降落漏斗区动静载荷演化诱发地面沉降机理研究（41171335/D010702）；

3．国家 973 计划课题：城市典型区域不均匀沉降信息获取与机理研究（2012CB723403）；

4．北京市自然科学基金（重点）：地面沉降对京津高速铁路运行影响及调控方法研究（8101002）。

缩写词索引

PS：永久散射体

InSAR：合成孔径干涉雷达测量技术

CBD：城市密集建筑群

NDBI：归一化建筑用地指数

MNDWI：归一化差异水体指数

SAVI：土壤调整植被指数

IBI：遥感建筑用地指数

DEM：数字高程模型

SBAS：小基线干涉测量技术

SVD：奇异值分解

SB：相干点

D-InSAR：差分干涉测量技术

SDFP：等值梯度法

摘　要

地面沉降是由自然和人为因素引起的地面标高损失的环境地质现象，严重时可能诱发一系列的灾害链，是一种永久性的不可补偿资源和环境损失。北京从 20 世纪六七十年代发现地面沉降以来，平原地区的地面沉降呈快速发展的态势。已经形成了南北两大沉降中心，地面沉降快速的区域，地表仍以每年 30～60 mm 的速度持续发展，区域地面沉降对北京许多城市基础设施均产生不同程度的危害和影响，严重影响着首都社会、经济、人民生活的可持续发展。本书在对国内外地面沉降监测方法、成因机理的研究现状，进行系统学习与总结的基础上，以北京市典型地区为研究区，采取小基线、PS 干涉测量方法融合技术，获取区域地面沉降监测信息。在区域浅表层空间不同的变异模式下，分析时间序列的不均匀沉降及其演化过程。进而研究地下水动态变化、载荷时空演化、地质构造与区域地面沉降的响应关系，定性与定量相结合阐明多元作用下的地面沉降的成因机理。本书的主要内容和结论包括以下几点：

1. 融合 PS 和小基线干涉测量方法时序地面沉降监测

采用融合 PS 和小基线干涉测量方法，获取了时序地面沉降监测信息（2003—2009）。分析结果发现，该时段北京地区的地面沉降发展较为迅速，最大年沉降速率为 41.43 mm/a；从 InSAR 年沉降速率的趋势发现，地面沉降尤其是不均匀沉降的时空展布程度和范围仍会逐年加剧。

2. 典型区域地面沉降时序演变过程分析

在融合 PS（永久散射体测量）和小基线干涉方法测量地面沉降的基础上，以区域浅表层空间[地铁、城市密集建筑群（CBD）、立体交通网络设施]为参考，以 6 km^2 大小的正方形范围为移动窗口，选取 5 个典型的小区域，进行时间序列的不均匀沉降的演化分析：

1）典型区域 1：不同年度，区域地面沉降的季节性变化差异性较大。2004 年，季节性形变特征比较明显；2008 年，季节性形变特征波动性较大，最大沉降量出现在冬季；其空间演化特征基本是呈团状聚簇式分布。

2）典型区域 2：同年度内，时间上沉降波动明显，空间分布较为均匀；年度演化特征：春季较小形变量主要分布在北方向，其他季节，不同等级沉降量的 PS 点呈较为均匀的离散状分布。

3）典型区域 3：不同年度，区域地面沉降的季节性变化差异性较大；同年度内，PS 点的空间分布差异性均较大。

4）典型区域 4：区域地面沉降的季节性时空变异性较大。2004 年，PS 点季节的形变空间分布格局大体相同，差异性不大，且分布较为均匀；2008 年，季节变化的幅度不大，但是 PS 点的不均匀性较大，季节时空格局差异性也较大。

5）典型区域 5：地面沉降的季节性时空变异特征明显。2004 年，PS 点的沉降值差异较大，但空间分布较为均匀；2008 年，区域的季节波动性较大，空间分布格局受前门—良乡—顺义断裂影响。

6）综合分析结果可以说明，浅地表空间利用的情况在一定程度上影响着区域的不均匀沉降态势：空间利用情况越简单，沉降的梯度相对越小，不均匀沉降趋势越小。

3. 地下水漏斗动态变化与区域地面沉降响应分析

采用GIS空间分析技术，遥感技术、优化选取统计分析方法等，基于长时间序列的气象监测资料和地下水监测信息，系统分析了北京地区降雨时空演化特征，进而揭示了地下水漏斗形成及对降雨补给变化的动态响应关系。在此基础上，结合地下水动态长期观测网数据、InSAR（合成孔径干涉雷达测量技术）监测结果，系统分析了北京地区地下水漏斗动态变化和地面沉降响应演化过程。

1）系统分析了北京地区降雨时空演化特征，进而研究由于降雨量减少与城市化扩张，导致地下水有效补给减少，间接导致了地下水的长期过量开采，从而促使地下水流场的演化与地下水漏斗形成。

2）揭示了北京地区地下水降落漏斗的历史形成及时空演化特征。地下水漏斗形成于1975年，截止到2001年，地下水漏斗面积达到1 000 km^2；扩展速率不断加快（12.5～34 km^2/a）；2005—2009年，地下水漏斗中心主要在朝阳东部地区，地下水严重下降区域面积不断扩大，地下水降落漏斗的空间分布模式逐步向东北方向扩展。

3）基于GIS的空间分析与常规监测资料，分别揭示出北京五个典型地面沉降漏斗的形成和时空演化特征：朝阳区东八里庄至大郊亭地面沉降漏斗、来广营地面沉降漏斗是沉降历史最长、最具代表性的两个漏斗；而以北京郊区（昌平沙河至八仙庄、大兴榆垡至礼贤地、顺义平各庄）为代表的新的沉降区，虽然形成较晚，但沉降发展十分迅速，其中昌平沙河至八仙庄出现了北京最大累积沉降量 1 086 mm。

4）将时间序列 InSAR 地面沉降形变响应信息，和年际地下水动态流场演化对比研究，揭示了地面沉降发生较为严重的地区也正是水位埋深较深的地区，主要分布在顺义天竺地区、朝阳地区及通州西北处，这说明北京地区地下水流场变化与地面沉降响应发展具有较好的一致性。分析进一步发现地下水漏斗与地面沉降漏斗空间展布特性并非完全吻合，说明了虽然北京地区地面沉降发生的主要原因是由于地下水的开采，但地面沉降的发展区域也与水文地质条件、可压缩层厚度、地层构造、开采地下水的层位等存在相关性。

5） 以不同变异条件下的 5 个典型区域为研究区，分析不同含水层系统地下水水位动态变化与地面沉降量点位关系：不同含水层系统演化对地面沉降的贡献不同；总体而言，地面沉降演化与潜水水位变化相关性较小，而与承压水水位动态变化相关性较大，且两者呈正比例的关系。

4. 区域载荷时空演化与地面沉降响应分析

借鉴基于遥感建筑用地指数方法，反演基于三指数的遥感建筑用地指数（以下简称 IBI），获取北京地区区域建成区（载荷）时空演化信息（2003—2009 年）；基于 InSAR 监测结果和 IBI 法，结合 GIS 空间分析方法，从不同尺度的像元角度出发，分析区域载荷变化与地面沉降的相关性。

1）在 NDBI、MNDWI、SAVI 反演的基础上，进一步采用 Erdas Modeler 工具反演基于指数的建筑用地指数（IBI），获取研究区建筑用地（载荷）时空变化信息，并进行精度验证。

2）基于 InSAR 监测结果和 IBI 法，结合 GIS 空间分析方法，从不同尺度的像元角度出发，分析区域载荷变化与地面沉降的相关性：

- 以每个 PS 点为单个研究对象，IBI 值取该点对应的栅格值，沉降速率即取 PS 点值，采用 Spearman 秩相关系数法来研究载荷密度与地面沉降的关系。研究发现沉降的不均匀性与载荷密度的大小存在正相关关系。
- 基于 20×20 窗口大小，采用回归分析方法，结合 GIS 空间分析，表明建筑用地和 PS 点沉降速率呈正相关关系。建筑用地即城市载荷的增加，会导致地面沉降的加剧，即载荷的增加对地面沉降的发展产生影响。
- 基于 GIS 空间平台，选取 100×100 的窗口大小，研究单体范围是 9 km^2，根据其空间分布和 PS 点的位置情况，共选取了 30 个采样单元，结果表明，北京地区密集的道路及巨大的车流量对道路的往复击打，即动静载荷的共同作用，在一定程度上对地面沉降产生影响。
- 选取的 5 个典型小区域为研究对象，分析结果表明不同浅地表变异条件下的 5 个研究区域，地面沉降的变化态势与 IBI 值的高低基本一致。即建筑密度越大（即 IBI 越大），地面沉降效应越显著。

3）总体看来，载荷的密度与沉降的不均匀性存在正相关关系，尤其在高沉降速率地区显示的较为明显；这说明高密度建筑群使得局部地面荷载增加，各单体建筑的附加沉降互相叠加，对区域性地面沉降的贡献不容忽视。

5. 区域地质构造与地面沉降相关性分析

在重点分析地面沉降对地下水超量开采、动静载荷时空演化响应的基础上，分析常规地质资料数据，基于GIS空间分析平台，结合统计分析方法，定量与定性相结合揭示区域地质构造与地面沉降的相关性。

1）InSAR 监测结果揭示出，研究区内的昌平八仙庄、朝阳来广营、东八里庄至大郊亭沉降区均位于顺义隐伏凹陷内。

2）构造运动对地面沉降的影响主要是研究区所处的构造单元在区域应力场的作用下整体呈缓慢下降趋势；断层上、下盘的相对升降运动对处于断层两盘的地面沉降速率差异有一定的影响。

ABSTRACT

Land subsidence is an environment geological disaster which is caused by natural and human factors, loss of ground elevation, which may induced a series of disasters chain, so it is a permanent and non-compensation resources and environmental losses. Land subsidence was discovered since the 1960 s in Beijing, it has the rapid development of the trend in the plain, now, the two largest centers of subsidence in south and north has been formed. In the most rapid developing area, land subsidence is still developing with the speed of 30-60 mm/a. Regional land subsidence has induced harm and impact with varying degrees on many infrastructures in Beijing, which has seriously affected the sustainable development of the social, economic, and people's lives.

In the book, I have learned and summarized the monitoring method and evolution mechanism on land subsidence at home and abroad systematically. Chose the typical settlement area as the study area, I have used the multi-temporal InSAR method incorporating both persistent scatterer and small baseline approaches, obtain monitoring information of regional land subsidence. Under different situation of space development and utilization, I have analyzed the time series evolution of uneven settlement .Then researching that groundwater dynamic changes、static and dynamic load evolution, geological structure are in the role of land subsidence, reveal the formation mechanism of land subsidence under the multi-role combining qualitative and quantitative methods. The main contents and conclusions are as follows:

1. Multi-temporal InSAR method incorporating both persistent scatterer and small baseline approaches to obtain settlement information

I have used the merge method of PS-InSAR and SBAS to get the monitoring information of land subsidence from 2003 to 2009.The analysis results shows: the developing speed of land subsidence is very quickly in this time of Beijing. The maximum settlement ratio is 41.43 mm per year; from the development trend of settlement ratio by InSAR method, it found that land subsidence especially the uneven settlement, whose temporal and spatial degree and range will be further increased year by year.

2. Analyze the time series evolution of uneven settlement in typical area

On the basis of obtain settlement information by multi-temporal InSAR method incorporating both persistent scatterer and small baseline approaches, reference to the different situation of space development and utilization, the square of 6 km^2 size is as the moving window, I have chosen five small typical area, analyzing the time series evolution of uneven settlement:

1) Typical area 1: In the different years, the differences of seasonal changes are larger.

Seasonal deformation characteristics are significant in 2004; the volatility of seasonal deformation characteristics is obviously, the maximum settlement ratio is in winter; the feature of spatial evolution is clustered distribution of pellets.

2) Typical area 2: Within one year, settlement fluctuates significantly temporally, the spatial distribution is more uniform; Evolution of annual: in spring, the smaller deformation is mainly distributed in the north, other seasons; the PS points of different scale are distributed as discrete-like uniformly.

3) Typical area 3: Different years, the differences of seasonal changes are exist; in the same year, for PS point, the differences of spatial distribution is obviously.

4) Typical area 4: For regional settlement, temporal and spatial variability in different seasons is obviously.2004, spatial settlement distribution pattern of PS points are about same, the difference is little in different seasons, while, the distribution is more evenly; 2008, the amplitude of seasonal variation is moderate, but the settlement of PS points is unevenly, temporal and spatial variability in different seasons is more significant.

5) Typical area 5: Land subsidence which temporal and spatial variability of different seasons is significant, in 2004: the settlement

value of PS points are differential, but the spatial distribution is even; in 2008, seasonal volatility is very obviously, spatial distribution pattern is controlled by qianmen-liangxiang-shuiyi faùlt.

6) The comprehensive analysis results suggests: the complex situations of space development and utilization which affects the trend of the region's uneven settlement; the easier situation of space development and utilization, the smaller of settlement gradient, the less obviously of uneven settlement trend.

3. Dynamic change of groundwater funnel and regional land subsidence response

Apply GIS spatial analysis, remote sensing techniques, statistical analysis and so on, on the basis of meteorological monitoring data with long time series and groundwater monitoring information, the study gives a systematical analysis of temporal and spatial evolution of rain in Beijing, then reveal that the formation of groundwater funnel and the response for the precipitation recharge. At last, it combined the groundwater dynamic long-term observation network data, InSAR monitoring results, research the procedure of dynamic change of groundwater funnel and regional land subsidence response.

1) Analysis temporal and spatial evolution of rain in Beijing systematically; As the decreasing precipitation and rapid expansion of urbanization, which reducing the amount of effective recharge of precipitation to groundwater, led to long-term over-exploitation of groundwater indirectly, while induced regional land subsidence.

2）Reveal that the formation and evolution of ground water funnel in Beijing：the ground water funnel has formed in 1975，up to 2001，the area of ground water funnel is 1000 km^2，whose expansion rate is accelerating（12.5-34 km^2/a）；2005-2009，the groundwater funnel center is located in the eastern of chaoyang region，the area whose groundwater are declining seriously are expanding，the spatial expansion pattern of ground water funnel is extending to the northeast gradually.

3）Based on GIS spatial analysis technology and the conventional monitoring data，it revealed the formation and evolution of five typical settlement cone in Beijing：dongbalizhuang-dajiaoting settlement funnel、laiguangying settlement funnel in chaoyang district，which are the longest history of land subsidence and the most representative；in the Suburbs，changing chahe-baxianzhuang funnel、daxing yufa-lixian、shunyi pinggezhuang，these are new representative settlement area，through they are formed lately，but the expansion is very fast，the maximum cumulative settlement is 1,086 mm which appeared in changing chahe-baxianzhuang funnel 1,086 mm.

4）combining the settlement response information by InSAR technology with the dynamic evolution of ground water level，which revealed that It was revealed that a consistency existed between the groundwater funnel and spatial distribution characteristics of land subsidence cone but not entirely.This suggests：in Beijing area，although land subsidence occurred mainly caused by the exploitation of groundwater，the expansion area of land subsidence are correlation to the hydrogeological conditions，thickness of the compressible layer，stratum structure，groundwater extraction layer.

5）Choosing five typical areas whose have different space development and utilization，it analyzed the relationship between dynamic change of ground water level in different aquifer system and settlement for PS points：different aquifer systems make different contribution to land subsidence；overall，the evolution of land subsidence has the low correlation to the unconfined aquifer water，but which has the high correlation to the confined aquifer，and both was in direct proportion.

4. Static and dynamic load evolution and response of land subsidence

Draw method based on building land index by remote sensing technology，the study inversed the remote sensing construction Index based on three index（IBI index），obtaining the temporal and spatial evolution information of built-up areas in Beijing（2003-2009）; based on the InSAR monitoring results and IBI index method，combining the GIS spatial analysis methods，in the view of different pixel scales，it analyzed the relationship between temporal and spatial evolution of load and land subsidence.

1）Based on the inversion of indexs（NDBI、MNDWI、SAVI），using the Erdas Modeler method to inverse the IBI index，the study obtained the temporal and spatial evolution information of built-up areas（Static and dynamic load）.Then the accuracy was verified.

2）Using the InSAR monitoring results and IBI index method，GIS spatial analysis methods，in the view of different pixel scales， it analyzed the relationship between temporal and spatial evolution of load and land subsidence:

- Each PS point as a single study object, whose IBI value is the corresponding to raster cell values, settlement ratio is from PS point, it researched the the relationship of load density and land subsidence by Spearman Rank correlation coefficient method. The results showed that there is positive correlation between settlement uneven and load density.
- Based on the window (20×20), it applied the regression analysis method, combing GIS spatial analysis methods, the results suggested that there is positive correlation between settlement rate and IBI index value, which means that increasing the load, the more obviously settlement expansion.
- Using the GIS spatial analysis platform, choosing the window (100×100), the range of single study object is 9 km^2, the study considered the spatial distribution and the position of the PS point, which selected 30 sampling units. The results showed that intensive road and huge traffic hit on the ground back and forth, that is the static and dynamic loads together, which made the contribution to land subsidence in some degree.
- Chosen the five typical areas of different space development and utilization, the analysis results suggested that that is consistent between settlement value and IBI value. That is the higher IBI value, the more obviously land subsidence.

3）Generally speaking，there is positive correlation between load density and land subsidence，especially in the high settlement rate area；it means that local ground load are increased by high-density buildings，additional settlement of the single building overlay each other，which have impact on regional land subsidence that cannot be ignored.

5. The relationship of geological structure and land subsidence

Based on that analyze the groundwater dynamic changes、static and dynamic load evolution are in the role of land subsidence，the study researched conventional geological data，combining GIS spatial analysis technology with statistical analysis method，reveal the relationship of geological structure and land subsidence qualitative and quantitative.

1）from InSAR research results，in study area，changping-baxiangzhuang settlement area、chaoyang-laiguangying、dongbalizhuang settlement area are all controlled by shunyi fault.

2）The main impact of tectonic movements on land subsidence：tectonic units of study areas were slow downward trend as a whole under the role of regional stress field；Relative movement of both sides of a fault，which have influence on different settlement ratio in both sides of fault.

目 录

第1章 绪 论

1.1 选题背景

地面沉降是由自然和人为因素引起的地面标高损失的环境地质现象，严重时可能诱发一系列的灾害链。地面沉降的形成原因很多，大都是受自然和人为双重因素综合作用引起的。自然因素一般有气候变化、地震、火山活动、地壳断裂的运动、土体自然固结等，人为因素一般包括超量开采地下水、地下矿产（天然气、石油、地下固体矿产、金属矿、煤、岩盐等）、工程施工、地表的动静载荷等（龚世良，2008）。随着全球气候变暖的影响，同时城市化进程的加速，人为因素对地面沉降的影响日益加剧，尤其是长期大规模超量开采地下水，已经成为地面沉降的首要影响因素。目前，地面沉降已经成为城市化进程中普遍存在的地质环境问题，由此导致的环境影响以及社会危害日渐突出且愈演愈烈，成为制约社会、环境、经济可持续发展的重要地质灾害之一。

最早的自然原因引起的地面沉降记载于1891年的墨西哥城，而由于人为因素（开采地下资源等）引发的地面沉降则最早出现于1898年日本的新潟（刘毅，2001）。20世纪以来，由于社会进步和经济的快速发展，城市化进程的不断加速，人类对自然资源开发利用也日趋增强，由此导致的区域地面沉降范围和规模不断扩大。目前，世界上已经有150个主要地区和城市出现地面沉降问题（Zhou G Y.，2003），包括墨西哥、日本、意大利、美国、英国、中国等国家和地区。

我国的区域地面沉降问题同样不可小觑。1921年，地面沉降最早发现于上海，由于没有及时采取控制地面沉降的措施，地面沉降的态势不断发展，到1965年上海地面沉降中心最大沉降量高达2.63 m，年最大沉降量达到110 mm（郑铣鑫，2002；曾正强，2002）。随着城市经济发展，地下资源开采利用强度不断增大，天津、北京、汾渭盆地等地区也先后出现了区域地面沉降。20世纪90年代后，全国范围出现地面沉降问题的城市快速达到近50个，广泛分布于东北地区、华北平原、长江三角洲地区、东南沿海以及台湾半岛地区（严礼川，1992）。中国地质环境公报（2006）显示，全国有90多个主要城市发生地面沉降，沉降区总面积达9万多km^2。

地面沉降区主要分布在华北平原、苏锡常地区、长江三角洲地区、杭嘉湖地区以及汾渭盆地等；长江三角洲地区地面沉降总体表现为趋缓的状态，而华北平原地区，各地面沉降中心仍在不断快速发展，并且有连成一体的趋势。地面沉降带来的危害更不可忽视，根据中国地质调查局等相关部门评估，仅长三角地区，几十年来由于地面沉降造成的经济损失就达到3 150亿元，其中上海最为严重，直接经济损失达到145亿元，间接经济损失则为 2 754 亿元；其次，华北平原由于地面沉降灾害所造成的直接经济损失则为 268 亿元，间接经济损失也高达 2 183 亿元。由此可见，在经济损失总额不断增大的同时，间接损失所占的份额不断增长，这说明由于地面沉降造成的灾害链，已经越来越广泛地影响着社会、经济、生活的各个方面，严重威胁着城市地表、地下工程的安全稳定，甚至威胁到人民的生命财产安全。

研究区北京从 20 世纪六七十年代发现地面沉降以来，平原地区的地面沉降呈快速发展的态势。目前，平原地区已经形成了五个较大的地面沉降区：东郊来广营、八里庄—大郊亭、大兴榆垡—礼贤、顺义平各庄、昌平沙河—八仙庄，地面沉降中心累计沉降量分别为 565 mm、722 mm、661 mm、250 mm、1 086 mm。最为快速的区域，地表沉降仍以每年 30～60 mm 的速度发展。由于地面沉降问题，北京许多城市基础设施均受到一定程度的损害和影响。区域地面沉降尤其是不均匀沉降已经对京津城际铁路、京沪高速铁路等交通工程沿线及周边地区产生一定影响；在部分沉降区甚至发现居民区楼房、工厂墙壁、地板开裂，施工地基下沉、地下管道工程受损等问题。

区域地面沉降研究的主要目的是：预防、减缓、控制地面沉降及其灾害链的发生与发展。因此，对地面沉降进行时间序列的监测，全面分析其演化过程，掌握其影响程度和范围，进而对地面沉降的多源成因机制进行定性与定量的研究，是达到预防、减缓、控制沉降的首要条件。本书的研究意义分为两部分：

理论方法意义：研究结果表明，针对区域地面沉降问题，常规监测手段所获取的空间尺度、时间尺度的形变信息较难满足区域研究需求，并存在一定弊端，而 InSAR 干涉测量技术具有高时间、空间分辨率的优势，同时能全天时、全天候获取高精度的地表形变信息。本研究采用融合永久散射体（PS）干涉测量与小基线（SBAS）干涉测量方法，较好地去除了时间、空间干涉影响、大气相位延迟影响，提高了区域地面沉降的监测能力和精度；同时考虑不同浅表层空间的开发利用情况，系统分析典型沉降区的地面沉降演化过程，并研究多元作用下的地面沉降成因机理；对于相关行政管理机构的减灾和防灾的标准制定及行动决策等，均具有重要的支撑作用。

实际应用意义：20 世纪中期以来，北京平原地面沉降呈快速发展的态势，形成了南北两大地面沉降分区：其中在北部五个地面沉降中心中，最大累计沉降量（1955—2006 年）高达 1 096 mm，累计沉降大于 300 mm 的地区面积达到 1 300 km^2，并以 30～60 mm/a 的速率快速发展。而京沪高速铁路、京津城际铁路及规划新城等均涉及地面沉降，尤其是不均匀沉降，严重或潜在威胁到城市的安全，制约了城市综合发展建设。同时，北京作为我国的首都，其特殊的政治、经济、文化地位及影响，则要求城市用水必须百分之百的安全，如果出现水资源不足、限量供水等问题，可能会影响到首都重大基础设施的安全运行，引起一系列社会、经济多方面影响。所以，以北京市典型地面沉降区为研究区，开展地面沉降演化过程与成因机理的研究，具有较大的现实意义。

1.2 国内外研究现状

地面沉降已成为区域环境安全领域的复杂系统问题。目前，全世界共有 90 多个国家和地区发生了不同程度的地面沉降，针对地面沉降灾害的监测、评估、预测、调控等问题，欧美、亚太国家或地区有一系列的对地观测科学计划。

世界上地面沉降较严重的城市有日本的东京、美国的休斯敦、英国的伦敦、墨西哥的墨西哥城。一般沉降量达数米，有些地区已经超过了 10 m。我国地面沉降发展态势较为严峻的主要城市有 90 多个，地面沉降总面积约为 9.4 万 km^2，主要代表区域有：华北平原、长江三角洲、苏锡常地区、杭嘉湖地区和汾渭盆地。

欧盟 27 个国家自 2003 年开始实施 Terrafirma 项目，对欧洲地区的地面沉降、滑坡、泥石流问题开展研究，该项目分三个阶段，第三阶段的研究已经于 2009 年 11 月开始。WINSAR 项目是由北美的科学家、工程师共同发起的 InSAR 数据高效利用计划，主要目的是提高 InSAR 数据在监测北美地区地表形变中的使用。该计划有力地促进了 InSAR 技术的发展，并且加强了与 NSF、NASA 和 USGS 等国际项目与组织的合作，强化了未来这一科学领域的研究。由国际水文科学协会、联合国教科文组织发起，已经连续在不同国家，召开了 8 届国际地面沉降学术会议。国内外众多专家学者，经过半个多世纪的研究与探索，针对区域地面沉降问题，开展了大量的研究工作，在地面沉降监测方法、时序演化特征、成因机理等诸多方面不断有大量研究成果出现。

1）InSAR 干涉测量技术获取地面沉降监测信息

常规传统的地面沉降监测方法，主要以测绘学中水准测量、水文地质学中分层标测量为主。近二十年来，随着高新对地观测技术的发展，时序 InSAR 干涉测量技术被成功应用于地面沉降中。相比水准测量、分层标等常规监测方法，InSAR 技术可以监测高时空分辨率的地表形变，获取其细节信息。全世界众多专家学者陆续采用 InSAR 技术来监测地表形变尤其是缓变形变。在传统 D-InSAR 技术基础上发展起来的永久散射体（PSInSAR）干涉测量技术能够十分有效地降低空间、时间的相干涉影响以及减弱大气延迟带来的误差组分，提高形变监测信息的时空分辨率及数据处理的精度。该技术通过评估具有长时间序列稳定散射特性的地面目标相位形变信息，在城区或植被覆盖稀少地区可以获得毫米级的地表形变值（Bürgmann，2006；Ferretti，2007）。Ferretti 等（2000）最早提出基于幅度变化特性来识别 PS 点的算法，即为永久散射体技术。根据一定的算法规则，识别出长时间序列的相位形变信息与形变模型相匹配的像素，作为永久散射体（PS 点）。随后国际上众多学者就此方面展开了深入研究，包括 Lyons 和 Sandwell（2003），Werner 等（2003），Kampes（2005），Crosetto 等（2007）等，不断完善了 PS 干涉测量的技术方法，并在监测地表形变等方面获得了很多成功的应用成果。Bürgmann 等（2006）采用 200 个 GPS 站点提取水平移动速率，PS 技术获得视线形变速率，将两种技术相结合研究旧金山 Bay 地区的垂直构造运动，研究结果表明该地区最大垂直形变并非是构造运动引起的，而是由滑坡、含水层系统沉降、反弹以及未固结压缩综合引起的，其垂直形变的监测精度达到了亚毫米级。Daniele Perissin 等（2006）采用 PS-InSAR 技术提取高密度城市地区相干散射体的高程变化值，同时通过对米兰市道路散射体的识别获取分米级的城市表面高程变化信息。Warren 等（2007）提出了两种在永久散射体干涉测量技术处理中，不采用 DEM 即可生成差分干涉对的新方法。Roland Daniele Perissin 等（2007）采用邻近轨道雷达数据进行联合 PS-InSAR 监测研究，该方法中起关键作用的步骤是配准过程的精度以及引用 DEM 的精度。Hooper（2004）等提出了一种新的 PS 点识别以及相位组分评估的方法（StamPS），采用幅度离散特征和干涉相位的空间相关特性，建立 PS 点识别模型，用于识别出永久散射体。Hooper 等（2007）利用改进的 PS 算法及联合多种时序 InSAR 技术，获取了冰岛南部 Katla 火山地区视线方向的上升相位信息，发现其结果与该地区的冰层上升现象存在一致。

另外，PS 技术也有一定局限性，所识别的 PS 点并非都是规则的样本点，同时在非城区或者植被覆盖地区 PS 的选取效果也不尽理想。与 PS 技术相比，小基线干涉测量技术（SBAS）则是试图寻找最小的空间基线、时间基线及多谱勒频率差的多个干涉图像集，有效地降低了时间、空间去相关影响。采用奇异值分解（SVD）与范数约束方法对不同的多个小基线数据集进行分析，获取长时间序列的地表形变值。通过融合多个小基线干涉数据集能有效地提高地表监测的时间分辨率（Schmidt and Bürgmann，2003；Berardino，2002）。标准 SBAS 技术对多视处理后的干涉图像进行解缠、提取形变相位，在去噪声的同时，也屏蔽掉了孤立的相干点（SB），降低了分辨率。Lanari 等（2004）在此基础上改进了算法，首先对干涉图像进行多视处理，选取出相干性高的 SB 样本点，通过这些样本点再对单视干涉图像进行分析，选取出高相干的 SB 点。F. Casu 等（2007）证明了改进的小基线子集算法（SBAS-DInSAR）进行大区域形变现象的勘察（在美国内华达中心区 600 km×100 km 范围），并提出该方法针对 ScanSAR 模式的 SAR 数据有着较好的应用前景，同时该方法也可以增加距离和覆盖范围。A. Hooper（2007）提出一种新的方法——融合小基线（SBAS）和 PS 技术来监测地表形变，并将该方法用于提取冰岛地区 Eyjafjallajokull 火山形变研究中，结果证明了小基线（SBAS）技术和 PS 方法虽然用了不同的离散模型，但二者存在优势互补之处，融合两者数据集不仅增加相干像元数，而且提高了像元的信噪比，大幅度减小了解缠空间偏差（A Hooper，2008）。这一优势是单一的小基线技术和 PS 技术都无法比拟的。

我国已召开了八届全国性的地面沉降学术研讨会，探讨了我国地面沉降的现状、特点、监测方法和防沉、控沉措施，并取得了大量的研究成果。其中，在地面沉降监测技术方面，李德仁、廖明生（2004）等阐明了 PS 技术的特点、优势及今后的发展方向；李志伟等（2004）采用 GPS 技术、气象站点数据、Modis 数据等详细研究了去除 InSAR 干涉测量中大气延迟组分的方法，并应用在 D-InSAR 干涉技术中；郭华东（2005）采用标准 PS 干涉测量技术获取了 1992—2004 年间拉斯维加斯地区地面沉降监测信息；何庆成等（2006）采用 D-InSAR 技术对河北沧州地面沉降进行干涉测量，绘制了 1995—1996 年区域地面沉降等值线，揭示了华北地区时间去相干问题是地面沉降干涉测量中不容忽视的关键点；陈强、刘国祥等（2006）利用时间序列相干系数和振幅离差指数结合的方法，选取相干像元，并将改进后的 PS 技术应用于上海地区地面沉降形变监测中；张红、王超、汤益先、吴涛等（2006，2008）先后采用永久散射体、改进时序多基线距 InSAR 技术，监测苏州地区的地面沉降情况；曾琪明等（2007）将 PS-InSAR 技术用于获取三峡地区的形变信息，研究了采用 Meris 数据来降低大气延迟，解决了配准及云的影响问题；王艳、廖明生（2008）采用基于相干目标分析的方法（CTA）揭示了上海市部分主城区地表形变规律；宫辉力、张有全等（2008）针对 PS-InSAR 技术在大区域干涉测量中存在的累计误差问题，尝试采用 GPS 与 Meris 数据相融合的方法进行大气延迟改正；彭建兵、张勤、张永志、胡志平等（2008）对太原、西安、大同等地区的地面沉降问题进行 InSAR 监测及发展趋势的研究；葛大庆、范景辉等（2008）利用短基线差分干涉纹图集方法，监测地表形变场缓慢变化。

2）地面沉降演变特征研究方面

针对过量开采地下水而引起的地面沉降演变机理问题，过去的 20 年间，国外众多专家学者开展了 InSAR 技术与水文地质学科交叉的研究，揭示了地面沉降的演变特征。大量研究结果表明，在未固结的冲积含水层系统上，采用 InSAR 干涉测量技术，可以帮助识别、验证地下水流场的阻水边界及揭示地面沉降的构造控制特征（Galloway，2000；Buckley，2002；Bawden，2001；Mahdi，2007），并可能推断出隐伏断层（Jan Anderssohn，2008）；定性与定量地识别出由于地下水补给、排泄的变化，而诱发的季节性形变信息（Galloway，2000；Watson，2002；Hoffmann，2001，2003；Schmidt，2003；Chang，2004；Leonardo，2006）；反演含水层系统的水文地质参数（Hoffmann，2001，2003；Halford，2005）、计算压缩时间常量（Hoffmann，2003）、水力扩散系数和可压缩层厚度（Burbey，2001）；阐明含水层系统的释水形变机理（Stramondo，2008；Tingting Yan，2008），构建地下水流模型的约束因子（Hoffmann，2003；Hanson，2004；Roland，2006）。

我国地面沉降演变机理研究方面：陈崇希、裴顺平等在“九五”重点攻关项目中，揭示了苏州市地面沉降演化机理；牛修俊等（1998）针对天津地面沉降演变特征展开研究，并提出了临界水位和历史最低水位的概念；孙颖等（2001，2006）针对北京地区地下水开采引起的地面沉降等环境地质问题，提出了深井人工回灌和水资源养蓄的技术方案；薛禹群（2003）研究了苏锡常地区地面沉降监测方法、成因机理、演变过程等存在的问题；薛禹群（2003）揭示了不同变化水位模式下土体变形特征，同时分析了上海地面沉降在时间、空间上的演变特征；张云、叶淑君（2005，2006）等通过土层变形监测和试验的方法，发现上海、常州地区砂层在某些时段和位置上存在非弹性变形特征，不同的土层在变异的应力条件下，其形变特性是不同的；刘予、叶超等（2007）首次对北京地区的含水岩组和压缩层组进行了系统划分；贾三满等（2007）系统分析了北京地区地面沉降的发展历史、现状及对城市规划发展的影响，提出了控制地面沉降灾害的措施；孙刚臣等（2008）分析了西安市区地面沉降演化特征及研究中存在问题；施小清、吴吉春等（2008）揭示了上海市及长三角地区的地面沉降演变特征与成因机理；张有全、宫辉力等（2008）采用 PS-InSAR 技术对北京地区地面沉降进行监测研究，并将南口—孙河断层附近一处，形变梯度比较大的地区，推断为阻水边界或隐伏断层；张有全、宫辉力等（2009）将 PS-InSAR 形变监测信息与承压水头数据相结合，阐明了北京潮白河冲积扇中上部地区季节性形变特征，证实该地区的弱透水层处于弹性释水形变阶段。

3）地面沉降成因机理方面

地面沉降的产生原因包括自然因素和人为因素，其中自然因素包括地质构造运动和土层次固结沉降等；人为因素包括超量开采地下水、工程载荷等。随着城市化进程的加速，地下水过量开采、城市密集建筑群及浅地表空间的开发利用，已成为诱发地面沉降的重要因素。国内外学者在地面沉降成因方面进行过探讨研究。其中，M. H. Aly（2009）在研究中指出地铁网络和高密度人口也是导致地面不均匀沉降的因素。严学新、龚士良等（2002）选择上海 4 个典型的高层建筑及多层建筑密集区段，对上海城区建筑密度与地面沉降的关系进行了分析。唐益群等（2010）借助离心模型试验手段，探索了不同建筑容积率下密集建筑群区对地面沉降的影响规律。高旭光等（2010）基于动态灰色模型对地下工程引起的地面沉降进行预测，取得良好效果。葛世平等（2008）结合上海某地铁隧道穿越地面既有严重倾斜危房的工程实例，计算分析盾构穿越引起的施工期沉降、后期固结沉降、地铁运营期列车长期振动引起的沉降及其对房屋的影响，并提出相应对策。孙承志等（2002）、王祎萍（2004）通过研究，发现北京东郊地区，地面沉降产生的原因是长期过量开采地下水。薛禹群（2006）认为造成中国地面沉降的成因，主要是地下水的长期超量开采和第四纪以来的活动断裂和构造沉降，并呼吁要加深对工程性沉降的机理的研究。何庆成（2006）指出大量开采地下水、重大的工程建筑物对地基施加的静荷载、低荷载的持续作用下土体的蠕变引起地基土的缓慢变形、地面上的动荷载在一定条件下也将引起土体的压密变形进而诱发地面沉降。龚世良（2008）系统分析了上海地区呈持续压缩的软黏土的结构特性，对地面沉降主要影响因素进行了定性和定量的分析。张勤（2009）采用 GPS 和 InSAR 相结合的方法研究西安地面沉降，研究结果表明地下水过量抽取和大规模施工建设是地面的不均匀沉降的重要成因。宫辉力、张有全等（2008，2009）针对北京区域地面沉降问题，采用 InSAR、GPS 等新技术结合常规立体监测网进行研究，结果表明地下水长期超量开采是北京地区地面沉降发生演变的主要原因。

随着城市建设的快速发展，城市浅表层空间开发利用、城市发展过程中的钢筋混凝土静载荷、立体交通网络形成的动载荷等的急剧变化，进一步加剧了地面沉降问题，严重威胁着城市安全。精密水准测量结果显示（龚士良，1996），大规模的城市改造建设使得上海 1989—1995 年的平均地面沉降速率比 1972—1988 年的该值增长 3 倍。根据上海市区地下水采灌量和土层变形分层标监测结果表明，城市建设对地面沉降贡献约占地面沉降总量的 30%，大规模城市改造建设是近年来城区地面沉降加剧发展的重要原因，已经成为上海地面沉降新的主要制约因素，使得地面沉降控制与减缓面临新的严峻形势（龚士良，1998）。

在地表建筑载荷应力的作用下，土体传递其附加应力，导致土层变形并伴随瞬时沉降，该现象一般在施工阶段瞬时发生；之后其运营期间，土体的超静水压力迫使土中孔隙水产生渗流（形成水头差），土体的孔隙比发生变化；继而随着时间推移，土体的应力应变关系不断变化，土体的固结现象也逐渐趋于稳定。因此饱和土体在外载荷作用下的沉降过程，同时包含瞬时沉降和固结沉降。一般而言，单体建筑载荷引起的基础变形是局部的、浅层的，其历时时间较短，危害性也较小。但是对于高群体密度较大的建筑物荷载，由于在一定深度的基底处产生了附加应力的叠加，其对沉降的影响则表现出相邻建筑载荷的单体相互叠加，因此在特定的地质条件下，有可能诱发大范围的区域地面沉降（赵慧，2005）。

严学新等（2002）选取上海市 4 个典型的高层建筑及多层建筑密集区段，分析了建筑密度与地面沉降的关系，探讨了其时空变化特征，研究结果表明，城市化建设的规模及其增长速度直接导致工程性地面沉降的同步加速，并且其建筑密度越大，容积率越大，地面沉降也越明显。针对上海城市建设对地面沉降的影响问题，沈国平、王莉（2003）等通过对典型地区地面沉降调查研究，发现地面沉降与建筑密度、建筑容积率、集中建设或分散建设、新增建筑情况等，均存在一定的相关性。唐益群等（2007）研究了上海地区典型地质条件下，高层建筑群的工程环境效应对地面沉降的作用，并阐明了在高层建筑群工程环境效应作用下不同土层的变形特征、相邻建筑物之间的相互作用状况、高层密集建筑群对中心及周边地区地面沉降的影响及影响范围、土层中应力（包括孔隙水压力、土体压力）的变化规律，其研究结果表明，密集高层建筑群之间的地面沉降存在明显的叠加效应。唐益群等（2007）针对高层密集建筑群诱发的地面沉降叠加效应及其影响范围问题，进行了初步研究，为控制减缓因密集建筑载荷诱发的地面沉降提供了技术参考。崔振东（2007）将灰色预测理论应用于高层建筑群引发的地面沉降预测研究中，与实验数据对比，预测结果良好。介玉新等（2007）通过室内模型试验，分析和解释了上海大范围建筑荷载诱发的地面沉降现象，提出了等效影响荷载的概念，为控制高层密集建筑群引起的地面沉降提供了理论依据。

动载荷主要包括地面交通载荷和地铁载荷等，其中地表交通载荷作为一种循环动载荷传递到地基上，不仅会产生循环累积形变，同时会影响土体的流变特性。Kaynia 等（2000）将列车载荷简化为间距一定的移动载荷，用成层黏弹性半空间上的 E-B 梁模型对地基振动载荷效应进行了模拟研究。陈基炜、詹龙喜（2000）分析了上海市地铁一号线黄陂南路站，近一年多隧道变形测量数据，分析发现沉降量较大的区域，多为近年来地铁沿线高层建筑施工频繁地区，一号线全线年度差异形变量约为 30 mm。

Andersen 等（2002）将轨道简化为 Euler 梁，将地基简化为黏弹性 Winkler 地基（Kelvin 地基），研究分析了由于轨道不平顺性引发的轨道和移动车辆的响应作用。凌建明等（2002）分析上海外环线北翟路口，交通运营 2 年后的实测资料，研究表明，道路路面残余形变量达到 90～100 mm。郑永来等（2005）采用渗漏耦合和力学的方法，从隧道渗漏的角度，分析并计算了隧道相对周围软土，不同渗透系数比条件下的隧道沉降。刘明等（2006）针对地铁荷载作用下，饱和软黏土地基发生的长期地面沉降问题，构建拟静力有限元计算和经验拟合计算相结合的预测模型，提出地铁振动影响的压缩层大约在 10 m 范围内，10 m 以下软土基的变形量较小。李进军等（2006）通过确定车辆荷载引起的动偏应力，土层的力学指标计算出的静力破坏偏应力，继而根据累积变形公式，计算软土地基中，各土层在车辆载荷作用下引发的残余累积应变，用分层总和法计算出地基的总沉降量。王霆等（2007）通过大量实测数据的统计分析研究，揭示了北京地区盾构施工诱发的地面沉降规律，分析结果表明，69.8%的地铁车站的地面沉降值小于 60 mm，大于该沉降值的累积频率曲线符合正态分布。

1.3 研究目标与内容

1.3.1 研究目标

本书选取北京平原典型沉降区为研究区，针对北京长期超量开采地下水、城市近地表空间开发利用、动静载荷逐年迅速增加等，引发的区域地面沉降问题：

- 在收集整理水文地质基础资料、地面监测信息的基础上，选取小基线与 PS 干涉测量方法融合技术，获取区域地面沉降监测信息。在区域浅表层空间（地铁、城市密集建筑群 CBD、立体交通网络设施）不同的变异模式下，采用移动窗口，选取 5 个典型的小区域，分析时间序列的不均匀沉降的演化过程。
- 采用地下水动态监测网、气象监测网等常规监测数据与多源遥感、GIS 空间分析技术、统计方法等相结合，研究地下水动态变化、载荷时空演化、地质构造对区域地面沉降的不同作用，定性与定量地阐明多元作用下的地面沉降的成因机理。

1.3.2 研究内容

1）融合 PS 和小基线干涉测量方法的时序地面沉降监测研究

永久散射体和小基线技术所分析的相干点目标（像元）在一定程度上有着不同的散射特性，但是二者又有一定的互补性。针对这一特点，从相干点目标散射特性角度出发，将 PS 和 SB 干涉方法进行融合，改善干涉数据集的时间分辨率，克服去相关影响，提高干涉图像内相干点目标的空间密度，进而评估、分离像元相位中的去相关组分，优化干涉数据集中 PS、SBAS 像元子集的选取方法，在融合像素子集的基础上优选相位解缠方法，通过奇异值分解及范数约束提取像元时间序列形变信息，选取研究区地面沉降水准数据进行精度评价。

2）典型区域地面沉降时序演变过程分析

在融合 PS 和小基线干涉测量地面沉降监测信息获取的基础上，以区域浅表层空间（地铁、城市密集建筑群、立体交通网络设施）不同的变异模式为参考，以 6 km^2 大小的正方形范围为移动窗口，选取 5 个典型的小区域，进行时间序列的不均匀沉降的演化分析。

➢ 基于每个典型区域的 PS 点位时序演变过程分析：

是以 2005 年 12 月 14 日为主图像，具体的参考区域为：（经度：E117.180°～117.220°；纬度：N40.340°～40.355°），以此参考区域为基准，即假定该区域无形变，进行地形相位、大气影响、轨道误差及噪声的去除，进而进行相位解缠，最终获取 28 景辅图像中 PS 点相对于参考区域的主图像的相对形变值。进一步将 InSAR 技术获取的辅图像中 PS 点相对形变结果，进行顺序的差值处理，获取各年度 PS 点位的绝对变化值，分析年际、季节的演化过程，五个典型区域均单独进行该研究分析。

➢ 5 个典型区域的 PS 点位沉降趋势综合分析：

分别从 PS 点沉降速率比例分布、地面沉降速率的均值、最大值、最小值角度出发，比较分析 5 个区域地面沉降发展趋势。

3）地下水漏斗动态变化与区域地面沉降响应分析

研究结果表明，地下水的过量开采是区域地面沉降发生的主要外因。降雨入渗补给是地下水资源的主要补给来源，而城市化的急剧扩张造成的渗透面积不断减少，降低了降雨对地下水的渗透补给量，直接或间接影响着地下水的动态变化和地下水漏斗的形成。针对这一问题，采用 GIS 空间分析技术、遥感技术、优化选取统计分析方法等，基于长时间序列的气象监测资料和地下水监测信息，遥感提取土地利用、土地变化信息，系统分析了北京地区降雨时空演化特征，进而揭示了地下水漏斗形成及对降雨补给变化的动态响应关系。在此基础上，结合地下水动态长期观测网数据、InSAR 监测结果，构建空间数据场，系统分析北京地区地下水漏斗动态变化和地面沉降响应演化过程。

4）区域载荷时空演化与地面沉降响应分析

虽然地下水开采是诱发北京地区地面沉降的主要外因，但近年来城市近地表空间开发利用、动静载荷逐年迅速增加，同样在一定程度上加剧了区域差异性地面沉降的演化。针对这一问题，本书选取 TM 遥感影像，反演基于三指数的遥感建筑用地指数（以下简称 IBI），获取北京地区区域建成区（载荷）时空演化信息（2003—2009 年）；进而基于 InSAR 监测结果和 IBI 法，结合 GIS 空间分析方法，从不同尺度的像元角度出发，分析区域载荷变化与地面沉降的相关性。

5）区域地质构造对地面沉降的作用

北京地区地面沉降发生的原因，除了地下水的过量开采和载荷的迅速增加之外，地层岩性及结构特征等地质构造条件则是地面沉降发生的重要地质背景。针对该问题，在重点分析地下水超量开采、动静载荷时空演化与地面沉降响应的基础上，分析常规地质监测资料，采用 GIS 空间分析方法，结合统计分析理论，定量与定性相结合地揭示区域地质构造对地面沉降的作用。

1.4 技术路线与创新点

在对国内外地面沉降相关研究进展进行综述分析的基础上，结合北京典型地面沉降区的实际发生演化情况，构建的研究路线如图 1-1 所示：

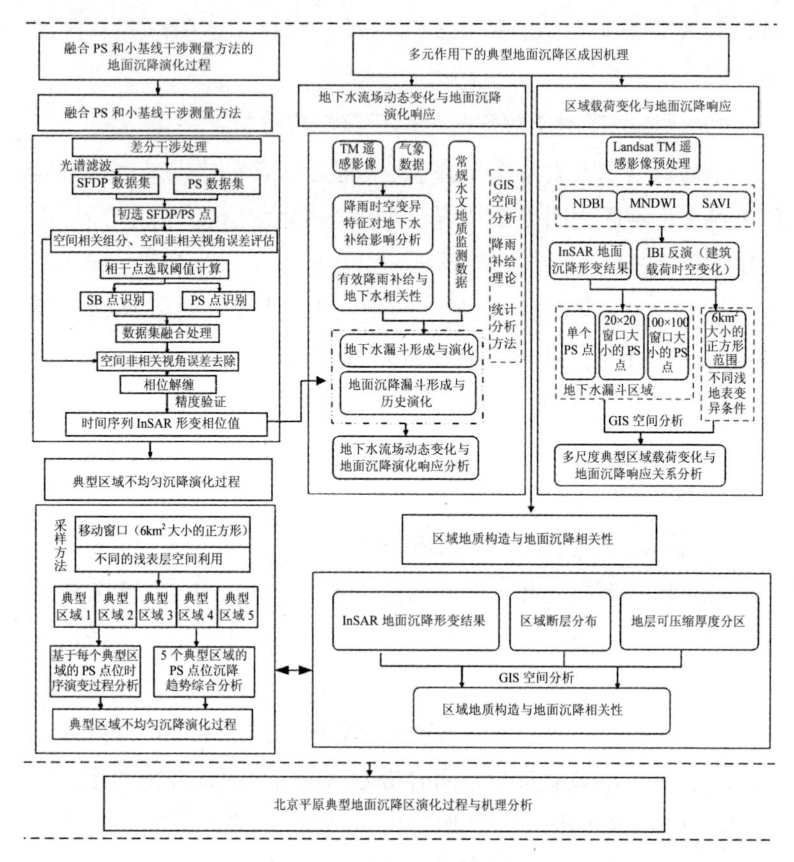

图 1-1　技术路线

创新点：

1）采用融合小基线与永久散射体干涉测量技术，获取北京平原地区的大范围尺度的地面沉降精确监测信息；结合区域浅表层空间不同的变异模式，采用移动窗口采样方法，分析时间序列的不均匀沉降演化过程；

2）考虑到区域水循环特征、地下水长期超采的影响，系统分析北京地区降雨时空演化特征，揭示地下水漏斗形成及对降雨补给变化的动态响应；结合 InSAR 监测结果，系统分析北京地区地下水流场动态变化和地面沉降响应机理。

3）反演基于三指数的遥感建筑指数（IBI），获取北京地区区域建成区（载荷）时空演化信息；基于 InSAR 监测结果和 IBI 法，从不同尺度的像元角度出发，分析区域载荷变化与地面沉降的相关性。

4）综合考虑地下水开采、载荷时空演化、地质构造对区域地面沉降的不同作用，定性与定量地阐明多元作用下的地面沉降成因机理。

1.5 本章小结

本章从地面沉降相关选题背景出发，首先介绍了有关地面沉降问题的国内外研究概况；分别从 InSAR 干涉测量及其在地面沉降的应用、地面沉降演变特征研究和地面沉降成因机理三个方面进行概括总结，其次就地面沉降在 InSAR 监测、成因机理以及未来的研究发展趋势方面进行了简单的阐述；接下来提出了本研究的研究目标，总结了主要研究内容；最后针对研究内容，详尽绘制了整体技术路线图，并总结了本研究的四个创新点。

第 2 章　研究区概况

2.1　自然地理

北京地理范围：东经 115°25′～117°35′、北纬 39°28′～41°05′，位于华北平原北部，其地势西北部、北部高，东南部低，由山前向东南、南部倾斜，地貌单元分为西部山区、北部山区、东南平原三块。西部山区属太行山脉，北部山区统称军都山，属于燕山山脉，横穿密云、怀柔、平谷等区县的北部。东南部则为平原地区，由五大水系共同作用，形成的冲积扇群构成。市区则是位于向东南倾斜的冲洪积扇平原。其山区多属于中高山地形，并有延庆盆地镶嵌于北部山区中，同时，东北、南部与松辽大平原、黄淮海平原相连。北京市总面积为 1 680 780 km^2，包括 18 个区县，其中，平原面积占总面积的 38%，为 639 030 km^2，山区面积则占总面积的 62%，为 1 041 750 km^2。本研究区包含昌平区、顺义区、门头沟区、房山区、大兴区、通州区部分地区及全部城区的范围。

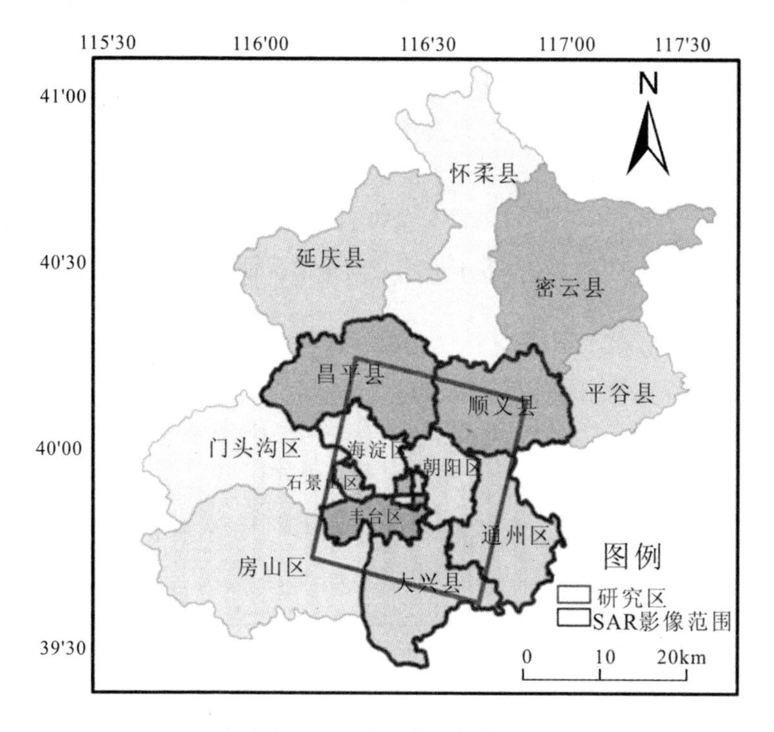

图 2-1　研究区位置与范围

2.2　气象水文

北京平原，属于典型的暖温带半湿润半干旱的大陆季风气候，其四季分明，雨热同季。春季风较多，易发生春旱；夏季多见东南风，气候炎热，降雨充沛，多暴雨；秋季天高气爽；冬季多偏北风，气候干燥且少雨雪。全年的平均气温 11～12℃。其多年平均蒸发量 1 730～1 933 mm，蒸发量大于降水量，一年内，春季蒸发量最大，风大、升温较快，最大值出现在 5 月，冬季蒸发量最小。同时，由于该地区三面环山，其降水、气温受地形影响较大，存在显著差异性。所以，降水的季节分配存在不均匀性，春季（4—5 月）降水少，只占年降水的 9%左右，夏季（6—8 月）降水量大而集中，占全年降水的 70%。1999—2006 年，北京连续八年干旱少雨，平均降雨量为 459.11 mm，仅相当于北京市多年平均降雨量的 84.2%。多年平均降雨量情况如图 2-2 所示。

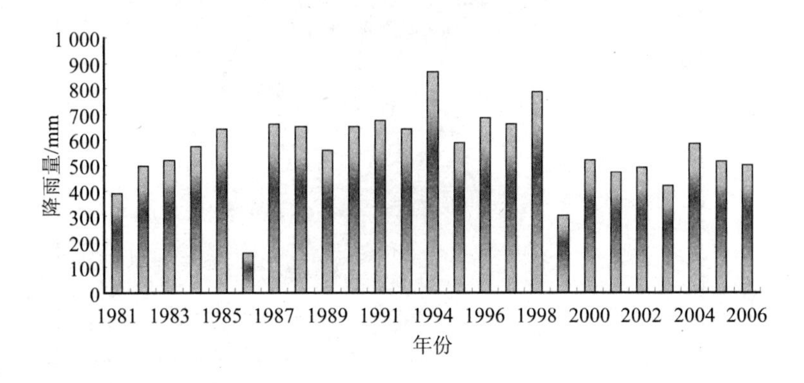

图 2-2　北京市年平均降雨情况

北京地区属海河流域，区内共有干、支河流 100 条，河网发达，分属 5 大水系：北运河水系、大清河水系、蓟运河水系、潮白河水系和永定河水系。

2.3　地质构造

北京平原地区处于华北板块—太行山褶皱地带，东北部边缘、燕山褶皱带南部边缘、冀辽断陷盆地北部边缘。

北京地区，新的地质构造格局是在晚第三纪“二隆夹一凹”

的基础上发展起来的，自第四纪以来，这一总的格局解体，原因是该区域断裂强烈活动，出现了南北分异局面。第四纪北西向断裂活动（如南口—孙河断层）对北京地区北段地质构造变异，起了重要的作用，使得京西隆起和北京凹陷发生了重大的分异。前者被分割成沙河凹陷、密柔隆起，后者则被分割成顺义凹陷和丰台、良乡隆起。其中沙河凹陷是在第四纪开始发育的，同时北京凹陷反向抬升，与大兴隆起结为一体，而顺义第四纪凹陷则发育于大兴隆起的北部（黄秀铭，1991；焦青，2006）。

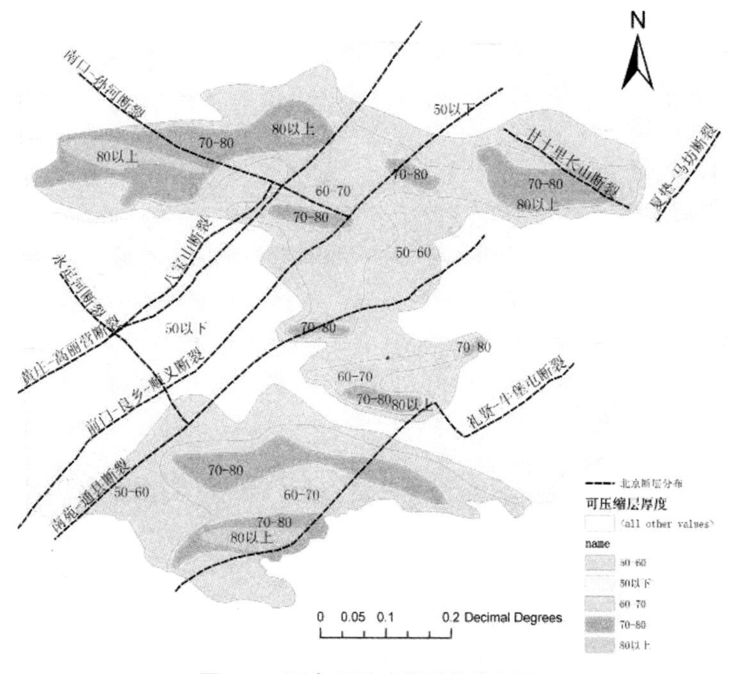

图 2-3　研究区活动断裂带分布图

南口—孙河断裂是北京市最大的北西向新断裂，该断裂南东段起自北七家，断面倾向北东，与黄庄—高丽营断裂带的北段共同控制了顺义凹陷；黄庄—高丽营断裂具有明显的分段活动特性，第四纪期间，断裂活动由南向北逐渐加强，最新活动则表现在北段的高丽营段，活动时代为全新世，黄庄段最新活动时代发生在晚更新世（焦青，2005、2006）。

北京地区的地下水类型：上部是潜水型[局部地区有微承压水特性（如两河地区）]，往下则由潜水型逐步过渡到承压水型。冲洪积扇上部，含水层结构单一，多为砂卵石，厚度在 50～80 m，地下水埋深为 5～20 m。中部地区含水层多为砂卵石、砂类土层与黏性土层交替组成，在 100 m 以内，含水层总厚度约为 40 m，地下水埋深为 5～15 m，其含水层富水性及透水性良好。下部则为层次繁多的砂类土含水层、黏性土交替成层，总厚度为 40～50 m（100 m 以内），水位埋深 2～3 m，其含水层透水性及富水性较差（谢振华，2003）。

根据地下水补、径、排条件、地下水开采层位及成因类型状况，北京第四系含水层主要划分为 3 个含水层组（刘宇，叶超等，2007）：

第一含水层组：潜水、浅层承压水（地层：全新统和上更新统），主要分布于北京平原区。

第二含水层组：中深层承压含水层（地层：中更新统），主要分布于冲洪积扇中下部地区，含水层组顶板的埋深为 80～100 m，底板的埋深为 300 m 左右。

第三含水层组：深层承压含水层（地层：下更新统），主要分布于北京平原东北和东南部的凹陷地区，含水层组顶板埋深为 300 m 左右。

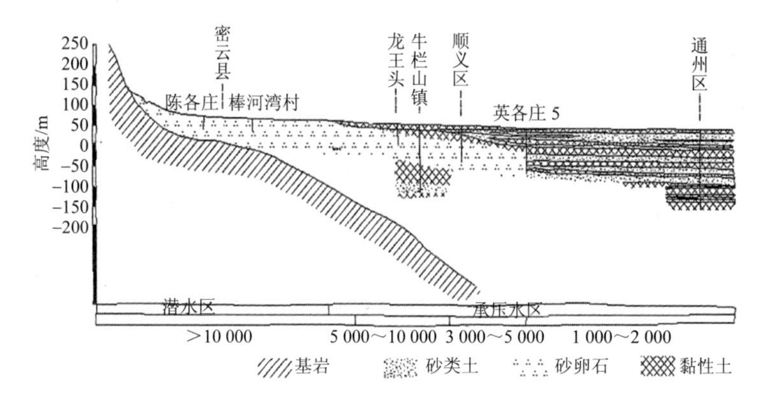

图 2-4　北京地区水文剖面图

2.4　本章小结

本章介绍了研究区的基本情况，分别从自然地理概况、气象水文条件和地质条件进行阐述，为以后地面沉降演化过程与成因机制的分析奠定了基础。

1）北京市位于华北平原北部，其地势北部、西北部较高，东南偏低，由山前向南、东南方向倾斜，地貌特征分为三块：西部山区、北部山区和东南平原；

2）从 1999 年到 2006 年，北京连续干旱少雨，平均降雨量仅为 459.11 mm，约为北京市多年平均降雨量的 84.2%；

3）北京平原区地处于华北板块—太行山褶皱带，东北部边缘、燕山褶皱带南部边缘、冀辽断陷盆地北部边缘，区内主要受七条断裂影响；

4）根据地下水补、径、排条件、地下水开采层位及成因类型状况，北京第四系含水层主要划分为 3 个含水层组。

第3章 融合永久散射体与小基线干涉测量技术理论基础

3.1 SAR成像的基本原理

合成孔径雷达（SAR）通过飞行平台向前运动实现合成孔径，在雷达图像上，沿飞行平台前进的方向称为方位向（Azimuth），垂直方位向并指向地面的方向为距离向（Range）。如果雷达的天线固定不动，则只能接收到一小部分从地物返回的后向散射信号；然而如果雷达是快速移动的，则能收集到从地物后向散射到各个方向的信号，所获得的信息量则大为增加，利用天线的移动，可以将小孔径的天线虚拟成一个大孔径的天线，因而获得类似大孔径天线的探测效果，合成孔径雷达即是利用这种优势特点成像并制图的，因此其分辨率也比真实天线的提高了许多（廖明生，林珲，2003）。SAR影像不但记录了地面目标的辐射强度信息，同时记录了与斜距（雷达天线到地面分辨单元的距离）有关的相位信息，因而合成孔径雷达能提供高分辨率的地面雷达影像。如

图 3-1 所示。

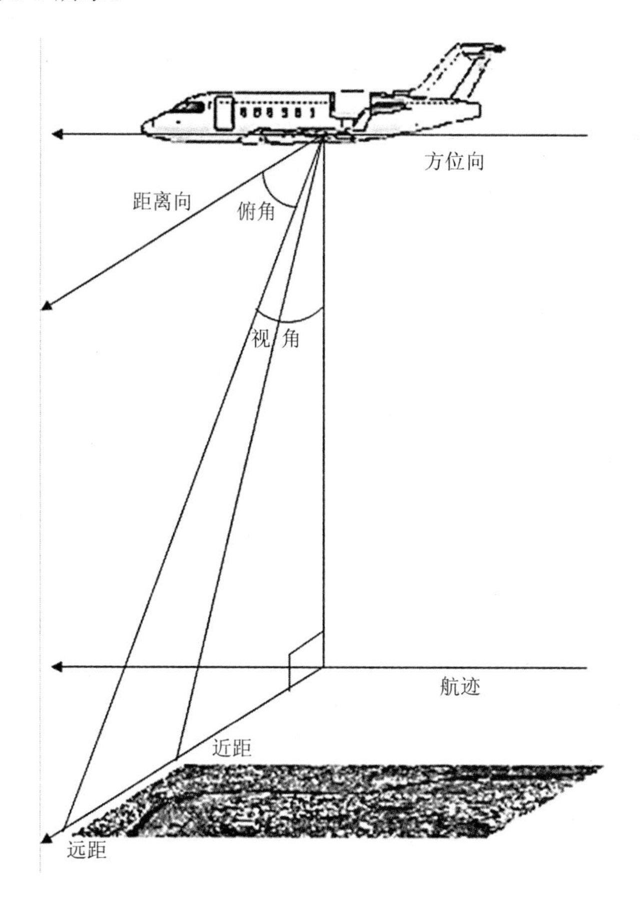

图 3-1　SAR 成像示意图

3.2　D-InSAR 差分干涉测量原理

干涉合成孔径雷达（D-InSAR）是利用目标回波的相位，表示雷达视向上目标与雷达之间的距离，利用两次成像的不同位置关系，依据其三角关系得到目标的第三维信息——高度或目标的运动情况（白俊，2005）。同时，干涉合成孔径雷达除了具有普通合成孔径雷达的特性外，还利用两次成像之间的相干性。即干涉雷达系统利用一副天线发射雷达信号，两副天线再同时接收回波，或者是在不同时间对同一地区进行成像。由于两副天线所接收的回波信号具有一定的相干性，经过干涉处理后所得到的两幅图像的相位差，则取决于两副天线与地面目标之间的距离差，而这种距离则是与地形紧密关联。所以，如果能够获得干涉测量的几何图像，即可利用相位差计算图像上每个目标点的高程值。换句话说，相位差提供的是三维信息，即除了图像目标点的顺轨向和交轨向的坐标外，同时提供其高程信息，将这三者结合起来就能够重建目标的三维特征（于勇，2002）。InSAR 成像示意图如下：

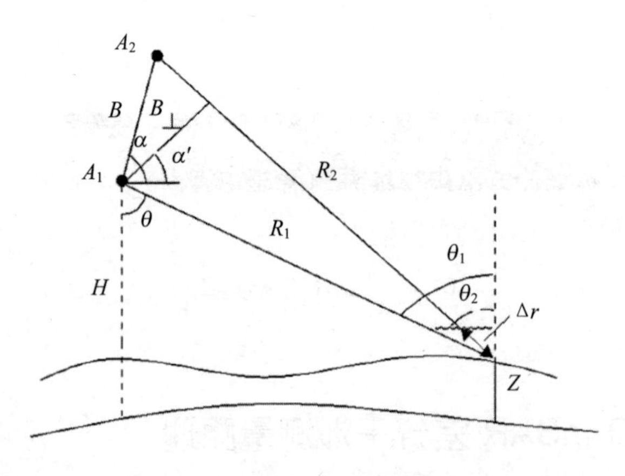

图 3-2　InSAR 干涉测量成像示意图

上图中，A_1、A_2 分别表示两副天线所在的位置，R_1 和 R_2 分别代表从天线到地球表面某一点的路径，θ_1 和 θ_2 表示入射角，基线 B 是两次获取信号之间天线的空间距离。$B\parallel$ 表示与基线平行的分量，$B\perp$ 表示与基线垂直的分量。H 表示传感器平台高度，α 代表基线与水平方向的夹角，Z 表示地表地形高程。天线 A_1 和 A_2 接收的 SAR 信号分别如下表示：

$$U_1(P)=A_1(P)\exp\left(-\frac{4\pi}{\lambda}R_1\right) \tag{3.1}$$

$$U_2(P)=A_2(P)\exp\left(-\frac{4\pi}{\lambda}R_2\right) \tag{3.2}$$

由于卫星平台两次成像存在几何差异，所以两次获取的 SAR 影像并不是完全重合，需要以主图像为参考进行配准。对聚焦、配准后的两幅 SAR 图像进行复共轭相乘，即生成一幅干涉图，干涉的结果如下：

$$U_{\text{int}}=|U_1U_2|\exp\left(-\frac{4\pi}{\lambda}(R_1-R_2)\right) \tag{3.3}$$

同时可以计算出由视线方向的形变量 Δr（$\Delta r=R_1-R_2$，为路径长度差）所引起的相位为：

$$\phi=\phi_1-\frac{B_w}{B'_w}\phi_2=-\frac{4\pi}{\lambda}\Delta r \tag{3.4}$$

或 $$\phi=-\frac{4\pi}{\lambda}(R_1-R_2) \tag{3.5}$$

在已知 B_w 与 B'_w 及两幅干涉相位图的情况下，则可以根据式（3.4）计算出点的形变量值 Δr。

在 InSAR 合成孔径雷达干涉测量中，为了获得准确有效的干涉测量结果，两次获取的 SAR 数据必须具有相关性，图像像元内散射体反射波较为相似时，一般表示具有良好的相关性。

3.3 融合永久散射体与小基线干涉测量技术原理

3.3.1 永久散射体干涉测量技术原理

永久散射体（Permanent Scaterers，PS）干涉测量技术最早是由 Ferreti 等人提出来的，所谓永久散射体（PS），即是在相当长的时间序列内仍然能够保持稳定的反射特性的散射体目标点。Ferreti 等人在分析研究同一地区的多幅干涉图时发现，在城市或者岩石裸露的地区，存在大量相位稳定并且亮度很高的反射点（一般而言该点均小于一个像元），这些反射点可能是由于角反射效应所造成的，由于这些点保持着良好的相位及幅度信息，则可以通过监测这些离散点相位的变化来获取其形变信息（A.Ferretti，2001）。继而，Ferretti 等（2000，2001）又进一步提出基于幅度变化特征，来识别 PS 点的算法。把一些相位历史信息与假定随时间而变化的形变模型相匹配的像素识别出来，称为永久散射体。随后，其他学者也提出了类似的算法，包括 Lyons 和 Sandwell（2003），Werner 等（2003），Kampes（2005），Crosetto 等（2007）。

这些传统 PS 算法主要采用幅度离散指数作为相位标准差的表征(Ferretti,2000):永久散射体干涉测量技术是对传统 D-InSAR 技术的扩展，即是在差分干涉测量（D-InSAR）技术基础上发展起来的，它的主要优势是：能较好地降低或克服去相干、大气延

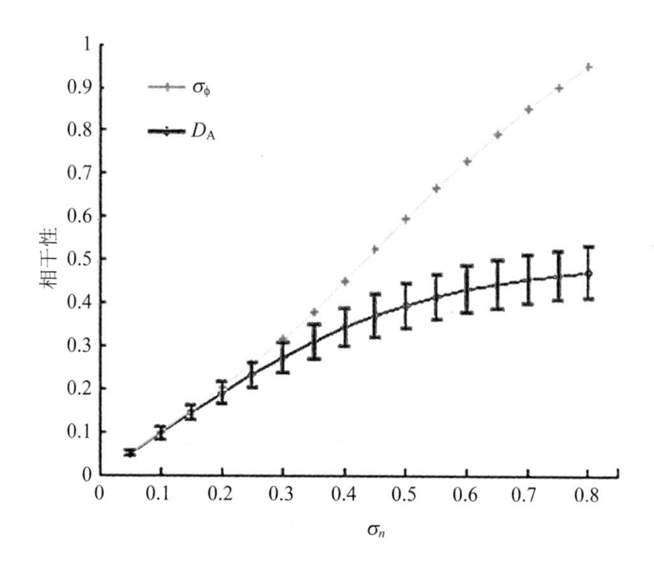

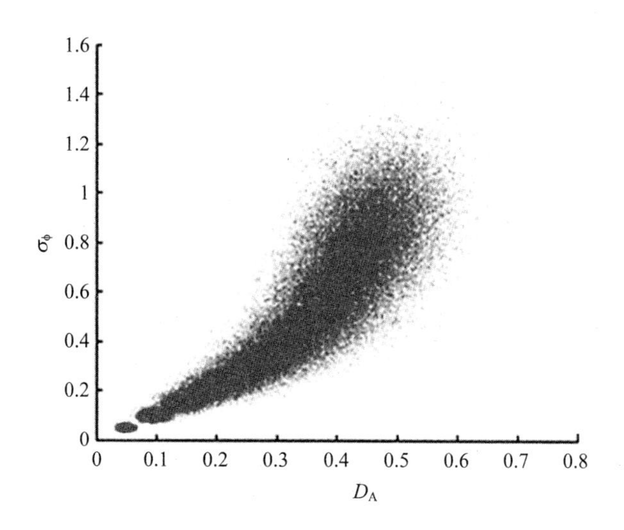

图 3-3　幅度离散指数数值模拟结果图

迟影响，获取区域尺度长时间序列的地表形变变化信息。虽然传统 D-InSAR 技术在大多数情况下可以监测到精确的地表形变信息，但当时间间隔较长时，地表反射体的反射特性有可能发生了较大的变化，而严重的时间去相干将可能影响干涉的测量，此时，传统 D-InSAR 技术受到了限制，而永久散射体干涉测量技术则可以很好地克服这一难题。

国内外众多研究结果表明，永久散射体技术在含大量人工建筑物的地区能成功地选取出大量永久散射体目标点集。其原因是在这些地区容易产生角反射效应，同时占像素后向散射主体地位的散射体情况存在较多，所以该技术在城区可以获取准确的形变信息，并且取得了一些成功的应用。局限性是，在人工建筑物稀疏的地区仅有较少的 PS 点被选取出来。

同时，传统基于幅度离散指数选取 PS 点的算法在应用中仍存在一定的局限性：

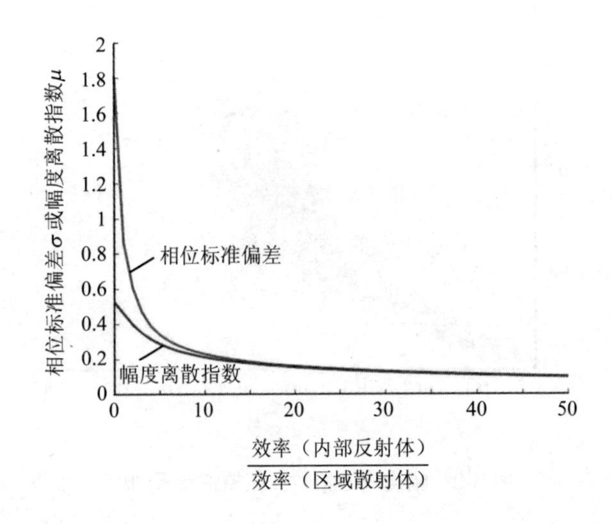

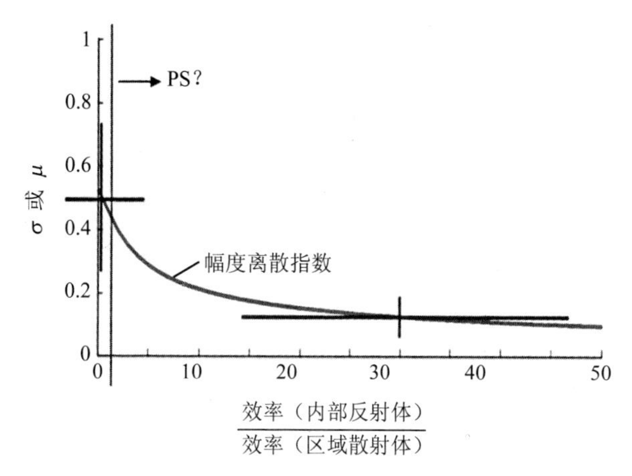

图 3-4　幅度离散指数方法存在的不确定性问题

1）只有幅度离散指数小于 0.5 的时候像元才可能作为 PS 点，然而根据一些研究区的应用（Hooper，2006），幅度离散指数大于 0.5 的时候也有大量的 PS 点被选取出来。

2）在永久散射体干涉测量技术处理过程中，传统 PS 算法通常需要大于 25 景的干涉图像，才能保证 PS 点选取的可靠性、算法的收敛性以及测量结果的准确性。但是由于部分地区存档的 SAR 影像资料较少，或者存档数据中较难同时满足相干性较好且大于 25 景干涉影像对的要求。

3）传统 PS 算法需要先验形变信息：在使用基于时间的形变函数模型来识别 PS 像素时，需要一个先验的形变信息。形变一般假定为匀速，或者为周期性的形变。但是，在一些地区并不存在先验的形变速率知识，或者有时候非匀速、各向异性的形变特征超出了传统永久散射体方法（Ferretti，2001）的测量能力。

Hooper 等（2004）提出了一种新的 PS 点识别及相位组分分析的方法，称为 Stam PS 方法，克服了传统 PS 算法中存在的不足，即采用幅度离散特征和干涉相位的空间相关性特征共同建立 PS 识别算法，用来识别永久散射体。采用该方法在干涉数据中，识别相位稳定的像素，进而通过这些稳定的像素目标，提取形变信号。该算法是基于相位的空间相关性，而并非使用时间函数模型来识别 PS 点。研究表明，该算法在非城区（郊区）能够识别出一些稳定的 PS 点像素，同时由于无须先验形变速率信息，所以适用于非稳定形变区。在一定程度上克服了由于时间去相干影响干涉精度的问题，提高了干涉像对的可用数量及干涉处理的时间分辨率。

其 Stam PS 算法主要步骤如下：

首先根据优化选取的主、辅图像进行干涉处理，在去除平地效应后，引入外部 DEM，去除地形相位组分（二轨法），进而获取差分干涉结果，差分干涉测量处理后，图像中每个像元的相位包括如下五个组分：

$$\varphi_{\text{insar}} = \varphi_{\text{def}} + \varphi_{\text{topo}} + \varphi_{\text{atm}} + \varphi_{\text{orbit}} + \varphi_{\text{noise}} \tag{3.6}$$

式中，φ_{def}表明与基线相关，φ_{atm}表明与时间去相关，φ_{def}、φ_{atm}表明局部空间相关，φ_{orbit}表明全局空间相关，φ_{noise}表明 PS 点存在噪声。

具体来说，第 i 个差分干涉对、第 x 个像素的相位可以包含如下五个组分：

$$\varphi_{\text{int},x,i} = \varphi_{\text{def},x,i} + \Delta\varphi_{\varepsilon,x,i} + \varphi_{\text{atm},x,i} + \Delta\varphi_{\text{orb},x,i} + \varphi_{n,x,i} \tag{3.7}$$

式中，φ_{def} 表示像素视线方向上的形变相位，$\Delta\varphi_{\varepsilon}$ 表示由于 DEM 误差带来的残余地形相位，φ_{atm} 表示大气延迟组分，$\Delta\varphi_{\text{orb}}$ 表示由于轨道的不确定性引起的残余相位，φ_n 表示噪声组分，是由于像素散射特征变化、热噪声和配准误差所引起的，然而由于 PS 像素点的 φ_n 足够小，以至于不能完全模糊形变相位信号。

由于前四个组分变化可能控制着噪声组分，使得很难识别哪一个目标像元是永久散射体。假定 φ_{def}、 φ_{atm}、 $\Delta\varphi_{\text{orb}}$ 在特定距离（L）上是空间相关的，$\Delta\varphi_{\varepsilon}$、$\varphi_n$ 在相同的距离上是空间非相关的，均值为 0。如果其他初选 PS 点的位置已知，以待分析像素 X 为中心、L 为半径的圆内所有的相位值进行平均，如下：

$$\overline{\varphi}_{\text{int},x,i} = \overline{\varphi}_{\text{def},x,i} + \overline{\varphi}_{\text{atm},x,i} + \Delta\overline{\varphi}_{\text{orb},x,i} + \overline{\varphi}_{n,x,i} \tag{3.8}$$

式中，均值条表示搜索区（斑点）内的样本均值，$\overline{\varphi}_n$ 是 $\Delta\varphi_{\varepsilon} + \varphi_n$ 的样本均值，假设其值非常小，公式（3.7）减去公式（3.8）得到如下结果：

$$\varphi_{\text{int},x,i} - \overline{\varphi}_{\text{int},x,i} = \Delta\varphi_{\varepsilon,x,i} + \varphi_{n,x,i} - \overline{\varphi}'_{n,x,i} \tag{3.9}$$

其中，$\overline{\varphi}'_n = \overline{\varphi}_n + (\overline{\varphi}_{\text{def}} - \varphi_{\text{def}}) + (\overline{\varphi}_{\text{atm}} - \varphi_{\text{atm}}) + (\Delta\overline{\varphi}_{\text{orb},x,i} - \varphi_{\text{orbit}})$

由于 DEM 中的不确定性引起的相位误差，与垂直基线成比例：

$$\Delta\varphi_{\varepsilon,x,i} = B_{\perp,x,i} K_{\varepsilon,x} \tag{3.10}$$

K_{ε} 是比例常量，代入式（3.9）得

$$\varphi_{\text{int},x,i} - \overline{\varphi}_{\text{int},x,i} = B_{\perp,x,i} K_{\varepsilon,x} + \varphi_{n,x,i} - \overline{\varphi}'_{n,x,i} \tag{3.11}$$

$\overline{\varphi}'_{n,x,i}$ 假定很小，使用所有可利用的干涉图像对，采用最小二乘法评估 K_{ε}，该项是唯一与基线相关的项。

基于像素 X 的时间相干性，定义如下方法：

$$\gamma_x = \frac{1}{N}\left|\sum_{i=1}^{N}\exp\left\{j\left(\varphi_{\mathrm{int},x,i} - \bar{\varphi}_{\mathrm{int},x,i} - \Delta\hat{\varphi}_{\varepsilon,x,i}\right)\right\}\right| \tag{3.12}$$

N 表示可利用的干涉图像对数目，$\Delta\hat{\varphi}_{\varepsilon,x,i}$ 表示对残余地形相位 $\Delta\varphi_{\varepsilon,x,i}$ 的评估，γ_x 是一种测量相位噪声水平的方法，所以也可作为像素是否是 PS 点的指示。

由于算法需要初选 PS 点的相位，进行计算“圆内相位均值”。当无任何先验 PS 点确定位置时，可以采用叠代算法在图像所有位置同步进行识别。如为了节省计算时间，可以首先采用幅度离散指数进行 PS 点的初选（Ferretti，2001）。其公式如下：

$$\sigma_v \quad \frac{\sigma_A}{m_A} \triangleq D_A \tag{3.13}$$

如上，σ_v 表征相位离散，σ_A 表征幅度标准差，m_A 表征幅度均值，D_A 表征幅度离散指数，采用较高的阈值（0.4）。在较高信噪比的情况下，幅度离散指数可以作为测量相位稳定性的方法。

通过幅度离散指数初选出的 PS 点并不是最终的永久散射体（PS）点，而是初始参与分析的候选 PS 点。对于每个候选 PS 点，减去搜索半径内参与分析的 PS 点的相位均值[如公式(3.9)所示]，评估 $K_{\varepsilon,x}$ 并计算 γ_x。总体而言，当候选 PS 点被噪声所控制时，$\bar{\varphi}'_{n,x,i}$ 不能忽视。像素 γ_x 越高，越可能是最终的 PS 点。因此暂时拒绝低 γ_x 值的 PS 候选点，使用剩下的 PS 候选点，重新计算斑块内的相位均值，进而对每个候选点再次计算 γ_x。一般而言，$\bar{\varphi}'_{n,x,i}$ 比以前更小，通过多次叠代，$\bar{\varphi}'_{n,x,i}$ 的贡献降低到很小，使得 γ_x 主要由 $\varphi_{n,x,i}$ 控制。

最后则是通过计算的 γ_x 值，选取最终的永久散射体（PS）点。

针对每个像元，建立 γ_x 值与此像元为永久散射体的概率 p_{PS} 值之间的函数关系。通过分析候选 PS 点的 γ_x 值，评估对应 γ_x 值

的概率密度 $p(\gamma_x)$。在候选 PS 点中包括两类像素：真 PS 点和伪 PS 点，所以 $p(\gamma_x)$ 是真 PS 点概率密度 p_{PS} 与非 PS 点概率密度 p_{N_PS} 的一个加权和，表示如下：

$$p(\gamma_x)=(1-\alpha)p_{N\_PS}(\gamma_x)+\alpha p_{PS}(\gamma_x) \tag{3.14}$$

该式中 $0\leqslant\alpha\leqslant1$。通过对具有随机相位（$-\pi$，$\pi$）的伪非 PS 像素进行样本分析，计算出相应于 γ_x 值的概率密度值 p_{N_PS}。

对于较低的 γ_x 值（$\gamma_x<0.3$），$p_{PS}(\gamma_x)\approx0$，由上面公式可得：

$$\int_0^{0.3}p(\gamma_x)\mathrm{d}\gamma_x=(1-\alpha)\int_0^{0.3}p_{N\_PS}(\gamma_x)\mathrm{d}\gamma_x \tag{3.15}$$

通过对实际候选 PS 点的计算，可以计算出上式左边的积分值，同时根据前面计算的非 PS 点概率密度值 p_{N_PS}，可以评估出 α 值。对于一个像素，其为真实 PS 点的概率密度为：

$$P(x\in PS)=1-\frac{(1-\alpha)p_{N\_PS}(\gamma_x)}{p(\gamma_x)} \tag{3.16}$$

由于噪声的存在，在实际应用中，$p_{N\_PS}(\gamma_x)/p(\gamma_x)$ 不是单调递减，当遇到该情况时，可以采用 7 点高斯窗口进行卷积滤波，去除噪声影响。在计算每个像素的 PS 概率值 $p_{PS}(\gamma_x)$ 之后，通过阈值 γ_{thresh} 来选取出最后的真实 PS 像素（Hooper，2007）。

设置一个像元样本集 $\hat{D}_{A,x}$，保证足够的数量，以确保覆盖所有可能的数据，$p(\gamma_x, \hat{D}_{A,x})$。对于每一个分类样本集，$p(\gamma_x, \hat{D}_{A,x})$，按照候选 PS 点概率公式中所描述的过程进行评估 $\alpha(\hat{D}_{A,x})$。如果 γ_x 域内的像元都大于阈值，$\gamma_{\text{thresh}}(\hat{D}_{A,x})$ 将被选择，非 PS 点的像元个数将通过如下公式求出：

$$[1-\alpha(\hat{D}_{A,x})]\int_{\gamma_{\text{thresh}}}^{1}p_R(\gamma_x)d\gamma_x \tag{3.17}$$

选择$\gamma_{\text{thresh}}(\hat{D}_{A,x})$，这个样本集中，非 PS 点的像元在总像元中所占的比例，是在特定应用中所允许的范围之内的。也即：

$$\frac{[1-\alpha(\hat{D}_{A,x})]\int_{\gamma_{\text{thresh}}}^{1} p_R(\gamma_x)d\gamma_x}{\int_{\gamma_{\text{thresh}}}^{1} p_R(\gamma_x)d\gamma_x}=q \tag{3.18}$$

此公式是为了计算阈值γ_{thresh}，q 是所允许的非 PS 点的像元在总像元中所占的比例的最大值，通过设定 q，求导即能求解出所需要的阈值γ_{thresh}。

γ_{x}是测定相位稳定性的量，与$\hat{D}_{A,x}$成反比。即是随着$\hat{D}_{A,x}$的增加，$p(\gamma_{\text{x}}, \hat{D}_{A,x})$将越来越趋向于$\gamma_{\text{x}}$的较低值。$\gamma_{\text{thresh}}(\hat{D}_{A,x})$值将随着$\hat{D}_{A,x}$的增加而增加。

当 PS 点已经被选取出来，通过减去评估的$\Delta\varphi_{\varepsilon,x,i}$值，地形误差相位值被校正。

$$\varphi_{\text{int},x,i}-\Delta\hat{\varphi}_{\varepsilon,x,i}=\varphi_{\text{def},x,i}+\varphi_{\text{atm},x,i}+\Delta\varphi_{\text{orb},x,i}+\Delta\varphi'_{\varepsilon,x,i}+\varphi_{n,x,i} \tag{3.19}$$

如上，$\Delta\varphi'_{\varepsilon,x,i}$是由$K_{\varepsilon,x}$评估不确定性所导致的残余 DEM 误差，包括空间相关的 DEM 误差。由于相邻 PS 点，空间相关误差引入的差值很小，对解缠的影响可以忽略。但是，在大区域应用时，其累计影响会很大，因此空间相关性组分应该被评估并去除。

在 PS 点密度达到要求后，并校正 DEM 误差之后，邻近 PS 点的相对相位差总体上不到π，其相位值可以通过正确的解缠获取。

相位解缠的目的是从缠绕的相位中，计算出像素相对相位的整周模糊度，该过程是通过对缠绕相位的梯度进行积分而实现的，如何选择合理的积分路径和计算方法，不同的假设前提条件，使得解缠算法之间存在着一定的差异性。

3.3.2 小基线干涉测量技术原理

标准的小基线方法（P. Berardino，2002；D. A. Schmidt and R. Bürgmann，2003），在形成干涉图时，首先要进行多视处理，然后进行相位解缠。然而，多视处理时往往提高像元分辨率，使得被很多像素包围的孤立的 SDFP 像素在被识别时完全的失相关。Lanari 等（R. Lanari，2004）提出了一种方法，首先识别出多视的 SFP 像素，然后用它们去进一步识别单视的 SDFP 像素。本研究采用的方法（Hooper，2008），不同之处是在单视图像中去识别单视的 SDFP 像素[（slowly-decorrelating filtered phase（SDFP）pixels）]。

1）生成小基线干涉图

小基线方法选取时间间隔和多普勒频率范围最小的图像对，以最大限度地提高干涉图的相干性。选择的图像其空间基线、时间基线和多普勒均低于阈值范围，这些依赖于数据可用性的具体应用和给定地形的预期去相关值，确保数据集中无孤立的集群（图 3-5）。这些干涉图形成于 PS 处理中重采样的 SLC 图像重新合并之后，首先在方位向上去除无重叠的多普勒频谱，然后在距离向上去除几何去相关影响。每一幅小基线干涉图去除几何相位的方法是相关的主辅图像相减，去平地效应和地形相位方法同上。

2）SDFP 像素的选取

SDFP 像素[slowly-decorrelating filtered phase（SDFP）pixels]是由它们的相位特性来定义的，进而通过初选出包括所有 SDFP 像素的一个子集，进行振幅分析，减小计算量。

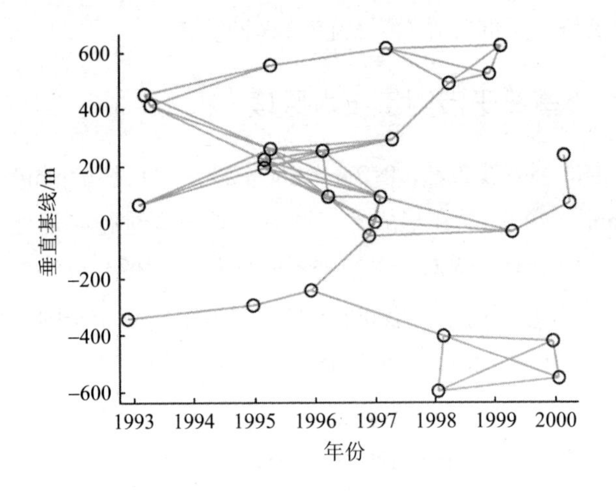

图 3-5　小基线数据集图

对于高斯散射体，相位稳定性的定义是通过幅度差离散指数，$D_{\Delta A}=\sigma_{\Delta A}/\mu_A$，$\sigma_{\Delta A}$ 是主辅图像幅度差的标准差，μ_A 是幅度的平均值。这与 Ferretti 定义的 PS 点的幅度离散指数（D_A）类似。然而，在光谱滤波后，$D_{\Delta A}$ 能更好地评估相位的稳定性。对于在这些初选范围内的数据，$\hat{D}_{\Delta A}\leqslant 0.6$ 是减小数据集大小的阈值。在初选像素中选取 SDFP 像素的方法与 Hooper 的 PS 点选取的方法相同（Hooper，2007），与标准的 PS 识别算法不同。空间相关特性对每一个像元干涉相位的贡献可以通过周围像素的带通滤波来评估，这些相位假设包括地面形变，大气延迟的时间变化，轨道误差和空间相关的高差。空间非相关的视角误差组分，包括空间非相关的高度差和物理中心的像元相位中心偏差，通过空间垂直基线的相关性进行评估。这两项评估相减后，对于每一个像元，剩下非相关的噪声项，根据相关程度来测量

$$\gamma_x = \frac{1}{N}\left|\sum_{I=1}^{N}\exp\left\{\sqrt{-1}(\psi_{x,i} - \tilde{\psi}_{x,i} - \Delta\hat{\varphi}^{u}_{\theta,x,i})\right\}\right| \qquad (3.20)$$

式中$\psi_{x,i}$是第i幅干涉图中第x个像元的缠绕相位，$\tilde{\psi}_{x,i}$是$\psi_{x,i}$的空间相关组分评估，$\Delta\hat{\varphi}^{u}_{\theta,x,i}$是视角误差的空间非相关组分评估，$N$是干涉图的数目。$\gamma_x$贡献的统计分析和$D_{\Delta A}$值生成一个阈值函数：$\gamma_X^{\text{thresh}}(D_{\Delta A})$，来选取像元。

这个阈值函数需要于一个明确的要求，所选取像元的相位不是随机的。需要注意的是，虽然用相同算法去选取 PS 点和 SDFP 点，但是，选取的是不同的数据集，因为算法用于不同的干涉图，单一主图像没有光谱滤波，VS 多幅主图像有光谱滤波。

3.3.3 融合永久散射体与小基线干涉测量原理

因为所测量的相位为 2 p，所以为了获取形变场信息需要解算整周模糊度，即相位解缠。相位解缠的问题很多，增加空间的采样点可以减小空间假频变形的可能性，进而增加解缠的成功率。合并 PS 和 SDFP 数据集能够最大限度地增加解缠的可靠性。为了合并数据集，要计算相等的 SB 干涉相位，重新合并单一主图像干涉相位 PS 像元。需要注意的是等价的 SB 相位与分别提取的小基线相位不同，因为没有进行光谱滤波。针对获取的 SB 干涉图中的 PS 点，重新计算γ_x（式 3.20）。这个值通常低于单一主图像相位，主图像对失相关组分的贡献在每一幅干涉图中均存在，因此并未在变化中显示出来，与 SDFP 像元评估出的γ_x相比。然后，小基线干涉图包括 PS 点和 SDFP 点进行合并。当一个像元同时存在于两个数据集时，取加权平均值，在数据集中，针对像元，评估其噪声比如下（Just and Bamler，1994）：

$$\hat{SNR} = \frac{1}{\gamma_x^{-1} - 1} \tag{3.21}$$

采用空间非相关性视角误差评估方法来校正合并数据集的相位在所选择的范围内。Hooper 的方法在后面被应用于每一幅合并的 SB 干涉图里。由于小基线时间间隔较短，与单一主图像的干涉图相比，在高沉降速率的地区，SB 干涉图的相位解缠时，具备减小空间假频的优势。

SB 干涉图的相位解缠必须被倒置，用于反演每个像元时间序列的相位变化。Berardino 等（2002）提出奇异值分解的方法，强加一个最小范数限定。然而，须保证在分析中，无孤立的干涉图像，不需要额外的约束条件，仅仅采用最小二乘法就可以进行相位解缠，类似于 Schmidt and Bürgmann 模型相位的反演。模型相位的反演是每个像元的相位相对于任意参考像元和主图像。计算 SB 干涉图的残余相位和单一主干涉图模型预测的相位，检验结果是，对于 SB 干涉图的相位，每一个最终单一主干涉图的贡献是一致的。2 p 整周模糊度，对于每一个像元而言，由于本身的相位解缠误差是可预见的，但是空间相关误差组分带来了复杂的相位解缠误差。在这种情况下，干涉的问题可以被识别，它们的相位解缠需要更仔细，或者它们可以从反演中剔除解缠误差。

对于大多数像元，SB 方法的γ_x较高，这表明，此方法所选取的点更接近于高斯散射模型，同时光谱滤波减小了噪声。剩余的点大都是接近于点散射模型，光谱滤波增加了噪声。因此，小基线（SBAS）技术和 PS 方法虽然用不同的离散模型，但二者存在优势互补之处，融合两者数据集不仅能够增加相干像元数，而且提高了像元的信噪比，大幅度减小了解缠空间偏差（A. Hooper，2008）。这一优势是单一的小基线技术或单一 PS 技术都无法比拟的。

3.4 本章小结

本章主要阐述融合永久散射体（PS）和小基线技术所涉及的干涉测量基本理论基础：首先对 SAR 成像基本原理进行阐述；其次深入分析了 InSAR、永久散射体技术、小基线技术的基本原理，并进行了模型公式的推导；最后则是总结了融合 PS 和小基线技术方法的理论原理及其优势之处。

第4章 基于 InSAR 技术的监测信息提取与结果分析

4.1 数据的选取与预处理

4.1.1 SAR 数据的选取

ENVISAT 是欧洲航天局于 2002 年 3 月 1 日发射的一颗太阳同步极轨地球环境观测卫星，该卫星携带有 10 个大气和地球观测仪器，其中所搭载的先进合成孔径雷达（ASAR）是基于 ERS-1/2 主动微波仪（AMI）所建造的，ASAR 影像数据具有巨大的应用潜力和优势，除了和其他雷达遥感器一样，具有一定穿透性、全天候和全天时的特性外，还具有如下优势：和 ERS-1/2 一样工作在 C 波段，重复周期是 35 天，右侧视。同时，能够继续提供 ERS-1/2SAR IM 和 WV 模式的数据。因而，可以综合利用大量的 ERS 归档数据和 ASAR 数据，保持了对地观测数据的稳定性和持续性。同时，由于 ASAR 遥感器采用了新的设计方式，使得 ASAR 数据具有多入射角、大幅宽、多极化等新的优势特性（黄庆妮，2004）。

目前可以提供 SAR 数据的卫星还有德国的 TerraSAR 雷达卫星，加拿大的 RADARSAT1，RADARSAT2，意大利的 Cosmo-Skymed，日本的 JERS-1（Japanese Earth Resources Satellite）、ALOS-PALSAR 卫星；日本的这两个卫星携带的 SAR 传感器有着多种极化模式，工作波段是 L 波段。

其中，德国 TerraSAR 雷达卫星于 2007 年 6 月 15 日发射成功，该卫星数据的分辨率可达 1 m，装备有源天线，可收集高质量的 X 波段雷达影像数据。Cosmo-Skymed 雷达卫星由意大利国防部和空间局共同开发研制，该系统有两个地面站，一个民用站，一个军用地面站。Cosmo-Skymed 系统采用 X 波段合成孔径雷达拍摄地球，获取雷达图像，扫描带宽为 10 km，最高分辨率可达 1 m，具有雷达干涉测量地形的能力。同时，该卫星灵活的观测模式，可以满足大面积的数据采集的需求，快速的重访能力能有效用于监测突发事件。

RADARSAT 卫星是加拿大在 1995 年 11 月 4 日发射成功的，该卫星采用太阳同步轨道，轨道高度约为 796 km，重复观测周期是 24 d，其 SAR 数据工作波段为 C 波段，具有不同入射角，存在 7 种模式。为了保证雷达影像数据的延续性，加拿大于 2007 年 12 月 14 日发射了 Radarsat-1 的第二代产品 Radarsat-2，Radarsat-2 轨道高度约 798 km，该卫星采用多极化工作模式，大大增加了地物类别的识别能力，可提供幅宽 10～500 km 范围，3～100 m 分辨率的雷达影像数据。

SAR 影像数据的选取一般主要考虑以下几个因素：时间失相干的影响；残余地形相位的存在；临界基线距的限制；卫星姿态误差的影响等。基于这些因素的综合考虑，同时顾及数据的延续性及卫星轨道精度等因素，根据 SAR 影像的成像特征及干涉特性，本研究选取 29 景降轨 ASAR 数据，其存档 ASAR 数据无年份缺失情况，大多数影像在时间间隔内保持着较好的相干性。数据参数如表 4-1 所示：

表 4-1 ASAR 数据的选取

序号	平台	日期	轨道/km	路径/km	升轨/降轨	空间基线/m
辅图像 1	ASAR	2003-12-10	9 290	2 218	D	–559
辅图像 2	ASAR	2004-01-14	9 791	2 218	D	174
辅图像 3	ASAR	2004-02-18	10 292	2 218	D	–685
辅图像 4	ASAR	2004-03-24	10 793	2 218	D	987
辅图像 5	ASAR	2004-04-28	11 294	2 218	D	–339
辅图像 6	ASAR	2004-07-07	12 296	2 218	D	–391
辅图像 7	ASAR	2004-08-11	12 797	2 218	D	–300
辅图像 8	ASAR	2004-09-15	13 298	2 218	D	618
辅图像 9	ASAR	2004-10-20	13 799	2 218	D	574
辅图像 10	ASAR	2004-12-29	14 801	2 218	D	162
辅图像 11	ASAR	2005-03-09	15 803	2 218	D	169
主图像	ASAR	2005-12-14	19 811	2 218	D	0
辅图像 12	ASAR	2006-08-16	23 318	2 218	D	768
辅图像 13	ASAR	2006-10-25	24 320	2 218	D	–478
辅图像 14	ASAR	2007-08-01	33 338	2 218	D	–140
辅图像 15	ASAR	2007-09-05	33 839	2 218	D	222
辅图像 16	ASAR	2007-10-10	34 340	2 218	D	–325
辅图像 17	ASAR	2007-11-14	35 342	2 218	D	210
辅图像 18	ASAR	2007-12-19	35 843	2 218	D	–459
辅图像 19	ASAR	2008-02-27	36 845	2 218	D	–362
辅图像 20	ASAR	2008-04-02	31 835	2 218	D	618
辅图像 21	ASAR	2008-05-07	32 336	2 218	D	174
辅图像 22	ASAR	2008-07-11	32 837	2 218	D	–94
辅图像 23	ASAR	2008-07-16	33 338	2 218	D	52
辅图像 24	ASAR	2008-08-20	33 839	2 218	D	82
辅图像 25	ASAR	2008-09-24	34 340	2 218	D	–303
辅图像 26	ASAR	2008-12-03	35 342	2 218	D	–235
辅图像 27	ASAR	2009-01-07	35 843	2 218	D	–78
辅图像 28	ASAR	2009-03-18	36 845	2 218	D	441

基于残余地形相位和相干性影响两方面考虑，同时满足时间、空间基线达到相对最优的要求，本研究选取 2005 年 12 月的 ASAR 数据（Orbit：19 811，Track：2 218）作为主图像，进一步的差分及 PS、小基线分析处理。图 4-1 为 ASAR 数据时间、空间基线分布情况：

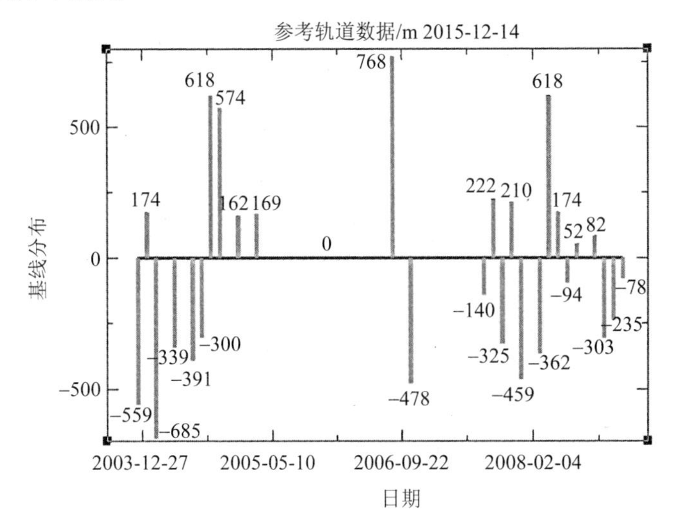

图 4-1　ASAR 基线（时间、空间）分布图

4.1.2　SRTM 数据选取

美国航天飞机测图任务（SRTM）3 秒分辨率（90 m）DEM 数据，具有精度高、分辨率高、现势性好等优势特点。其成像方法是：在航天飞机上安装长 60 m 的一个天线杆，天线杆的两端分别架设天线，同时发射和接收同一地区地面目标的雷达回波信号，以 11 d 的访问周期，实现对全球的全面覆盖。监测获取全球 N60°～S56°之间雷达影像数据，覆盖了全球陆地表面。因此本书

采用（SRTM）3 秒分辨率（90 m）DEM 数据进行地形相位的去除。

图 4-2　研究区 SRTM 数据选取

4.1.3　公共主图像的优化选取

在 PS-InSAR 数据处理之前，首先要选取合适的公共主图像，图像之间的相关性是衡量主图像的选取的关键因素。选取最优主图像，则主辅图像的干涉结果就好，反之则有可能出现干涉误差或者错误，甚至无法保证差分干涉处理的进行。所以，为了保证后续干涉测量的准确顺利进行，首先需要优化选取最优公共主图像。在主图像优化选取算法方面，国内外众多学者进行了一系列的研究，其中 Zebker 和 Villasenor 提出了，主图像的选取与空间基线、时间基线、多普勒质心频率和热噪声四个因素有密切关系（Hoffmann，2003）；国内的张华等人，也把时间基线和空间基线当做主图像选取的主要影响因子；陈强等人则基于时间有效基线、空间基线和多普勒质心频率差这三个因素，建立了综合相关函数模型，进行最优公共主图像的选取（陈强，2006）。

在充分考虑时间基线、空间基线、多普勒质心频率差等因素的基础上，在确保时序差分 PS-InSAR 技术顺利进行的前提下，一般有以下两种优化选取公共主影像的方法：

1）经验模型

获取地表形变信息，需要保持较小的垂直空间基线，但在监测长时间序列缓慢地表形变如地面沉降时，所选取的 SAR 影像数据通常具有较长的时间间隔。因此，在进行差分干涉测量时，长时间序列的 SAR 影像容易出现失相干的情况；此外，多普勒质心频率差异的大小也可能对干涉测量的顺利进行产生一定的影响。根据对影响干涉测量进行的三个主要因子的分析，结果表明：时间基线的大小对影像干涉测量的影响最大，其次是垂直空间基线，最后是多普勒质心频率的差异。利用经验模型，进行公共主图像的优化选取一般有以下三步：

选取某地区的 N 幅 SAR 影像，按时间序列依次排列序号为：T_1，T_2，T_3，T_4，…，T_N。

①当 N 是奇数时，选取处于中间成像时间的 $T_{\frac{N+1}{2}}$ 为主影像。

②当 N 是偶数时，成像时间处于中间的有两幅 SAR 影像，分别为 $T_{\frac{N-1}{2}}$、$T_{\frac{N+1}{2}}$，需要进一步比较它们各自的垂直基线。当 $B_{\frac{N-1}{2}}$

$< B_{\frac{N+1}{2}}$时，选$T_{\frac{N-1}{2}}$为主影像；反之，当$B_{\frac{N-1}{2}} > B_{\frac{N+1}{2}}$时，选$T_{\frac{N+1}{2}}$为主影像；当$B_{\frac{N-1}{2}} = B_{\frac{N+1}{2}}$时，再进一步考虑多普勒质心频率差（$f_{DC}$）。当$f_{DC}^{\frac{N-1}{2}} < f_{DC}^{\frac{N+1}{2}}$，选$T_{\frac{N-1}{2}}$为主影像，当$f_{DC}^{\frac{N-1}{2}} > f_{DC}^{\frac{N+1}{2}}$，则选$T_{\frac{N+1}{2}}$图为主影像。

③最后通过逐层比较，优化选出最优公共主影像。

这种选取最优公共主图像方法相对比较简单，不需要大量的计算，就可实现；但同时该方法容易受到多种因素的干扰，可靠性有时不易保证。

2）综合相关（Joint Correlation，JC）函数模型

一般认为，主要影响干涉测量相干性的因素有三个：两幅影像获取的时间间隔（即时间基线）T、垂直空间基线 B 和多普勒质心频率差（Daniele Perissin，2006）。

而针对同一地区的两幅 SAR 影像，时间间隔越长，时间失相干的影响越严重；空间基线距越大，几何去相干的影响越大；多普勒质心频率差越大，干涉的相干性影响越大。所以，在充分分析考虑时间基线、空间基线和多普勒质心频率差三个主要影响因素基础上，Daniele 等人建立了综合相关（Joint Correlation，JC）函数模型。

$$r^m = \frac{1}{N-1}\sum_{N=1}^{N-1}[c(B^{n,m},B_c)]^a \times [c(T^{n,m},T_c)]^\beta \times [c(f_{DC}^{n,m},f_c)]^\theta$$

其中，函数 c 为单体因素的相关性测度，其定义为

$$c(x,a)=\begin{cases}1-\dfrac{|x|}{a} & x<a \\ 0 & x\geqslant a\end{cases}$$

式中，r^m 为综合相关系数，r^m，$T^{n,m}$，$B^{n,m}$ 分别为影像 n 和 m 的时间基线、垂直空间基线、多谱勒质心频率差，B_c，T_c，f_c 分别为对应的临界条件，α、β 和 θ 是对应的指数因子。

本书选取 2003—2009 年的 29 景覆盖北京地区的 Envisat 卫星降轨 ASAR 数据。采用如上综合相关模型，进行公共主图像的优化选取，考虑时间基线、垂直空间基线和多谱勒质心频率差三个影响因素，通过优化模型公式，最后选取 2005-12-14 为公共的主影像，进行后续的时序视角干涉处理研究。

4.2 基于融合 PS 与小基线 InSAR 技术的区域地面沉降形变信息提取

4.2.1 差分干涉测量处理

永久散射体干涉测量技术是在差分干涉测量（D-InSAR）技术的基础上发展起来的，所以在进行永久散射体干涉之前，首先对上述选取的 2003—2009 年的覆盖研究区 29 景 Envisat 卫星降轨 ASAR 数据进行差分干涉处理，处理流程如下：

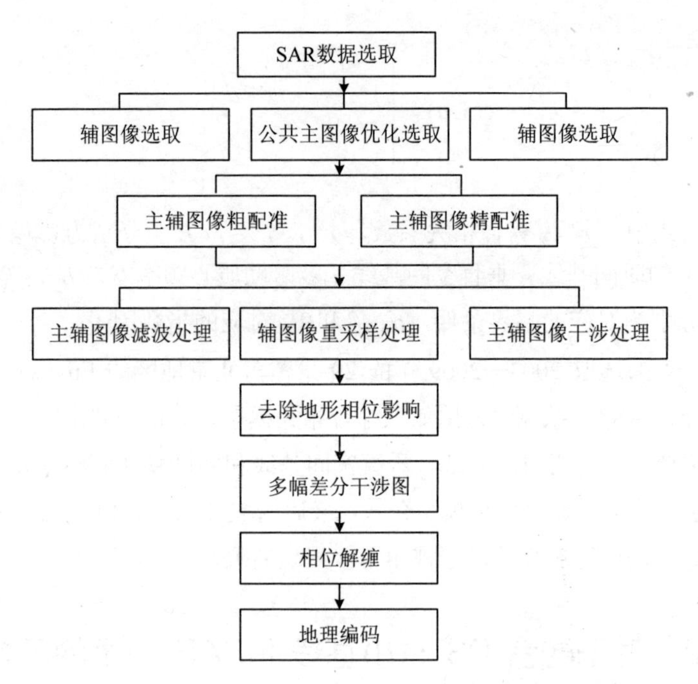

图 4-3 北京地区地面沉降差分干涉测量处理流程图

1）图像输入及区域范围选取

首先读入主图像（2005-12-14）的图像信息及头文件，同时读入轨道文件（ODR），选取感兴趣区域的中心点坐标为（116.06°E，40.06°N），进而选取覆盖北京主要平原地区的行列图像范围（21 000 行×4 700 列），SAR 影像的面积为 8 498.13 km^2，如图 4-4 红色图框所示。进而读入其他 28 景辅图像的图像信息及头文件，同时读入荷兰 Deflt 大学免费发布的精密轨道文件（ODR），辅图像裁剪中心与主图像相同，为了保证主辅图像配准的精度需求，将辅图像的裁剪范围稍微扩大至 21 500 行×4 800 列。

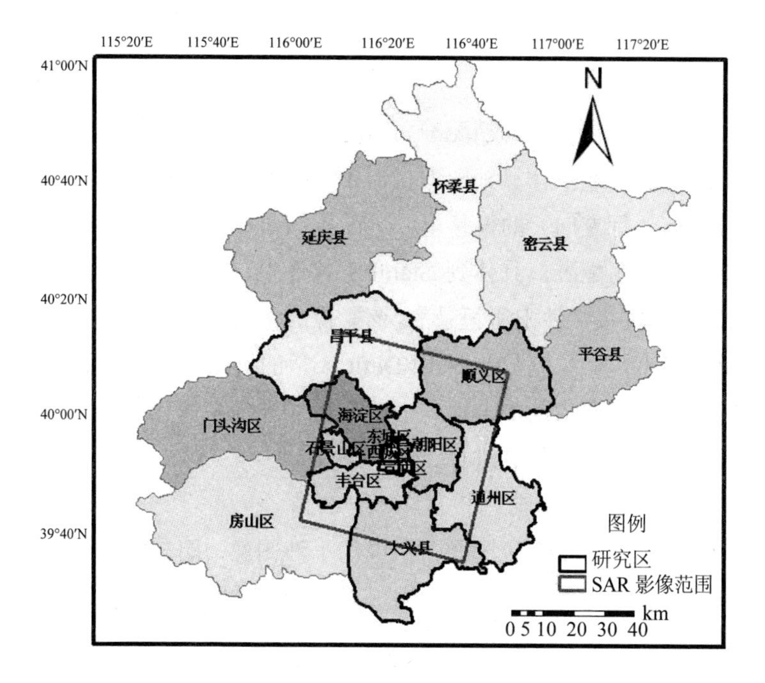

图 4-4 PS-InSAR 技术处理的研究区位置图

2）主辅图像配准

在进行干涉测量之前，为保证主辅图像具有较好的相干性，需要对主辅图像进行配准。所谓配准，即用于计算两幅图像的干涉相位的点，所对应着地面的是同一点。由于地形对相位的影响十分敏感，如果两幅影像所对应的点有位置上的误差，可能引起配准去相关噪声，降低干涉相位的信噪比，进而降低测量精度；另外，如果配准的误差等于或大于一个像元，两幅影像完全失相干，干涉处理的条纹图表示为纯噪声，就不能从时序图像上选取出正确的 PS 点，给测量带来很大的误差，甚至得到错误的结果（单世铎，2005）。因此，对于 PS-InSAR 技术而言，图像亚像元级的精确配准是 PS-InSAR 技术的基础和关键技术之一（陶秋香，2009）。

配准包括粗配准和精配准，粗配准一般利用卫星轨道参数或人工选取的控制点计算辅图像相对于主图像在距离向（列方向）和方位向（行方向）的偏移量，进而根据所计算出的偏移量对两幅图像进行粗配准。具体到 StamPS 软件中，粗配准的方法即是以 SAR 影像头文件中所记录的，该影像成像时间点上的卫星位置矢量为参考，具体方法是：采用 Deflt 大学的 ODR 轨道星历文件，进行配准，所要求的配准误差一般需控制在 1/8 像元以下，以保证后续干涉处理的顺利进行。

3）干涉图的生成

基于主、辅单视复图像，生成的干涉图像，距离向分辨率是 20 m，方位向分辨率是 4 m，为提高监测的空间分辨率，不对该干涉图像做任何的滤波处理。

4）去除平地效应和地形相位

ENVISAT 卫星状态，其矢量的参考坐标系是以 WGS84 椭球体为基础的地心旋转坐标系中，所描述的地心直角坐标系；时间坐标系是通用协调时体系。通过精密卫星轨道文件和 SAR 成像的概略坐标，计算出 WGS84 椭球体所产生的干涉条纹，从而最终去除平地效应。精确的卫星轨道信息用以去平地相位，采用二轨法差分干涉，通过引入外部 DEM，进行地形相位的去除。本文采用美国航天飞机测图任务（SRTM）3 秒分辨率（90 m）DEM 的数据，其绝对水平和高程评估精度分别为 20 m 和 16 m。

5）地理编码

SAR 影像在配准、干涉处理时，是在主图像雷达参考系下进行的，获取时间序列的形变结果后，为了后续与其他数据资料

（GPS 监测数据、可见光遥感影像、水准监测数据、水文地质工程地质资料数据等）进行比较分析，揭示地面沉降相关的地球物理特性，需要将雷达参考系下的形变结果转换到平面坐标系或者地心坐标系下。同时，在进行差分干涉处理时，外部引入的 DEM、大气延迟等数据也需要转换到雷达坐标系下，与差分干涉获取的相位组分，进行几何运算。

根据以上处理流程，采用 Delft 大学的 Doris 软件对时间序列的 2003—2009 年的 ASAR 数据进行差分干涉处理；为了提高监测的空间分辨率，差分干涉处理步骤前不对图像做任何滤波处理。当图像的相关性不是很好的时候，原始干涉图存在大量噪声，这些噪声会给相位解缠带来不便甚至造成解缠失败，此时再对涉图相位进行滤波操作。差分干涉处理的结果如图 4-5 所示。

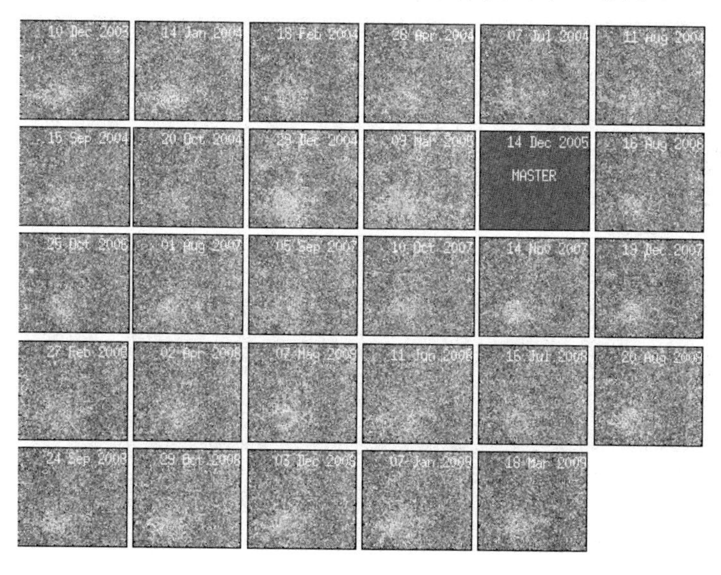

图 4-5　ASAR 时间序列差分干涉结果

在6年间隔内，尽管在一些地形起伏比较大的地区和农业地区损失了一些相干性，总体上相干性是可以接受的。值得注意的是，对于相似的获取几何条件，3 年间隔的干涉对相干性大于 2 年间隔的干涉对相干性，这可能是由于2年间隔的数据获取的时间正处于雨季时期。

在所有适合的干涉数据组合中，在城区有着较高的相干性，ASAR 干涉数据集中最大的时间基线为 1 190 天。在雨季，强烈的大气延迟影响干涉相位，达到同一个数量级。而其他合适的干涉对，干涉形变相位的空间展布模式及其形变幅度受大气影响较小。

北京地区的地面沉降主要分布在朝阳、昌平、顺义等东郊地区，干涉图上能监测到一些相位变化信息，但是由于目标的相干性，容易受到大气的各向异性等因素的干扰，D-InSAR 技术不容易在城郊地区，形成明显的干涉条纹，形变信息在干涉图上很难被监测到，需要融合 PS 和小基线 InSAR 技术的进一步研究。

4.2.2 融合 PS 和小基线 InSAR 方法处理

1）永久散射体 InSAR 技术处理

永久散射体干涉测量（PS）技术是在传统差分干涉测量（D-InSAR）技术基础上发展起来的，通过降低大气、基线等相关因素去相关的影响，获取到精确的相对于地面特征点的形变信息，StamPS 算法（Hooper，2004）的技术流程如下：

①差分干涉处理；②初选永久散射体点；③空间相关和非相关视角组分误差评估；④空间非相关组分去除；⑤相位解缠；⑥相位分解和组分评估；⑦形变量提取。

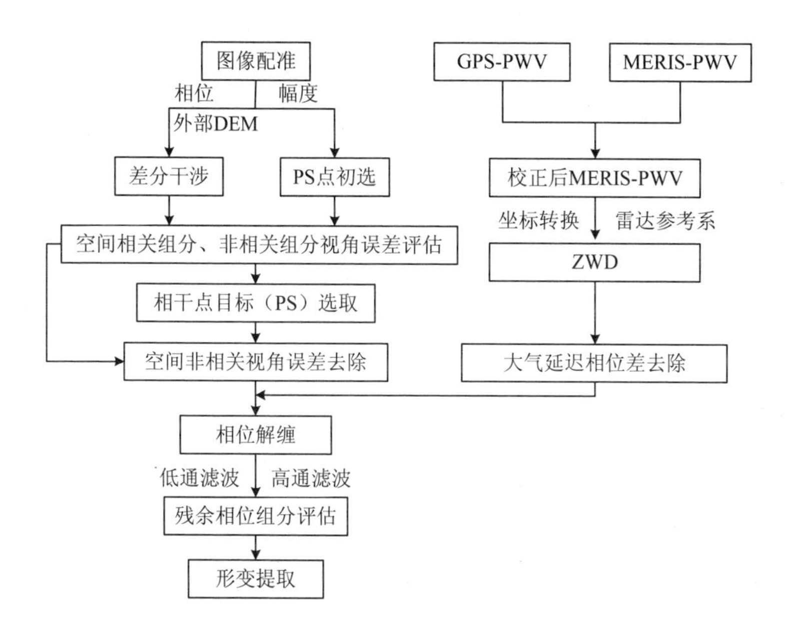

图 4-6　永久散射体干涉技术（PS-InSAR）流程图

图 4-7　计算 DEM 偏移量

通过 StaMPS/MIT 算法，Step_master_timing 计算 DEM 偏移量程序，计算出 DEM 的偏移量为：行方向为 5，列方向为 2，而这个较小的偏差能保证雷达坐标系转移到地理坐标系下不发生偏移，同时保证后续干涉的顺利进行。

2）小基线干涉处理（The Small Baseline Subset Algorithm Interferometric SAR，SBAS-InSAR）

PS 技术自身存在着局限性，所选取出的 PS 点为不规则的样本点，在非城区或者植被覆盖地区，PS 点选取效果不尽理想。与 PS-InSAR 技术相比，小基线干涉测量技术（SBAS-InSAR）则是寻找多个最小的空间基线、时间基线和多谱勒频率差的干涉数据集，能较好地降低空间、时间去相关影响。小基线干涉测量技术选取时间间隔和多普勒频率范围最小的图像对，最大限度地提高干涉图的相干性。选择的图像其空间基线、时间基线和多普勒均低于阈值范围，这些依赖于数据的具体应用和给定地形的预期去相关值，确保数据为集中无孤立的集群（Hooper，2008）。

SBAS-InSAR 技术处理的雷达影像数据集同上述 PS-InSAR 技术，获取的形变量值也是以 2005 年 12 月 14 日为基准，生成 28 景干涉图，进而计算出每一个像素点（缓慢失相关滤波相位像素点：SDFP）在时间序列上的形变值。与 PS 不同的是，小基线方法在生成 28 景相当于主图像的干涉图后，以奇异值分解（SVD）的方式将寻求的小基线干涉对相连接，构成小基线数据集；本次共选取出 119 对小基线干涉图组合，进行 SBAS 分析。相比 PS 方法，增加了空间上的采样点的密度和空间上的相关性，据此获取的形变量信息与针对主图像生成的干涉图组合得到的形变信息综合转换，经各主分阈值解后，最终获取各 SDFP 点相对于主图像选定参考区域的相当形变信息。

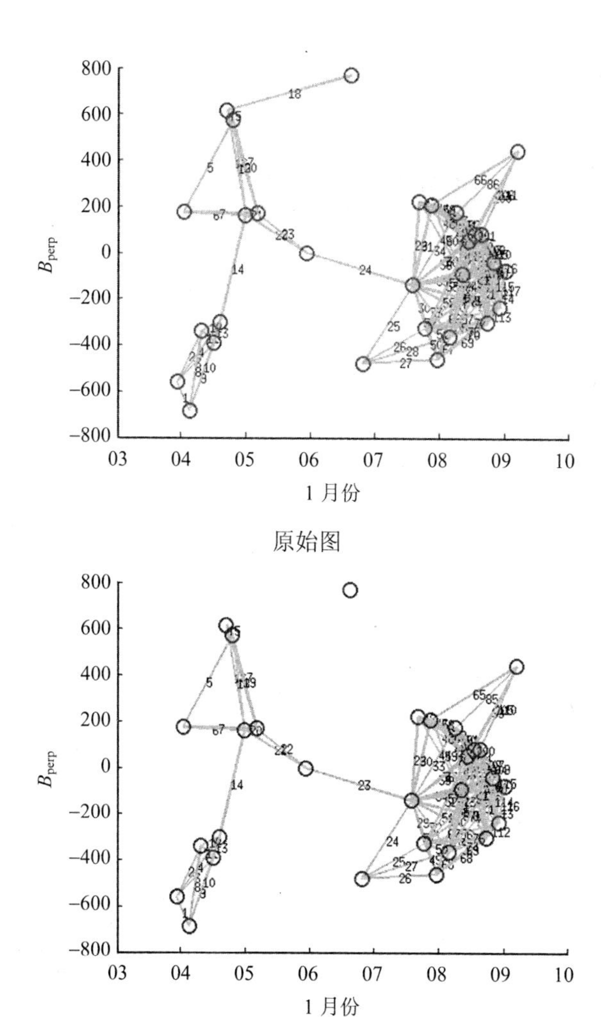

原始图

选取数据集图

图 4-8　小基线数据集

如图 4-8 所示，遵循最小时间基线、空间基线和多普勒频率差的原则，使用 make small baselines 1 命令（略去滤波步骤），采用 Stamps/MIT 软件（Hooper，2007），获取的小基线数据集如图 4-8 所示。但是由于序列号为 18（即主图像：20041014，辅图像：20061025）的干涉对从图中显示为孤立的数据集，因此为了保证后续小基线干涉分析的顺利进行，删去该干涉对，最终选取 119 对小基线集干涉组合。

采用 SBAS 方法，基于幅度差离散指数，采用下述流程最终选出 563 106 个 SDFP 点，然后进行空间相关和非相关组分的评估，最后提取出时间序列的地面沉降形变信息（胡乐银，2010）。

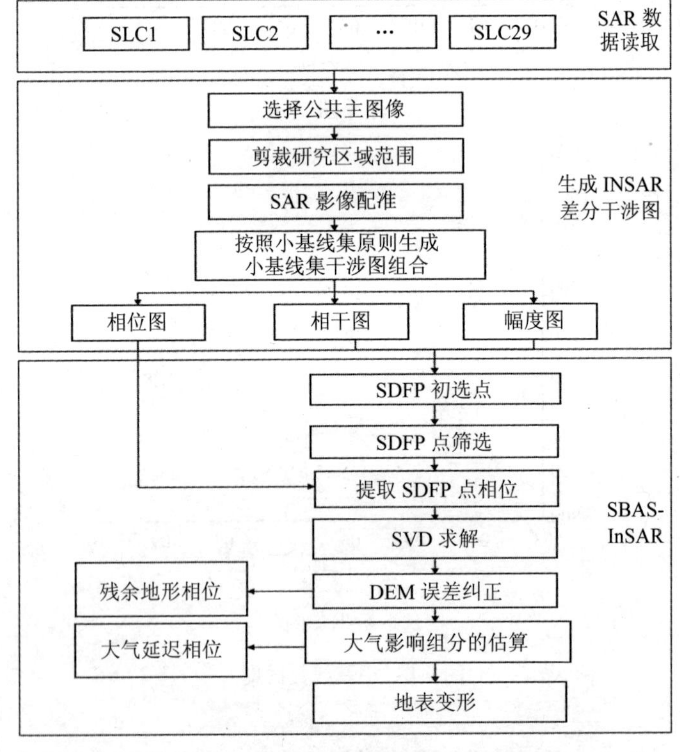

图 4-9　小基线 InSAR 技术数据处理流程

3）融合 PS 和小基线 InSAR 方法处理

小基线（SBAS）技术和 PS 方法虽然用不同的离散模型，但二者存在优势互补之处，融合两者数据集不仅能够增加相干像元数，而且提高了像元的信噪比，大幅度减小了解缠空间偏差（A. Hooper，2008）。这一优势是单一的小基线技术或 PS 技术都无法比拟的。

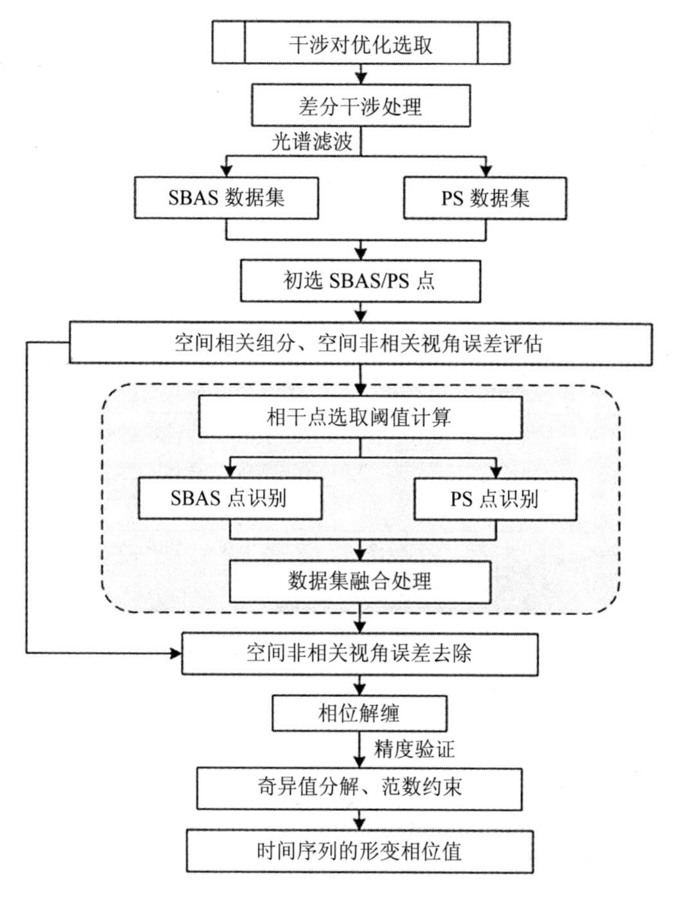

图 4-10　融合 PS 和小基线 InSAR 技术数据处理流程图

通过采用融合 PS—小基线 InSAR 干涉测量技术，基于所选取的研究区 29 景时间序列的 ASAR 图像，提取出时间序列的形变信息。为了进一步去除大气的影响，对去大气相位后的形变信息进行合适的滤波处理。在时间上采用高通滤波，去除“形变信号”中时间上的低频部分（Berardino P，2004），在空间上采用低通滤波，最后计算出空间相关性误差[与 Ferretti（2001）相似]。干涉测量结果如图 4-11 所示：

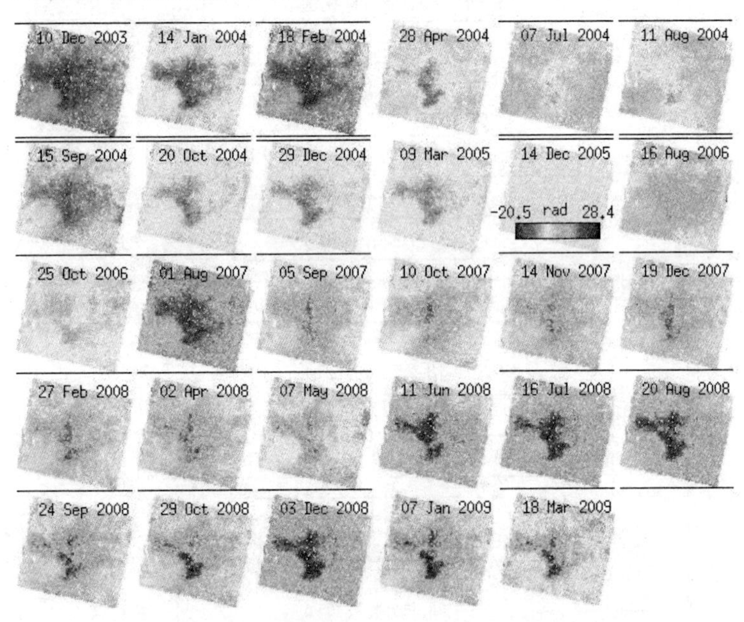

图 4-11 时间序列 ASAR 形变结果

图 4-11 中，监测的结果为 PS 和 SDFP 点（注：为了表述的方便简洁，下文中提及 PS 点，如无明确的说明，均为到 PS 和 SDFP 融合后的点）的移动，以 2005 年 12 月 14 日主图像为参考基准。通过监测北京地区的地面沉降情况，测量结果表明在各向

异性分布的地面沉降形变场中，融合 PS 和小基线 InSAR 干涉测量技术能够准确地提取出时间序列线性和非线性的形变信息。

根据北京地区地面沉降年沉降速率分布图（图 4-12），可以发现，北京地区地面沉降速率的空间分布差异性很大。图中每一个颜色点相应于一个相干点（PS 或小基线点），其颜色表明了形变趋势；其中红色区域表征高沉降速率。

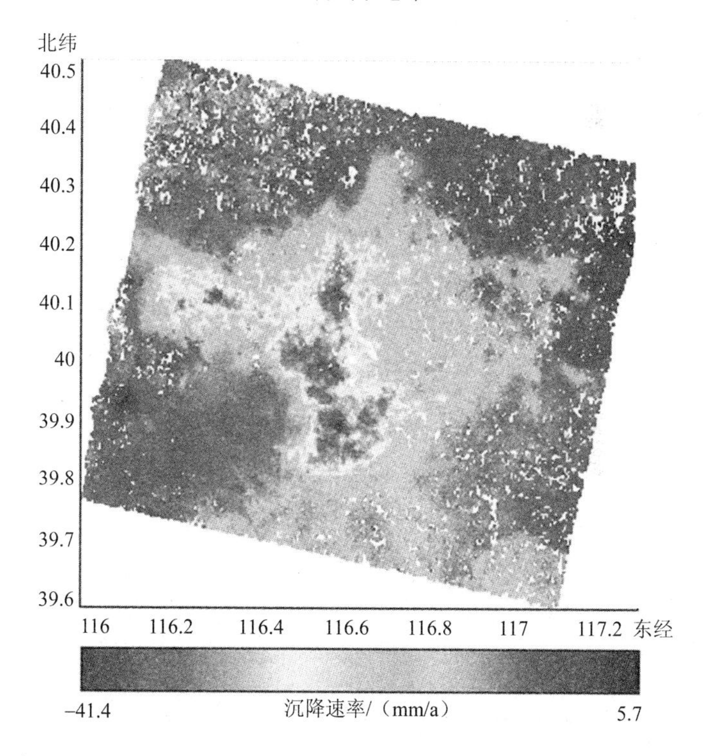

图 4-12　北京地区年地面沉降速率分布

采用融合 PS 和小基线干涉测量算法（StamPS/MIT），PS 的离散幅度阈值设定为 0.4，小基线技术幅度差离散指数设定的阈值为 0.6；在研究区 SAR 影像面积内共识别出 48.310 0 万个 PS 点，小基线点 SDFP 为 56.310 6 万个；共计识别出 83.001 4 万个 PS 点（其中 21.619 2 万个点，是 PS 和 SDFP 重复的相干点），平均每平方公里 98 个点(覆盖研究区的 SAR 影像面积为 8 498.13 km^2)，所有相干点在 6 年的时间间隔内均保持着较好的相位相关性。通过计算，中心城区 PS 相干点平均密度达到 398 个/km^2，在植被覆盖茂密地区，相干点平均密度为 59 个/km^2。

统计计算结果表明这些点中有约 53.859 万个相干目标点的相干性大于 0.6，同时 21.568 3 万个目标点的相干性大于 0.8，保证了干涉处理中 PS 和 SDFP 点的空间分辨率。因此，从空间点的密度和点相干性分布上，都可以看出融合 PS-小基线方法，相比以往单纯的 PS-InSAR 算法有所提高（宫辉力等，2009）。

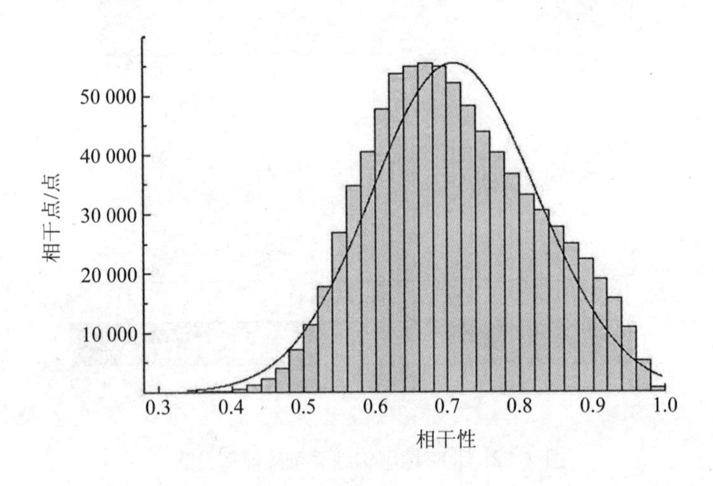

图 4-13　ASAR 时间序列相干点相干性分布

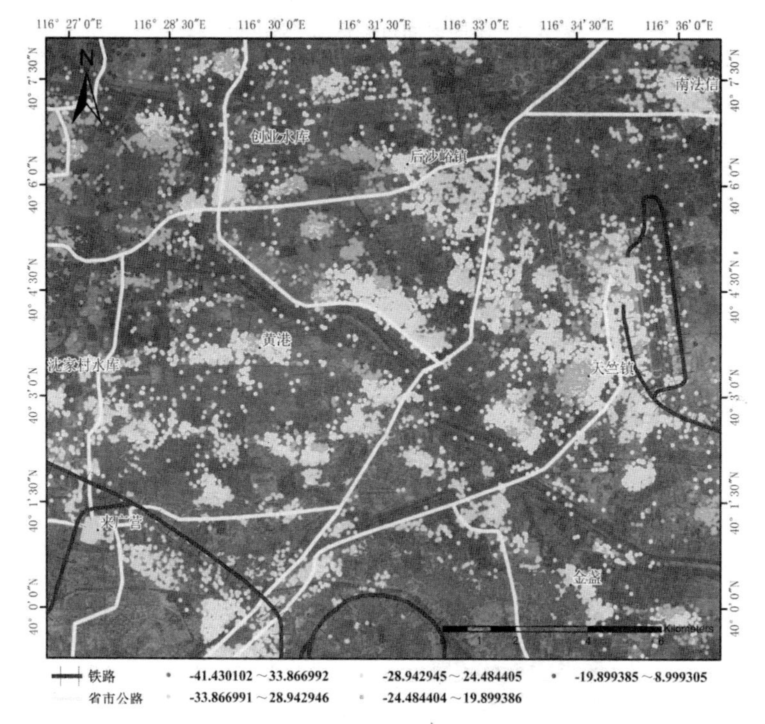

图 4-14　典型沉降区域 PS 点的分布

基于 ArcGIS 空间分析平台，将获取的融合后 PS 点与高分辨率 SPOT5 影像叠加分析如上图，结合目视解译发现 PS 点多位于铁路、道路交叉处、与道路相邻近的成二面角的建筑物上（道路方向多与卫星轨道平行）。而城市绿地或者郊区植被覆盖茂密的地区较少甚至无目标相干点被识别出来。同时从点位形变图上也可以看出，北京地区的地面沉降存在不均匀性，形变的梯度很大。

为了进一步研究融合后 PS 点的沉降情况，将 PS 点的个数按照平均沉降速率的不同进行统计分区处理。

表 4-2　不同区间沉降速率 PS 点个数

沉降速率/（mm/a）	点数/点
–41～–40	2 298
–40～–30	51 448
–30～–20	122 190
–20～–10	197 296
–10～0	456 442
0～6	340

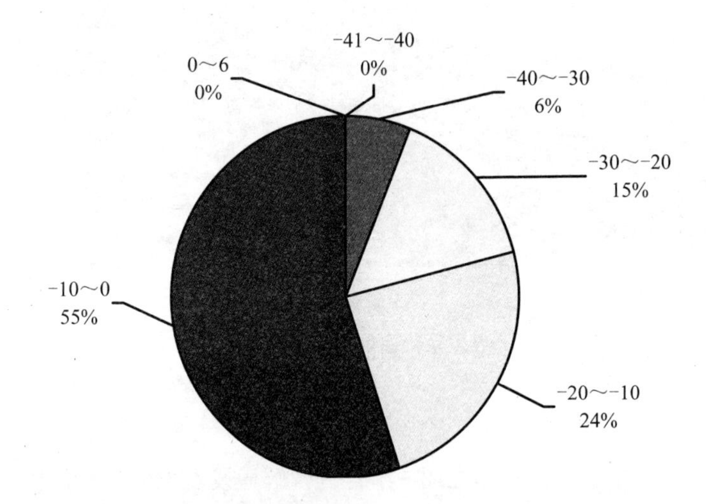

图 4-15　6 个区间沉降速率 PS 点数的比例分布

如图 4-15 所示，统计 6 个区间的 PS 点沉降速率所占的比例发现，研究区内所监测出的 PS 点年沉降速率占一半以上的比例分布在–10～0 mm/a，其次是–30～–20 mm/a，–20～–10 mm/a。而大于–40 mm/a 区域上升的 PS 点则占了极小的比例。这说明，北京地区的地面沉降存在着平稳的缓慢下降，并且区域的不均匀性越来越明显，而这种区域不均匀沉降的危害远远大于区域整体下沉的影响，因此，地面沉降的严峻性不容忽视。

由于融合 PS 和小基线 InSAR 测量方法获取的 PS 点在空间分布上是离散的、无规则的，为了进一步研究区域的地面沉降空间演化特征，需要对点的离散形变值进行空间插值。本书首先对 PS 点的形变速率进行分析，综合考虑地表形变空间相关性特征，选取空间地统计 Kriging 方法对 PS 点的形变速率进行空间插值。为了保证空间插值的精度，首先采用 ArcGIS 地统计中 Explore data 模块对 PS 点位沉降速率数据进行分析，结果表明 PS 点在不同沉降区间的个数和沉降速率符合正态分布，如图 4-16 所示；

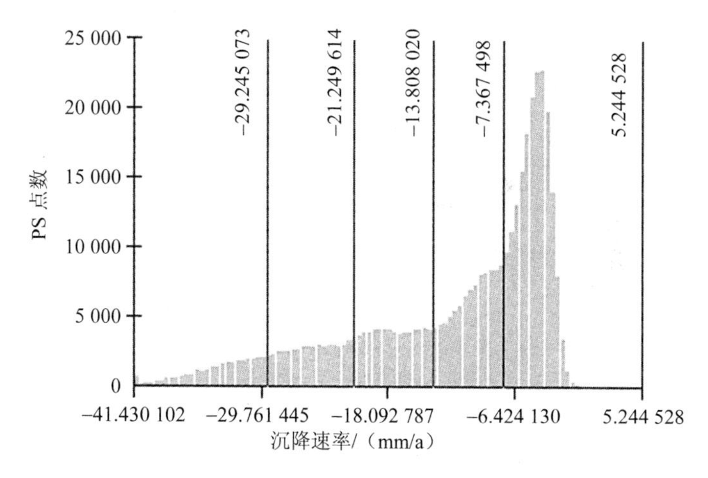

图 4-16　PS 点的个数与数值正态分布

进一步用聚类法生成 Voronoi 图，查找局部离群值（汤国安，2006），进而采用相邻近 PS 点形变速率的按距离原始点的距离加权平均值代替其原始离群点的形变值。将 InSAR 监测的 PS 点选取 80%的点用来空间插值生成趋势面，余下 20%的点用来验证预测的质量，两组数据的选取均遵循均匀分布于整个研究区域的原则。分别对局部离群值处理前后 PS 点形变速率进行内插，验证数据的精度。结果如下表所示，可见以相邻点均值代替局部离群值的方法减弱了局部离群值对空间插值的影响，提高了内插的精度（何秀凤等，2011），有利于进一步地研究地面沉降的区域演化过程与趋势。

表 4-3　离群值处理前后克里金内插结果比较

数据类型	误差均值/mm	均方根误差/mm	平均标准误差/mm
处理前	0.036	1.867	1.758
处理后	0.020	1.546	1.479

图 4-17 即为采用空间地统计克里金插值方法对离群值处理后，获取的 PS 点的区域沉降速率趋势图，趋势图和实际 PS 点沉降速度值相关系数大都达到 0.93 以上，能有效地反映地面沉降整体趋势。

从地面沉降年平均速率空间分布趋势图，可以发现，2003—2009 年，北京地区的地面沉降发展较为迅速，最大年沉降速率为 41.43 mm/a；虽然上述 PS 点的统计分布显示，SAR 影像监测范围内，PS 点占一半以上的比例分布在–10～0 mm/a，其次是–30～–20 mm/a 和–20～–10 mm/a；但是从空间分布发现，沉降速率在–41～–30 mm/a 所覆盖的面积却不容小觑，其覆盖面涉及朝阳、昌平、顺义、通州等主要区县，并沿着中心城区往西北、正北、东及东南方向成辐射状展布，进一步经过栅格计算结果表明，沉降速率大于 30 mm/a 的沉降面积为 1 937.29 km^2。假定不考虑其他因素，仅仅就 PS-InSAR 年沉降速率的趋势来看，地面沉降尤其是不均匀沉降的时空展布程度和范围，仍会进一步地逐年加剧。

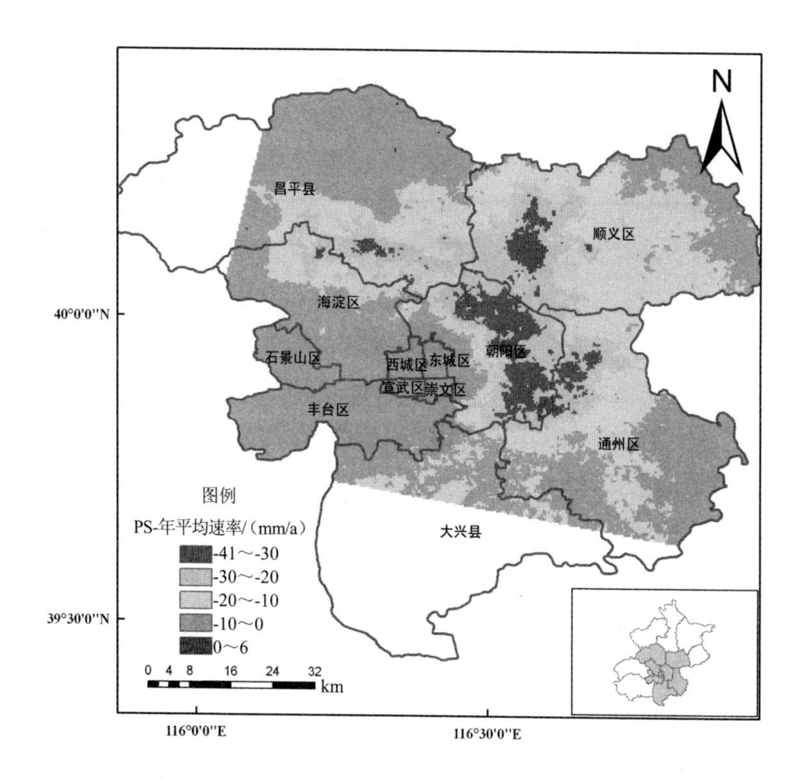

图 4-17　研究区地面沉降年平均速率空间分布趋势图

4.2.3　PS 和小基线融合方法 InSAR 监测结果精度验证

1）区域水准等值线验证

通过将北京市 2006—2007 年水准测量等值线（图 4-18 中红色线）与 2003—2009 年 InSAR 提取沉降速率结果对比发现，两者在形变的空间展布上存在着一致性，这也是对融合 InSAR 结果的初步验证。通过对时间序列形变结果分析与验证表明，研究区沉降在时间、空间尺度上差异性较大，形变速率和空间展布范围随时间的变化较大。结合历史沉降情况，说明北京平原地区空间展布特性为：原有的五个离散沉降漏斗已经成连成一片的趋势，同时沉降中心逐步东移。

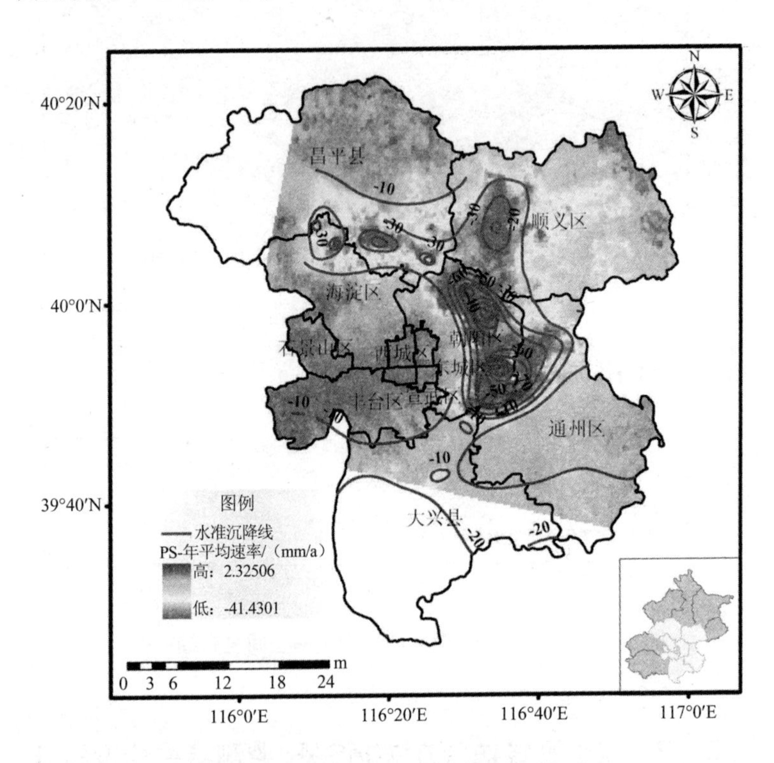

图 4-18　PS-InSAR 与水准等值线对比

2）基于形变水准监测点的精度验证

为更加准确地验证 InSAR 技术获取地面沉降监测信息的精度，在研究区典型沉降区内选取 12 个水准点，水准点的高程分别选取 2003 年和 2009 年两年的高程值，进一步求取该点在 6 年间的沉降速率，分别与同时间序列的融合 PS-InSAR 和小基线干涉测量结果进行精度验证分析。具体方法为：以水准点为参考标准，选取距离该水准点最近的 PS 点作为验证点，将 PS 点的 InSAR 形变值与水准点的形变值做差值处理，检验 InSAR 技术的监测精度。

水准点数据选取和分析结果结果如下：

表 4-4　水准点选取与精度分析结果

水准点点号	水准点形变值/（mm/a）	最邻近 PS 点	PS 点形变值/（mm/a）	误差/mm
TJ1	−24.8	PS1	−27.638 255	−2.838 255
TJ2	−21.6	PS2	−28.261 298	−6.661 298
TJ3	−31.7	PS3	−36.224 091	−4.524 091
TJ4	−28.6	PS4	−32.317 854	−3.717 854
TJ5	−23.2	PS5	−28.481 981	−5.281 981
TJ6	−21.4	PS6	−26.745 751	−5.345 751
TJ7	−20.2	PS7	−24.572 889	−4.372 889
TJ8	−27.9	PS8	−32.049 867	−4.149 867
TJ9	−34.6	PS9	−38.249 283	−3.649 283
TJ10	−23.3	PS10	−29.681 433	−6.381 433
TJ11	−24.6	PS11	−30.819 778	−6.219 778
TJ12	−18.5	PS12	−23.572 748	−5.072 748

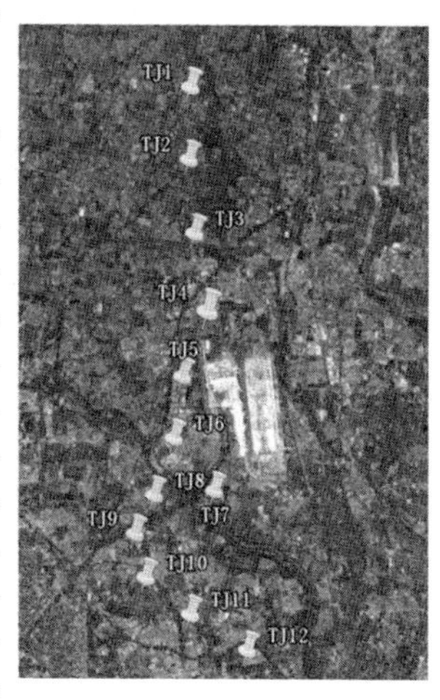

图 4-19　水准点选取的位置关系

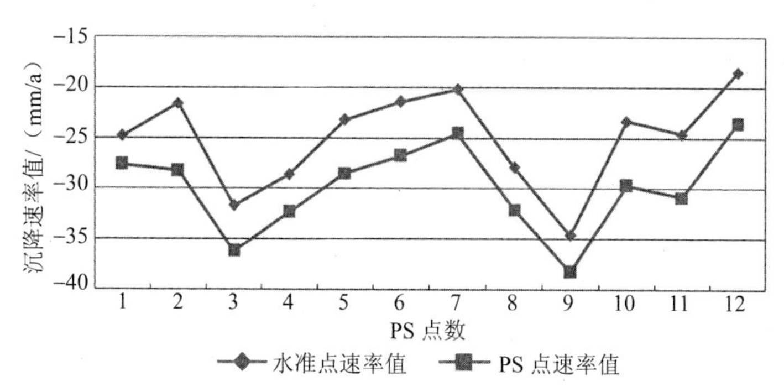

图 4-20　水准点与 PS 点形变值比较

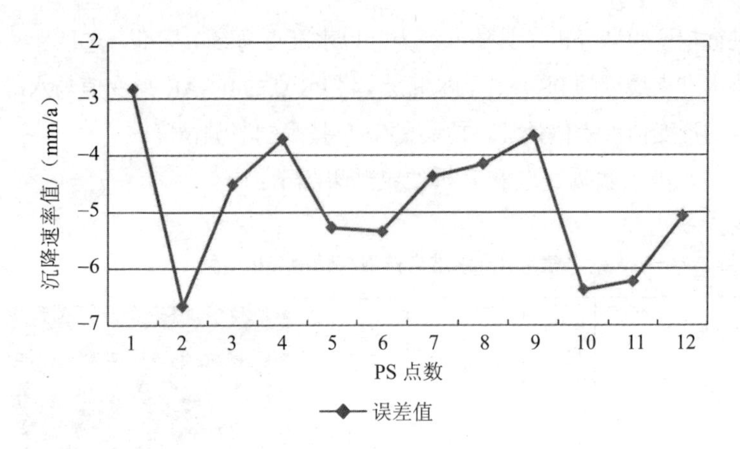

图 4-21　水准点与 PS 点沉降值误差分析

将水准点形变速率值与 PS 点形变速率值进行比较，如图 4-20 所示：水准点形变结果与融合 PS 和小基线形变结果有较好的一致性；进一步进行误差分析，如图 4-21 所示：12 个所选取的参考点，形变误差在 7 mm 内。

由以上两种尺度精度验证结果表明：融合 PS 和小基线 InSAR 技术对北京典型沉降地区进行形变监测，获取的形变监测结果准确可靠，能满足地面沉降监测的要求，并达到了较高的监测精度。

4.3　基于 PS 和小基线融合结果地面沉降演变过程分析

基于 PS 和小基线融合结果的典型区域地面沉降演变过程分析，在区域浅表层空间[地铁、城市密集建筑群（CBD）、立体交通网络设施]不同的变异模式下，以 6 km^2 大小的正方形范围为移动窗口，选取 5 个典型区域（图 4-23），进行时间序列的不均匀沉降的演化分析，揭示不同沉降模式下的机理。技术流程如图 4-22 所示。

典型区域空间位置分布如图 4-23 所示，5 个典型区域基本位于沉降较为严重区域，其不同的浅表层空间的[地铁、城市密集建筑群（CBD）、立体交通网络设施]变异模式、沉降速率（mm/a）分布及区域内包含的 PS 点个数分别如表 4-4 所示。

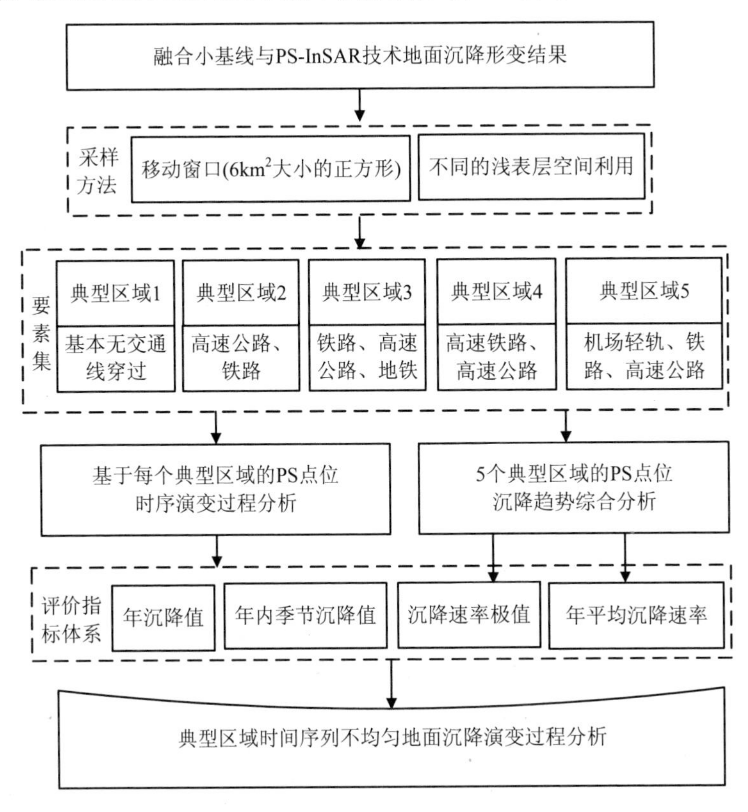

图 4-22　5 个典型区域不均匀地面沉降演变过程分析

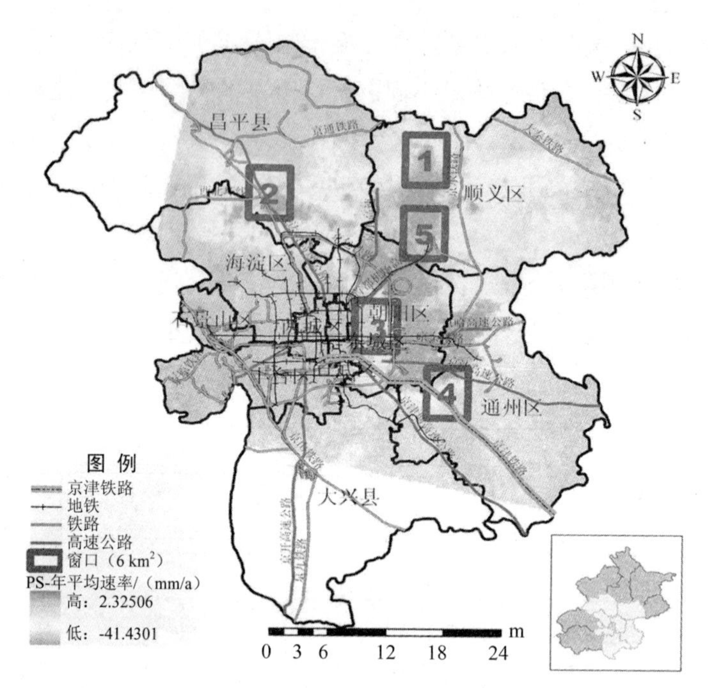

图 4-23　5 个典型的移动窗口的位置分布及对应沉降速率情况

表 4-5　5 个典型区域不同的浅表层空间变异及沉降情况

区域	浅表层空间利用情况	包含的 PS 点个数/点	平均沉降速率/(mm/a)	最大沉降速率/(mm/a)	最大上升速率/(mm/a)
典型区域 1	基本无交通线穿过	3 159	–24.20	–41.43	3.29
典型区域 2	有八达岭高速公路和多条铁路穿过	6 460	–23.24	–35.34	8.62
典型区域 3	CBD 及其影响区域，有铁路、高速公路、地铁穿过	11 325	–12.69	–41.33	12.69
典型区域 4	京津城际铁路辐射区域，同时有高速公路	4 597	–18.24	–41.43	5.39
典型区域 5	顺义机场辐射区域，同时有机场轻轨、铁路、高速公路穿过	5 840	–28.80	–40.16	19.11

4.3.1 基于每个典型区域的 PS 点位时序演变过程分析

书中 PS-InSAR 技术监测区域地面沉降，是以 2005 年 12 月 14 日为主图像，具体的参考区域为：（经度：E117.180°～117.220°；纬度：N40.340°～40.355°），以此参考区域为基准，即假定该区域无形变，进行地形相位、轨道误差、大气延迟影响及噪声的去除，然后实施相位解缠，最终获取 28 景辅图像中 583 100 个 PS 点相对于参考区域的主图像的相对形变值。

为了研究典型区域内时间序列年度地面沉降演化过程，进一步将 InSAR 技术获取的辅图像中 PS 点相对形变结果，即选取 031210、041229、051214、061025（由于 2006 年 12 月的存档影像数据质量有问题，所以选取 10 月的影像替代）、071219、081203InSAR 监测结果（图 4-11），进行顺序的差值处理，获取各年度 PS 点位的绝对变化值，并进行年度间的比较分析，5 个典型区域均进行该研究。分析如下：

1）典型区域 1

- 区域地面沉降演化趋势

图 4-24 表明典型区域 1 的浅地表空间利用情况，该地区位于顺义区的西北部地区，该区基本无交通线通过，多为村庄居民地和农田，土地利用类型比较简单，因此可以推断地面沉降的产生多受地下水开采和自然沉降的影响，相对受地表动静载荷影响较小；图 a_2 为该区域的 PS 点的沉降速率情况，研究表明该区域 2003—2009 年的沉降速率在−35.33～−8.62 mm/a，无区域上升的 PS 情况；这在一定程度上说明了该区域近年来地面沉降发展极为迅速，且不均匀沉降情况明显；可以认为该区域地面沉降的外因为地下水开采。基于 GIS 空间分析技术，将区域的可压缩

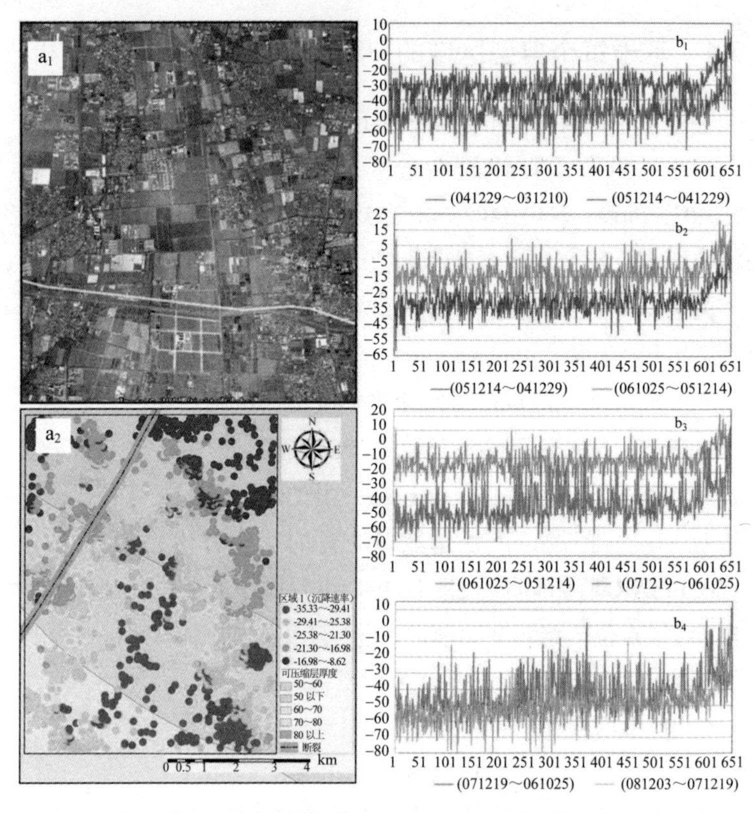

图 4-24　典型区域 1 形变演化趋势（左）与 PS 点年际形变演化过程（右）

层厚度、断裂分布与沉降情况叠置分析，如图 a_2 所示，黄色线为黄庄—高丽营断裂，可以明显看出断层两侧差异性沉降明显；进一步发现在断层的东南侧，可压缩层厚度在 50～60 m 的区域，PS 点的沉降速率大都在–35.33～–25.38 mm/a；而可压缩层厚度在 50 m 以下的区域，PS 点的沉降速率则大都分布于–25.38 mm/a 以下，同时随距离黄庄—高丽营断裂的远近成正向的变化，即距离越远，PS 点的速率越小。综合以上分析表明，典型区域 1 的不均匀性原因：外因是受到黄庄—高丽营断层的构造运动的影响，内因是可压缩层厚度的差异，厚度越大，随着地下水的开采，土层次的固结对地面沉降的贡献越大，沉降越剧烈。

- PS 点时序地面沉降演化过程（年际）

为了更进一步研究典型区域内地面沉降的时间序列的演化过程，选取 031210、041229、051214、061025、071219 和 081203InSAR 监测值，进行顺序的互差处理，获取各年度 PS 点位的绝对形变值，如图 4-24 b_1～b_4 所示。

✧ 图 b_1 为 2005 年度与 2004 年度的 PS 点形变值比较图，研究发现，2004 年典型区域 1 内 PS 点的最大的沉降量为–79.043 mm，最小的沉降量也接近–17.317 mm，平均沉降量为–47.374 mm；相比 2004 年，2005 年的 PS 点形变趋势整体上小于 2004 年，最大沉降量为–61.796 mm，平均沉降量为–30.491 mm，同时有少数 PS 点的沉降差值为正数，这说明出现了个别区域上升的趋势。总体来说，2005 年的沉降量比 2004 年的减少了近 20 mm。

✧ 图 b_2 是 2006 年度与 2005 年度的 PS 点形变值比较结果，分析显示，相比 2005 年，2006 年的地面沉降整体形变趋势再度减小，区内最大沉降量为–47.140 mm，平均沉降量为–13.213 mm，而少数 PS 点最大上升的速率则为 21.285 mm/a。

✧ 图 b_3 是 2007 年度与 2006 年度的 PS 点形变值比较结果，分析表明，研究区的点位形变趋势在持续两年减缓的情况后，再次加剧，区内最大沉降量为–77.708 mm，平均沉降量为–44.003 mm，少数 PS 点最大上升的速率则为 11.010 mm/a，沉降形势基本与 2004 年度的持平。

✧ 图 b_4 是 2008 年度与 2007 年度的 PS 点形变值比较结果，从曲线图上显示，该年度沉降趋势与 2007 年基本一致；但是区内最大沉降量为–88.432 mm，平均沉降量为–49.947 mm，少数 PS 点最大上升的速率则为 4.750 mm/a，相比 2007 年有所加剧。

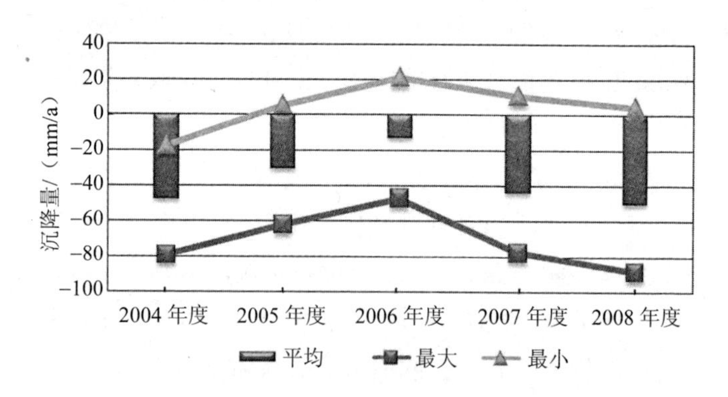

图 4-25　典型区域年际极值变化分布

总体来说，如图 4-25 所示，5 年间，典型区域 1 所包含的 PS 点的平均值、极大值、极小值的变化趋势是一致的，即 2005 年和 2006 年度沉降的趋势有所减缓，局部反弹的趋势稳定上升；到了 2007 年和 2008 年，区域地面沉降情况再次加剧，与 2004 年基本持平。其中，最大沉降量出现在 2008 年，达到–88.432 mm/a；最大平均沉降量的出现同样在 2008 年，为–49.947 mm/a；而最大的反弹量（区域上升量）出现在 2006 年，接近 20 mm/a。

- PS 点时序地面沉降演化过程（季节）

除了分析研究区年际变化以外，为了更进一步研究区域地面沉降演化过程，考虑到所选取 SAR 数据的时间格局分布完整性，分别选取 2004 年度和 2008 年度的 InSAR 时序形变结果，研究

PS 点季节性的时空变化特征。

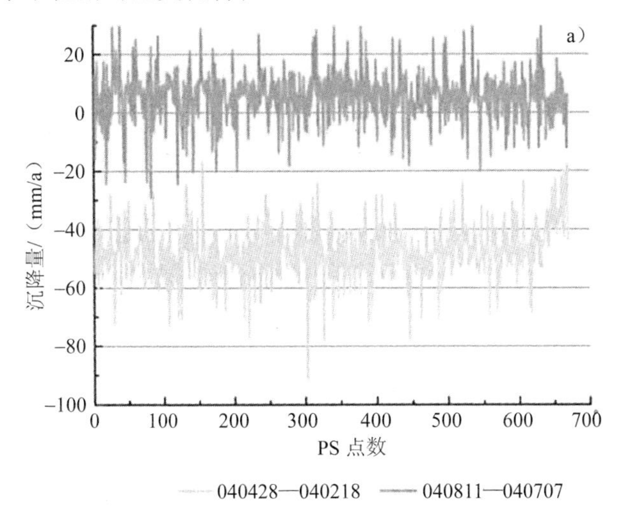

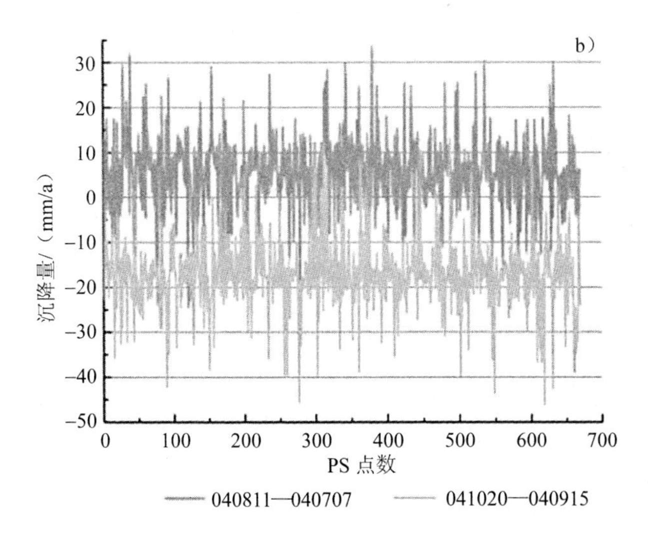

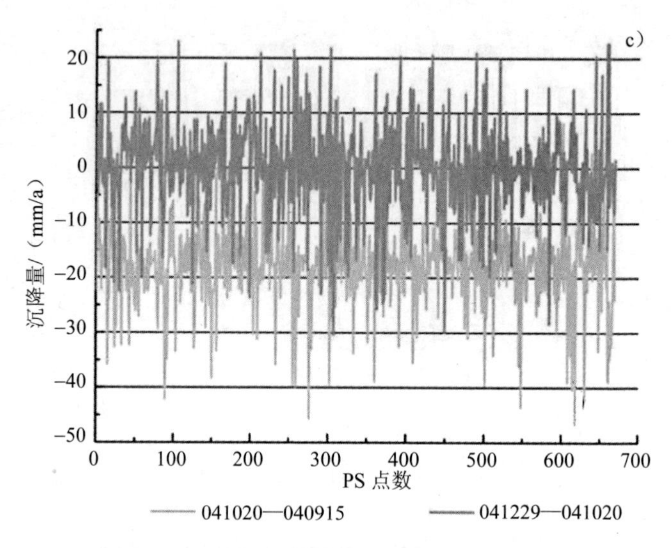

图 4-26　PS 点季节形变演化趋势分布（2004 年）

图 4-26 a）表达的是 2004 年夏季（0811—0707）与春季（0428—0218）沉降量的比较图；图 b）表达的是 2004 年秋季（1020—0915）与夏季（811—0707）沉降量的比较图；图 c）表达的是 2004 年冬季（1229—1020）与秋季（1020—0915）沉降量的比较图。分析表明，PS 点春季的形变量整体均大于夏季形变量[图 a）]，相比春季 PS 相干目标点均处于沉降趋势，夏季有一半以上的 PS 点出现了反弹现象；而到了秋季，PS 点的沉降情况再次发生，基本与春季持平并略小于春季[图 b）]；最后秋末到冬季期间，沉降情况则略好于秋季，也有近 1/3 的 PS 点出现了反弹现象。整体来说，2004 年度，典型研究区域 1 季节性形变特征比较明显，PS 点的沉降情况是：春秋季节比冬夏季节地面沉降形变量大，这跟一般认为北京夏季雨水较多，对地下水补给较多，地下水水位上升，地面沉降减缓有所区别。这也说明了，地面沉降

的发展并不一定跟地下水变化的幅度一致，可能存在滞后的现象。

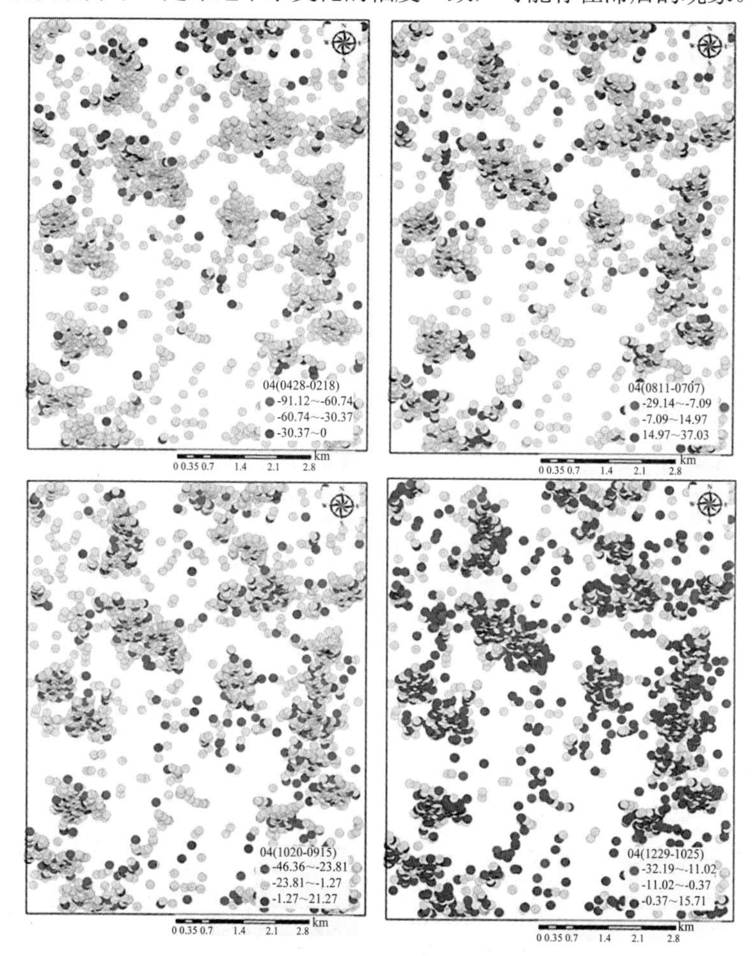

图 4-27　PS 点季节形变演化趋势空间分布（2004 年）

基于 GIS 空间分析平台，获取 PS 点季节形变演化趋势空间分布如图 4-27 所示，采用 Natural breaks（Jenks）的分类方法，即按数据固有的自然组别分类，使得类内差异最小，类间差异最大的原则将区域内的 PS 点分为 3 类（党安荣等，2002）：较大沉降量、中值和较小沉降量（或者较大反弹量），另外 4 个典型研究区内 PS 点的季节演化空间分布特征研究均采用此分类方法。

结果表明典型区域 1 内 PS 点的季节形变分布具有不均匀性的特点。2004 年，春季 PS 点的沉降量主要区间是[–60.74 mm，–30.37 mm]，较大形变量离散地位于区域各位置（西北部除外），较小形变值的 PS 点则是积聚式地分布于西北和北部地区，并离散地分布于东南部；夏季 PS 点的沉降量主要区间是[–29.14 mm，–7.09 mm]，最大和最小形变量均是离散地分布于区域各位置；秋季较大形变量的 PS 点个数大于春夏两季，呈小块积聚式地分散于区域内，而较小沉降量和反弹的 PS 点个数则占的比例较小，主要位于东南部地区；而冬季 PS 点的沉降量主要区间是[–0.37 mm，15.71 mm]，较大沉降量的 PS 点则占的比例较小，也即说明，冬季，该区域的地面沉降情况主要呈反弹上升的趋势。研究表明，InSAR 和 GIS 技术相结合，能较好地挖掘出地面沉降的时空演化过程与区域特征。

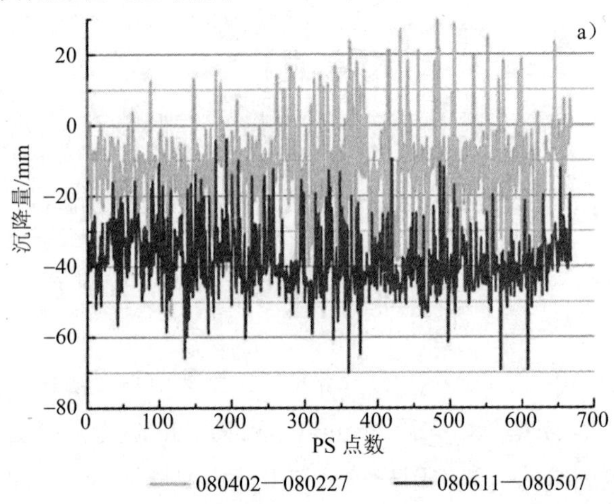

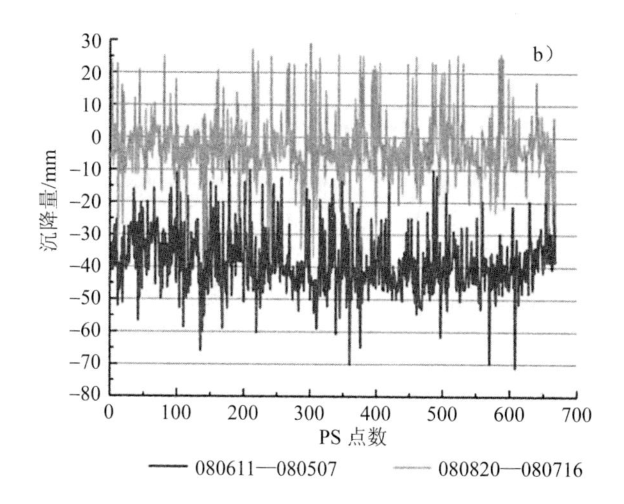

b)
30
20
10
0
−10
−20
−30
−40
−50
−60
−70
−80
沉降量/mm
0
100
200
300
400
500
600
700
PS 点数
080611—080507
080820—080716

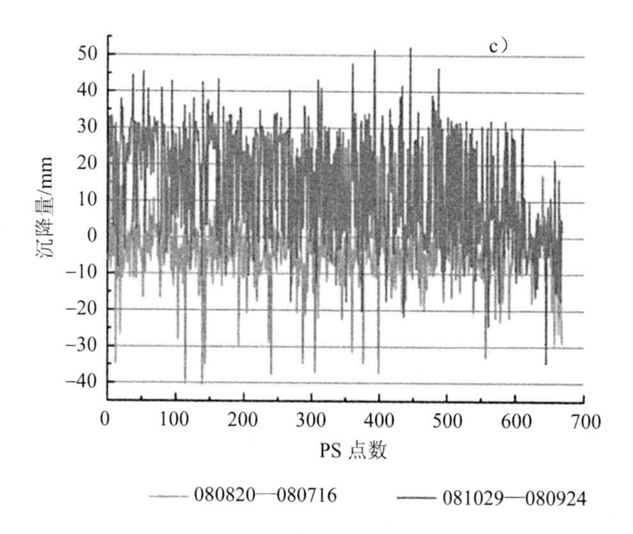

c)
50
40
30
20
10
0
−10
−20
−30
−40
沉降量/mm
0
100
200
300
400
500
600
700
PS 点数
080820—080716
081029—080924

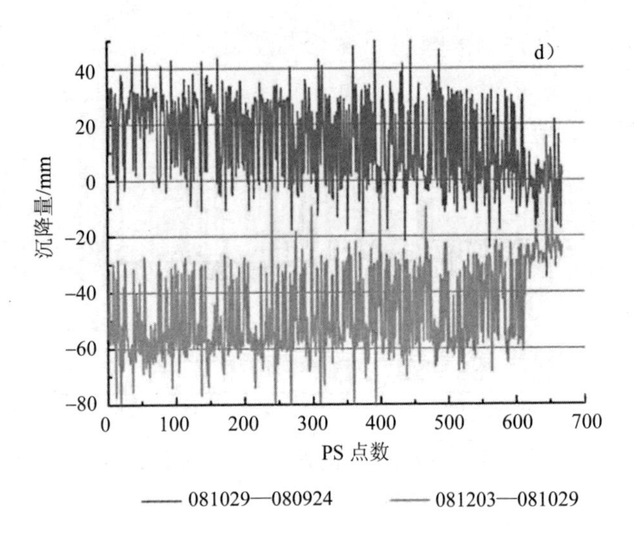

图 4-28 PS 点季节形变演化趋势分布（2008 年）

图 4-28 a）是 2008 年春末夏初（0611—0507）与春季（0402—0227）沉降量的比较图；图 b）是 2008 年夏季（0820—0716）与春末夏初（0611—0507）沉降量的比较图；图 c）是 2008 年秋季（1029—0924）沉降量与夏季（0820—0716）的比较图；图 d）则是冬季（1203—1029）与秋季（1029—0924）沉降量的比较图。图中曲线不同的颜色表征不同的季节，值得说明的是，由于 2008 年 ASAR 数据的完整性，相比 2004 年，增加了春末夏初（0611—0507）的沉降量比较。分析表明，2008 年，PS 点春季的形变量整体小于春末夏初形变量[图 a）]，春季有近 1/3 的 PS 点出现了反弹上升的情况，最大上升量达到近 30 mm，而春末夏初的一个月内，所有 PS 点均处于沉降趋势，且最大沉降量达到 –74.56 mm；到了夏季，沉降情况有所好转，基本与春季持平，部分 PS 点的反弹上升趋势甚至超过春季[图 b）]；秋季，沉降情

况再次好转，典型区域 1 内处于沉降的点占总量的 41%（1 292 个），但大多数沉降量在–10 mm 之内，仅有一个 PS 点沉降量为–38.66 mm[图 c）]；最后，秋末到冬初，PS 点的反弹上升现象基本消失，沉降情况再次加剧，沉降量达到年内最大–85.87 mm[图 d）]。整体来说，2008 年度，典型研究区域 1 季节性形变特征波动性十分大，春季沉降量较小，春末夏初的一个月内沉降幅度极大，而到了夏季、秋季沉降有所好转，秋末冬初，沉降形势再次加剧，最大沉降幅度达到近 90 mm。简而言之，2008 年，春冬季沉降幅度较大，最大沉降量出现在冬季。相比 2004 年 PS 点的沉降情况（春秋季节比冬夏季节严重），可以说明，典型区域 1 内，不同年度，区域地面沉降的季节性的变化差异性较大。

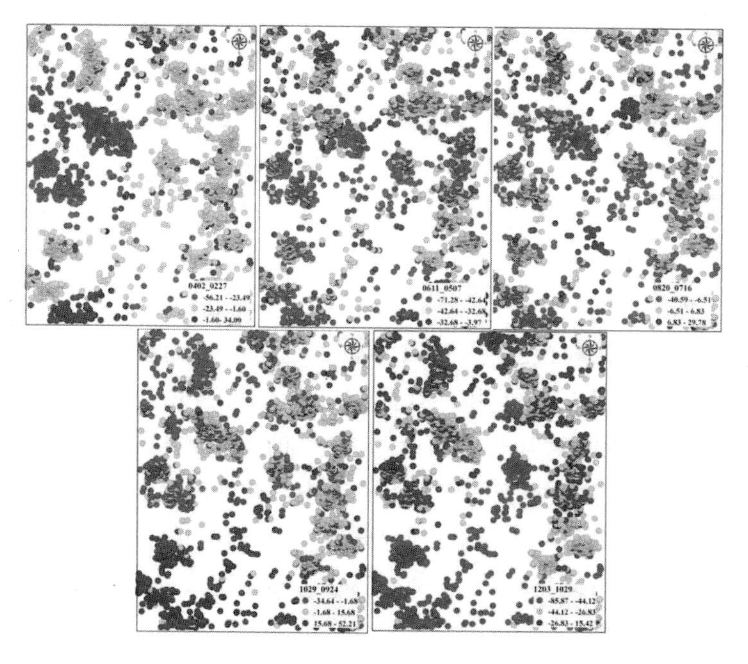

图 4-29　PS 点季节形变演化趋势空间分布（2008 年）

基于 GIS 空间分析平台，获取 2008 年度 PS 点季节形变演化趋势空间分布。如图 4-29 所示，结果表明典型区域 1 内 2008 年度 PS 点的季节形变分布基本呈团状聚簇式分布，春季（0402—0227）较大形变量基本分布于西部地区，主要 PS 点沉降量分布区间为[–23.49 mm，15.68 mm]，分布特点为：围绕较大形变量的 PS 点辐射于各方向，而较小形变量的 PS 点，除了有部分呈小团状积聚分布于西南角外，其他则是呈零星状分布于各方向；春末夏初（0611—0507）沉降量分布特点是：较大沉降量的 PS 点个数较多，区间为[–71.28 mm。–42.64 mm]，分别呈团状和零星状分布于区域的各个方向，同时无反弹上升的点存在。夏季（0820—0716）的情况在空间分布上与春末夏初较为类似，较大沉降量的 PS 点个数较多，分别呈团状和零星状分布于区域内，但不同的是沉降量的幅度比起春末夏初小了很多，主要分布区间为[–40.59 mm，–6.51 mm]，同时反弹上升的 PS 点沉降量最大达到 29.78 mm；秋季，典型区域 1 内 PS 点的分布较具有规律性，较大形变值[–34.64 mm，–1.68 mm]的 PS 点主要分布于北部地区，而上升反弹幅度较大的 PS 点[15.68 mm，52.21 mm]则主要分布于南部地区，处于中间值的 PS 点[–1.68 mm，15.68 mm]主要呈小团状辐射于较大形变值的 PS 点周围，并个别零星状辐射于上升反弹幅度较大的 PS 点周围。最后，秋末冬初，PS 点的分布也同样具有明显的规律性，较大沉降量的 PS 点[–85.87 mm，44.12 mm]主要呈积聚的团状分布于中部和南部地区，较小沉降量（较大反弹量）的 PS 点则是呈团状和零星状分布于西北和东北地区，中值的 PS 点主要辐射于较小沉降量（较大反弹量）的 PS 点周围。

综上所述，典型区域 1 内：不同年度，区域地面沉降的季节性的变化差异性较大。2004 年，季节性形变特征比较明显，PS 点的沉降情况是：春秋季节比冬夏季节幅度大，空间分布具有不均匀性的特点；2008 年，季节性形变特征波动性十分大，春季沉降量较小，春末夏初的一个月内沉降幅度极大，夏季、秋季沉降有所好转，秋末冬初，沉降形势再次加剧，出现了一年内最大沉降值，即春季和冬季沉降幅度较大，最大沉降量出现在冬季；其空间演化特征是基本呈团状聚簇式分布。

2）典型区域 2

- 区域地面沉降演化趋势

图 4-30 a_1 表明典型区域 2 的浅地表空间利用情况，该区主要位于昌平区的东南角，并与海淀区交界，该区域有八达岭高速公路和多条铁路穿过，土地类型多为居民地，同时北部有河流通过，因此可以认为该地区的地面沉降，除了受地下水开采和自然沉降的影响外，还会受到地表动载荷（多条高速公路和铁路）的影响；图 a_2 为该区域的 PS 点的沉降速率情况，研究表明该区域 2003—2009 年的沉降速率在–41.43～–3.29 mm/a，PS 点无区域上升的情况，这在一定程度上说明了该区域近年来不均匀地面沉降发展十分迅速；将该区域的对地面沉降产生的内因（可压缩层厚度）、外因（断裂、铁路、高速公路）基于 GIS 平台叠置分析，如图 a_2 所示，高沉降速率的 PS 点（–41.43～–26.36 mm/a）主要分布在可压缩层大于 80 m 以上的东南角地区，同时该区域有铁路和高速公路通过，而距离南口—孙河断裂较远；而沉降幅度最慢的 PS 点（–13.11～–3.29 mm/a）主要分布在区域的东北角，该区域的可压缩层厚度较低，在 50～70 mm，同时距离南口—孙河断层较远，并且无交通线通过。综合以上分析表明，典型区域 2 的不均匀性沉降原因：外因是，动载荷（高速公路、地铁交通

线）和地下水开采的共同影响，受断层构造的影响不明显；内因是，可压缩层厚度的差异，随着地下水的开采和动载荷的叠加，厚度越大，土层次的固结对地面沉降的贡献越大，沉降幅度越大。

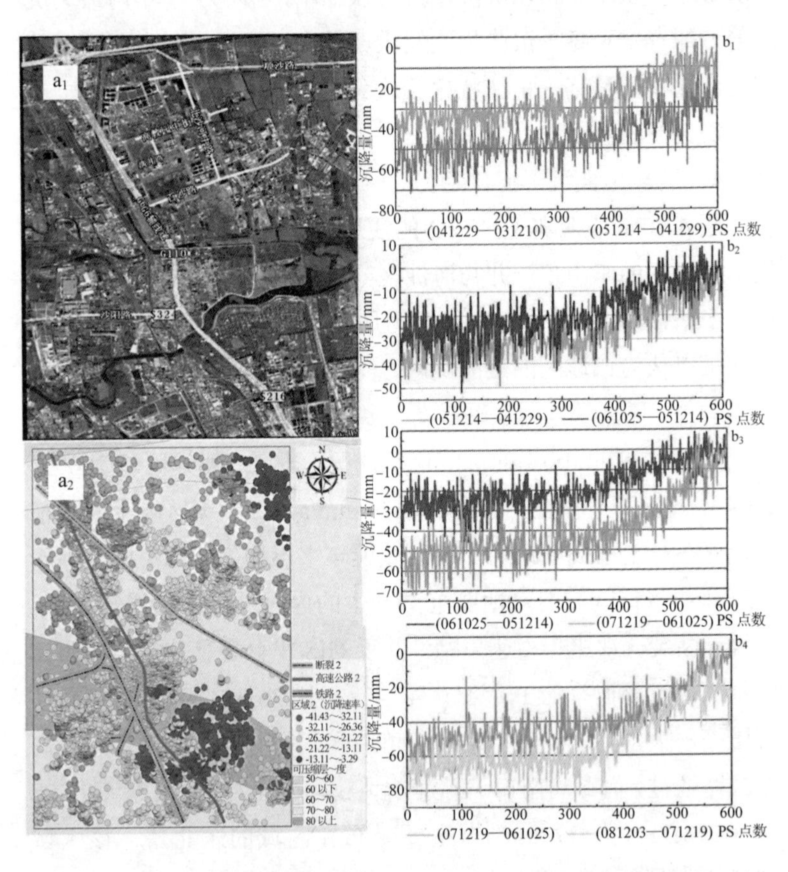

图 4-30　典型区域 2 形变演化趋势（左）与 PS 点年际形变演化过程（右）

- PS 点时序地面沉降演化过程（年际）

同区域 1 分析，选取 031210、041229、051214、061025、071219、081203InSAR 监测值，进行顺序的互差处理，获取各年度 PS 点位的绝对形变值，研究典型区域内地面沉降的时间序列的演化过程，如图 4-30 b_1～b_4 所示。

- ✧ 图 b_1 为 2005 年度与 2004 年度的 PS 点形变值比较图，研究发现，2004 年典型区域 1 内 PS 点的最大的沉降量为−76.20 mm，平均沉降量为−43.54 mm，同时有少数 PS 点呈上升趋势，上升的量较小，最大仅为 1.72 mm；相比 2004 年，2005 年的 PS 点形变幅度整体上小于 2004 年（个别点除外），最大形变量−49.361 mm，平均沉降量为−26.848 mm，少数 PS 点上升的幅度仍然很小，最大上升量为 3.53 mm。总体来说，大多数 PS 点，2005 年的沉降幅度比 2004 年的减少了接近 15 mm 左右，少数 PS 点的上升趋势不明显。
- ✧ 图 b_2 是 2006 年度与 2005 年度的 PS 点形变值比较图，相比 2005 年，2006 年地面沉降整体形变趋势有所减小，但同时 PS 点形变值的波动性变大，最大沉降值为−52.121 mm，大于 2005 年；平均沉降量为−18.372 mm，小于 2005 年；少数 PS 点的上升幅度则同样大于 2005 年，最大上升量 8.754 mm。
- ✧ 图 b_3 是 2007 年度与 2006 年度的 PS 点形变值比较结果，分析表明，相比 2006 年，2007 年区域地面沉降的发展幅度剧烈，PS 点的最大沉降量达到−72.039 mm，平均沉降量为−39.382 mm，同时上升状态的 PS 点个数减少，最大上升量为 7.84 mm。

✧ 图 b_4 是 2008 年度与 2007 年度的 PS 点形变值比较结果，从图上看出，2008 年的地面沉降形势再度加剧，最大沉降量为–89.052 mm，平均沉降量为–52.738 mm，甚至高于 2004—2006 年的最大沉降量，同时极少数的 PS 点出现反弹上升趋势。

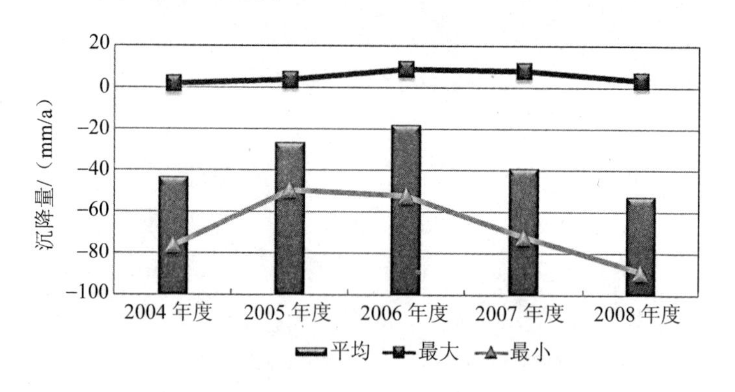

图 4-31　典型区域 2 年际极值变化分布

总结典型区域 2 内年际极值变化分布表明（图 4-31），2004 年度至 2008 年度，典型区域 2 内 PS 点的最大形变值和平均值变化幅度较大，最大沉降量出现在 2008 年，为–89.052 mm；最大平均沉降量同样出现在 2008 年，为–52.738 mm/a，高于 2004—2006 年的最大沉降量；同时区域内研究年份内，少数 PS 点上升的趋势并不明显，上升幅度较小，年际变化也较为平稳，最大的上升量也仅为 8.754 mm/a。

- PS 点时序地面沉降演化过程（季节）

同区域 1 分析，选取 2004 年度和 2008 年度的 InSAR 时序形变结果，研究典型区域 2 的 PS 点季节性的时空变化特征。

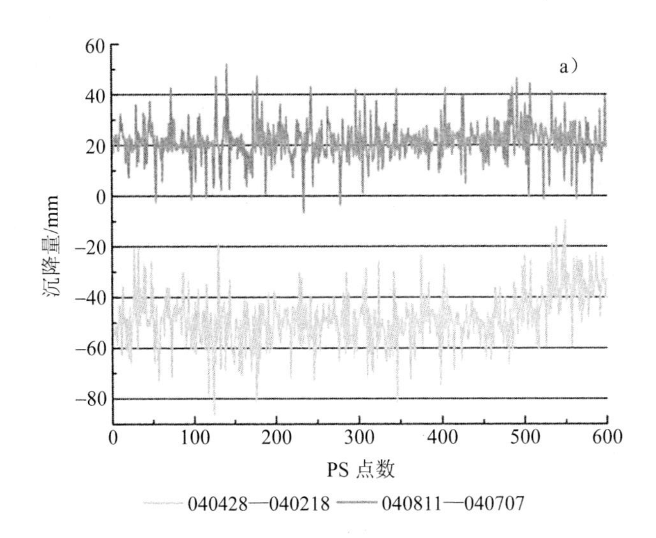
a）
60
40
20
0
-20
-40
-60
-80
沉降量/mm
0
100
200
300
400
500
600
PS 点数
040428—040218
040811—040707

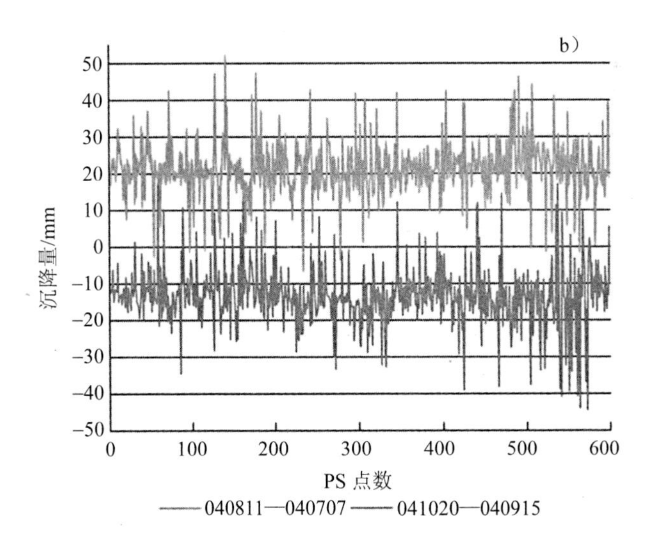
b）
50
40
30
20
10
0
-10
-20
-30
-40
-50
沉降量/mm
0
100
200
300
400
500
600
PS 点数
040811—040707
041020—040915

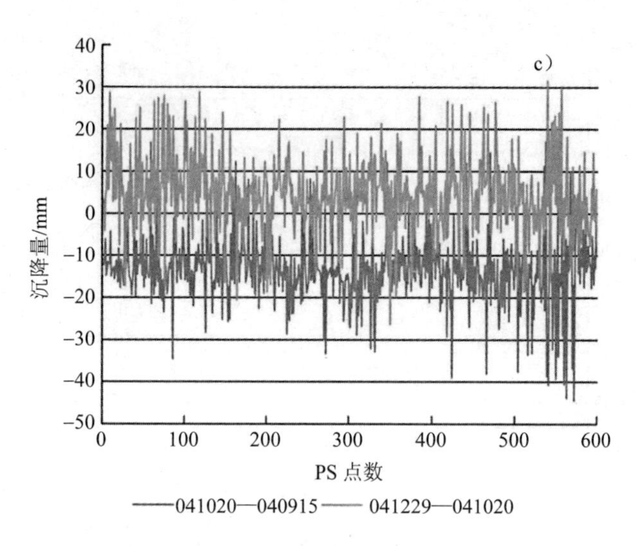

图 4-32　PS 点季节形变演化趋势分布（2004 年）

图 4-32 a)是 2004 年夏季(0811—0707)与春季(0428—0218)沉降量的比较图；图 b)是秋季（1020—0915）与夏季（0811—0707）沉降量的比较图；图 c）是冬季（1229—1020）与秋季（1020—0915）沉降量的比较图。研究结果表明，典型区域 2 春季的沉降量显著大于夏季，并且无反弹上升的 PS 点，最大沉降量接近 –100 mm；而夏季，60%的 PS 点出现反弹上升的趋势，上升最大量达到近 50 mm。秋季，沉降幅度再次加大，但是整体趋势仍小于春季；冬季，沉降形势出现缓和，趋势基本与夏季持平，并略小于夏季。整体来说，2004 年度，典型区域 2 季节性形变特征与典型区域 1 较为类似，季节波动比较明显，PS 点春秋季节沉降幅度大于冬夏季节。

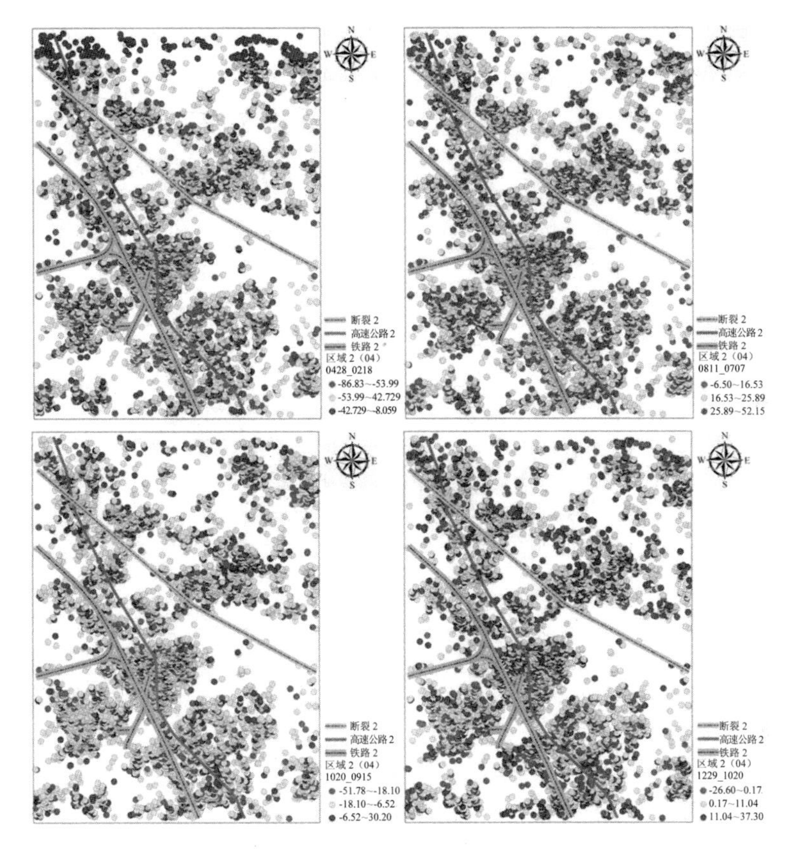

图 4-33　PS 点季节形变演化趋势空间分布（2004 年）

基于 GIS 空间分析平台，获取 PS 点季节形变演化趋势空间分布如图 4-33 所示，同样采用 Natural breaks（Jenks）的分类方法，将区域内的 PS 点分为三类：较大沉降量、中值和较小沉降量（或者较大反弹量）。研究结果表明典型区域 2 内 PS 点的季节形变分布具有分散和杂乱的特点。春季，除了较小形变量的 PS 点在正北方向呈带状分布外，其他区域，三种等级的 PS 点均交叉分布；只是在高速公路、铁路沿线，以及断层的西北段分布较为集中。其他三个季节的分布也同样分散、杂乱，如图 4-33 所示，这也在一定程度上说明了，2004 年，典型区域 2 内 PS 点的季节性沉降特征在时间上波动较大，但空间分布较为均匀，不均匀沉降的情况不明显。

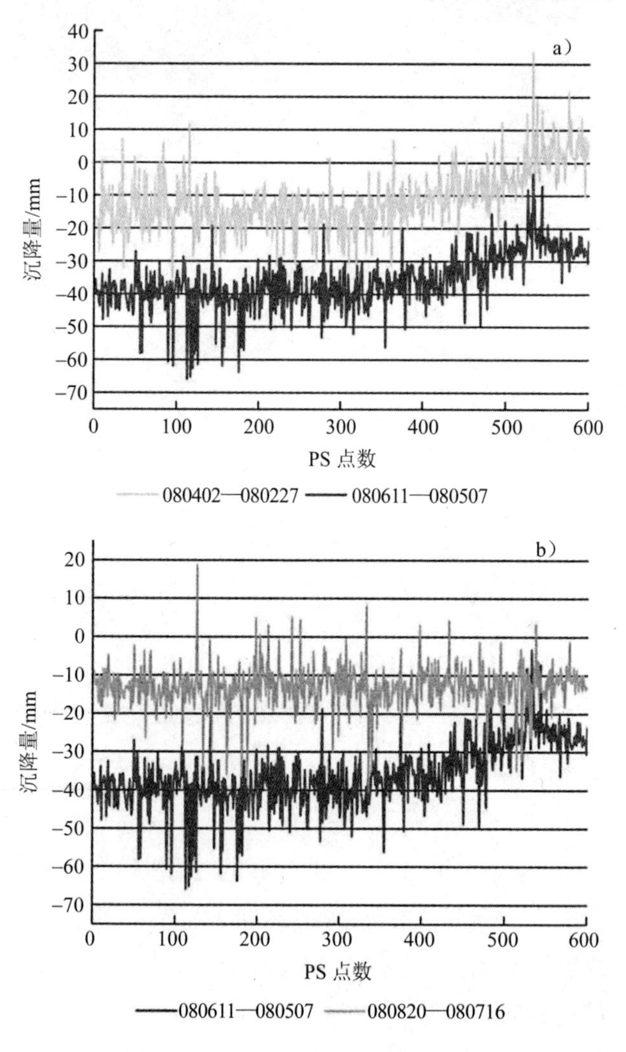

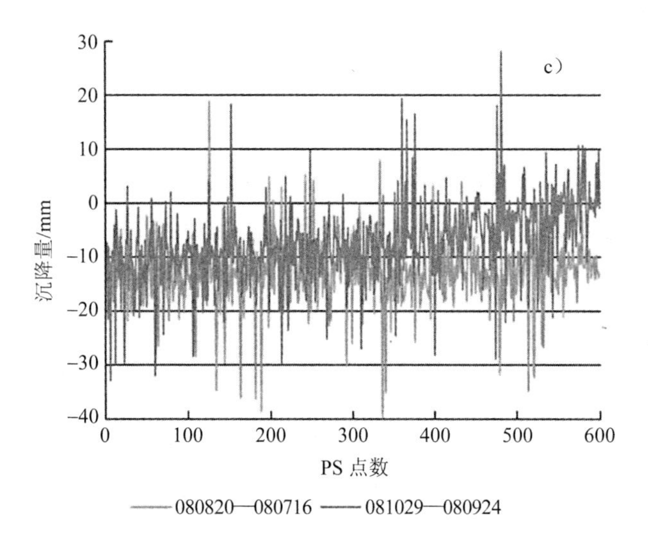

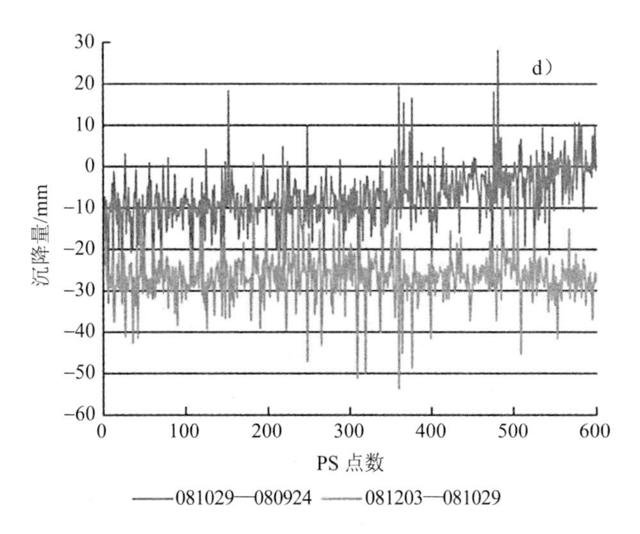

图 4-34　PS 点季节形变演化趋势分布（2008 年）

图 4-34 a）表达的是 2008 年春末夏初（0611—0507）与春季（0402—0227）沉降量的比较图；图 b）是夏季（0820—0716）与春末夏初（0611—0507）沉降量的比较图；图 c）是秋季（1029—0924）沉降量与夏季（0820—0716）的比较图；图 d）是冬季（1203—1029）与秋季（1029—0924）沉降量的比较图。如图 a）所示，2008 年，春末夏初的形变趋势整体大于春季，并无反弹上升的 PS 点，最大形变量为–65.77 mm；到了夏季[图 b）]，沉降形势有所好转，幅度基本与春季类似，但局部上升点的个数增加，最大上升幅度为 19.67 mm；秋季的沉降趋势基本与夏季类似，波动幅度略小于夏季，最大的沉降量小于夏季（–40 mm），为–32.33 mm，最大上升量大于夏季（19.67 mm），上升值为 28.96 mm；冬季的沉降状况开始发展，整体呈下降趋势，基本无反弹上升的点，最大沉降量达到–54.63 mm[图 d）]。整体来说，2008 年度，典型区域 2 季节性形变特征波动性比较平稳，春末夏初的形变趋势整体大于春季，夏秋季沉降形势有所好转，幅度基本与春季类似，冬季再次呈下降趋势，但沉降幅度小于春末夏初；最大沉降量出现在春末夏初，为–65.77 mm。

基于 GIS 空间分析平台，获取 2008 年度 PS 点季节形变演化趋势空间分布。如图 4-34 所示，结果表明典型区域 2 内 2008 年度 PS 点的季节形变空间分布与 2004 年类似，春季和春末夏初，较小形变量主要分布在北方向，较大沉降量主要分布在正南方向，其他区域三等级沉降量的 PS 点交替分布，沉降量分布相对均匀。夏、秋、冬季不同等级沉降量的 PS 点分布随机性较大，基本呈均匀离散状分布。

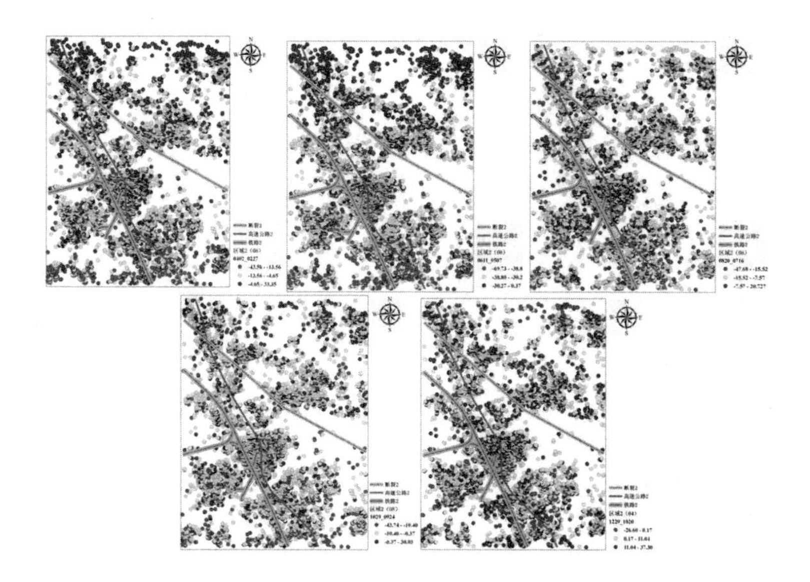

图 4-35　PS 点季节形变演化趋势空间分布（2008 年）

综上所述，典型区域 2 内，区域地面沉降的季节性的变化特点是：同年度内，时间上沉降波动明显，但空间分布较为均匀，不均匀沉降的情况不明显；其次，2004 年与 2008 年沉降情况在空间上展布特点比较类似，春季较小形变量主要分布在北方向，其他季节不同等级沉降量的 PS 点呈较为均匀离散状分布。

3）典型区域 3

- 区域地面沉降演化趋势：

图 4-36 a_1 表明典型区域 3 的浅地表空间利用情况（SPOT5 影像），该区为 CBD 及其周边影响区域，有多条铁路、高速公路、地铁穿过，同时土地利用类型多为建筑用地（高楼、地下仓储等），地表和地下的利用情况均较高。因此，可以简单推断，该区域地面沉降幅度不仅与地下水开采有关，地表载荷的叠加、地下空间

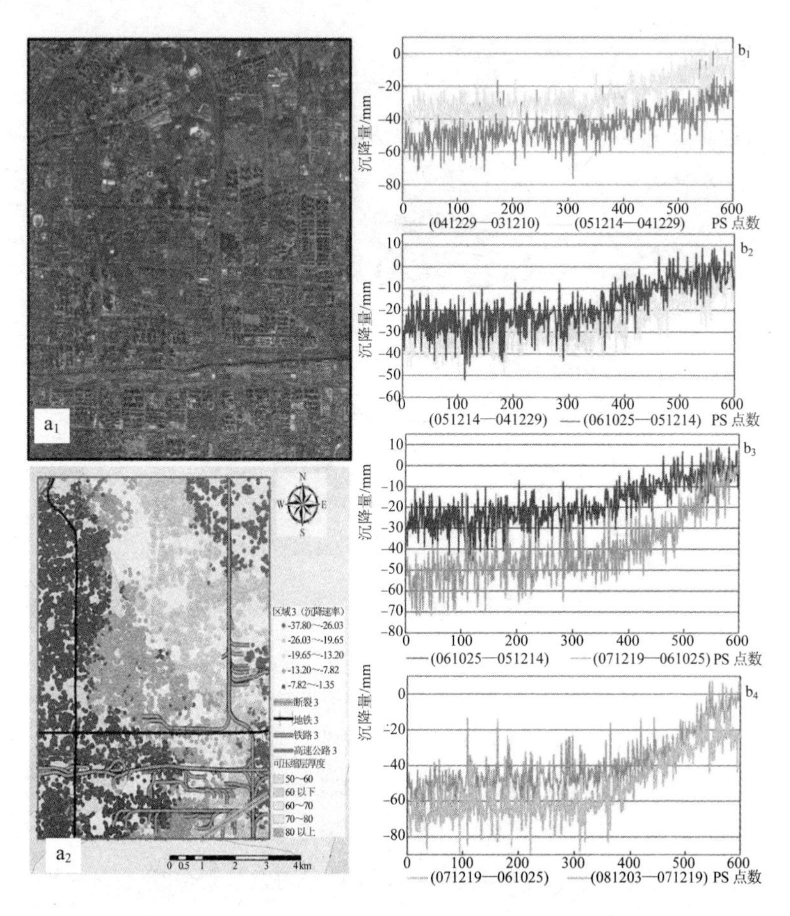

图 4-36 典型区域 3 形变演化趋势（左）与 PS 点年际形变演化过程（右）

的应用都会对地面沉降产生影响。图 a_2 为该区域的 PS 点的沉降速率情况，研究表明该区域 2003—2009 年的沉降速率在–37.80～–1.35 mm/a，不均匀沉降情况明显，无区域 PS 点上升的情况；基于 GIS 空间分析技术，将区域的可压缩层厚度、断裂分布、浅地表空间利用（铁路、高速公路、地铁）与沉降情况叠置分析[图

a_2)]，发现由于该区的铁路、高速公路等交通线较多，同时高层建筑钢筋混凝土的二面角结构较多，使得该区被识别出的 PS 点最多，为 11 325 个（达到 1 887.5 个/km^2），同时发现不同速率的沉降 PS 点分布较具有规律性，基本呈竖条带式发展，从西往东沉降速率依次加快。

- PS 点时序地面沉降演化过程（年际）

同区域 1、2 分析，选取 031210、041229、051214、061025、071219、081203InSAR 监测值，进行顺序的互差处理，获取各年度 PS 点位的绝对形变值，研究典型区域 3 内地面沉降的时间序列的演化过程，如图 4-36 b_1～b_4 所示。

✧ 图 b_1 为 2005 年度与 2004 年度的 PS 点形变值比较图，研究发现，2004 年典型区域 3 内 PS 点的最大的沉降量为−76.20 mm，平均沉降量为−41.82 mm，同时有少数 PS 点呈上升趋势，上升的量最大仅为 1.76 mm；相比 2004 年，2005 年的 PS 点形变趋势整体上小于 2004 年，最大形变量为−49.36 mm，平均沉降量为−33.09 mm，同时有少数 PS 点的沉降上升趋势略有加强。

✧ 图 b_2 是 2006 年度与 2005 年度的 PS 点形变值比较结果，相比 2005 年，2006 年的沉降情形再次呈递减幅度，区内最大沉降量为−52.12 mm，平均沉降量为−18.66 mm，而少数 PS 点最大上升的速率则为 8.754 mm/a。

✧ 图 b_3 是 2007 年度与 2006 年度的 PS 点形变值比较结果，研究区的点位形变趋势在持续两年减缓的态势后，再次加大，区内最大沉降量为−72.309 mm，平均沉降量为 −39.732 mm，少数 PS 点最大上升的速率则为 7.840 mm/a。

✧ 图 b_4 是 2008 年度与 2007 年度的 PS 点形变值比较结果，结果表明，该年度沉降趋势相比 2007 年，有所加剧；区内最大沉降量为–89.05 mm，平均沉降量为–32.350 mm，少数 PS 点最大上升的速率则为 3.31 mm/a。

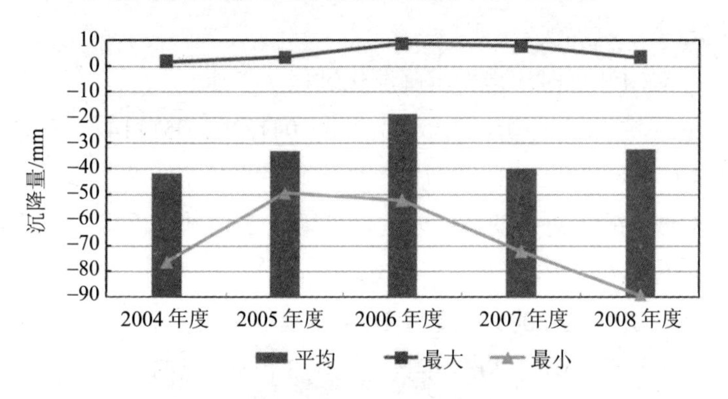

图 4-37 典型区域 3 年际极值变化分布

总体来说，如图 4-37 所示，5 年间，典型区域 3 所包含的 PS 点的平均值、极大值和极小值的变化趋势是一致的。即 2005 年和 2006 年度沉降的趋势有所减缓，局部反弹的趋势略上升；到了 2007 年和 2008 年，区域地面沉降情况再次加剧。但是可以发现，最大沉降量的 PS 点（最小值）5 年内变化幅度较大，平均速率的变化次之，局部反弹上升的 PS 点（最大值）则变化幅度较小，均值 0～10 mm。其中最大沉降量出现在 2008 年，接近 90 mm。

- PS 点时序地面沉降演化过程（季节）

同上研究，分别选取 2004 年度和 2008 年度的 InSAR 时序形变结果，研究 PS 点季节性的时空变化特征。

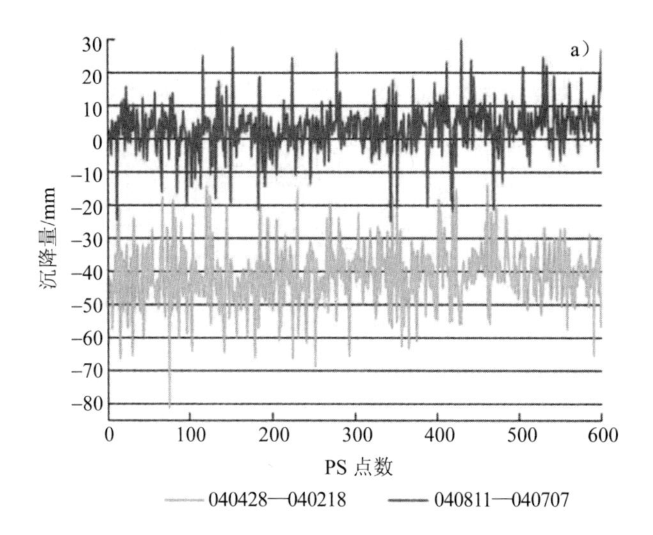
a）
30
20
10
0
−10
−20
−30
−40
−50
−60
−70
−80
沉降量/mm
0
100
200
300
400
500
600
PS 点数
040428—040218
040811—040707

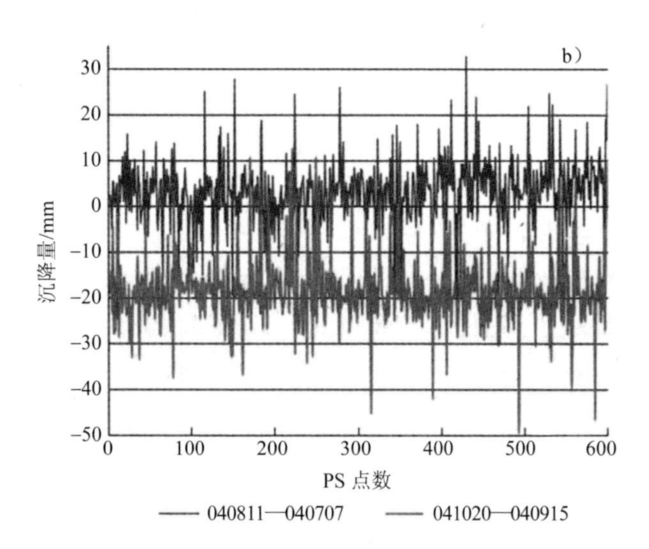
b）
30
20
10
0
−10
−20
−30
−40
−50
沉降量/mm
0
100
200
300
400
500
600
PS 点数
040811—040707
041020—040915

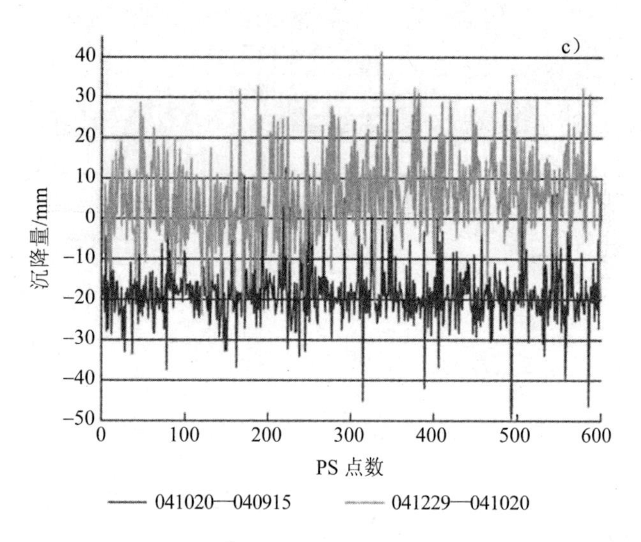

图 4-38　PS 点季节形变演化趋势分布（2004 年）

图 4-38 a)是 2004 年夏季(0811—0707)与春季(0428—0218)沉降量的比较图；图 4-38 b）是 2004 年秋季（1020—0915）与夏季（0811—0707）沉降量的比较图；图 c）是 2004 年冬季（1229—1020）与秋季（1020—0915）沉降量的比较图。结果表明，春季 PS 点的沉降情况波动性较大，无反弹上升的点存在；而夏季，不仅沉降量开始减少，同时 PS 点与点间的差异也减小，即不均匀沉降减缓[图 4-38a）]；秋季，沉降形势再次加剧，最大沉降量达到 50.06 mm，波动性也再次加大，但波动的态势与春季不同；冬季，沉降情形有所好转，近 1/2 的 PS 点出现反弹上升的趋势，最大上升量达到 41.52 mm。整体来说，2004 年度，典型区域 3 季节性波动比较明显，PS 点春秋季节沉降幅度大于冬夏季节。

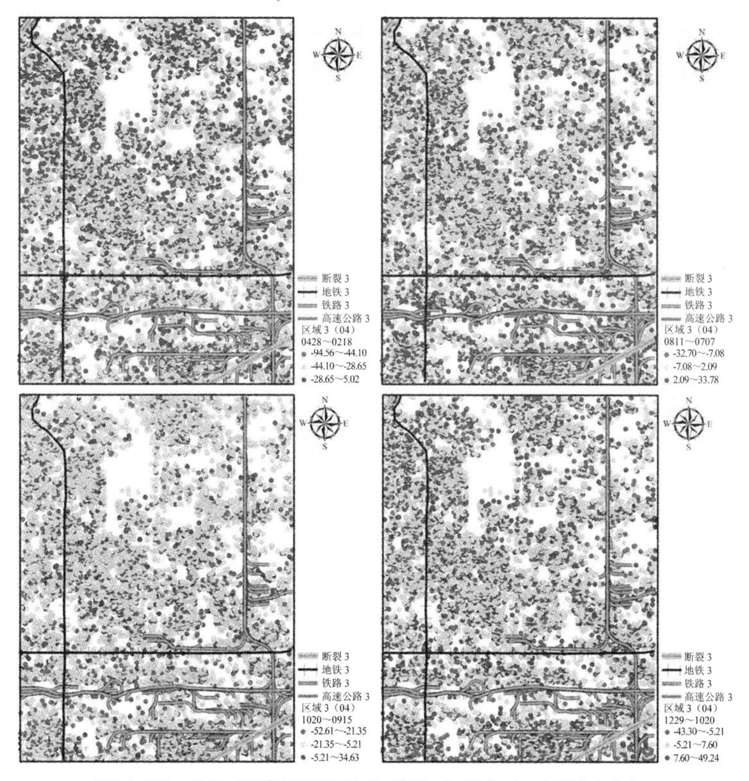

图 4-39　PS 点季节形变演化趋势空间分布（2004 年）

同上述区域研究，基于 GIS 空间分析平台，获取 PS 点季节形变演化趋势空间分布。如图 4-39 所示，采用 Natural breaks（Jenks）的分类方法，将区域内的 PS 点分为三类：较大沉降量、中值和较小沉降量（或者较大反弹量）。研究结果表明典型区域 3 内 PS 点的季节形变分布变化较大。春季，三类 PS 点的个数基本均衡，但较大沉降量的 PS 点（–94.56～–44.10 mm）主要分布在正南方向，较小沉降量的 PS 点（–28.65～5.02 mm）主要位于北方向，而中值的 PS 点则是离散地分布于各区域；夏季 PS 点的分布情况则是，三等级的 PS 点交替均匀地呈小团状分布于区域各方向；秋季，PS 点的沉降量主要位于中值（–21.35～–5.21 mm）之间，并且遍及区域各位置，而较小沉降量及局部反弹上升的 PS 点（–5.21～34.63 mm）数量较少；冬季，PS 点沉降空间分布情况与春季有所类似，较大沉降量的 PS 点（–43.20～–5.21 mm）除了呈条带状分布于正南方向外，其他区域，三等级的 PS 点呈交替分布。

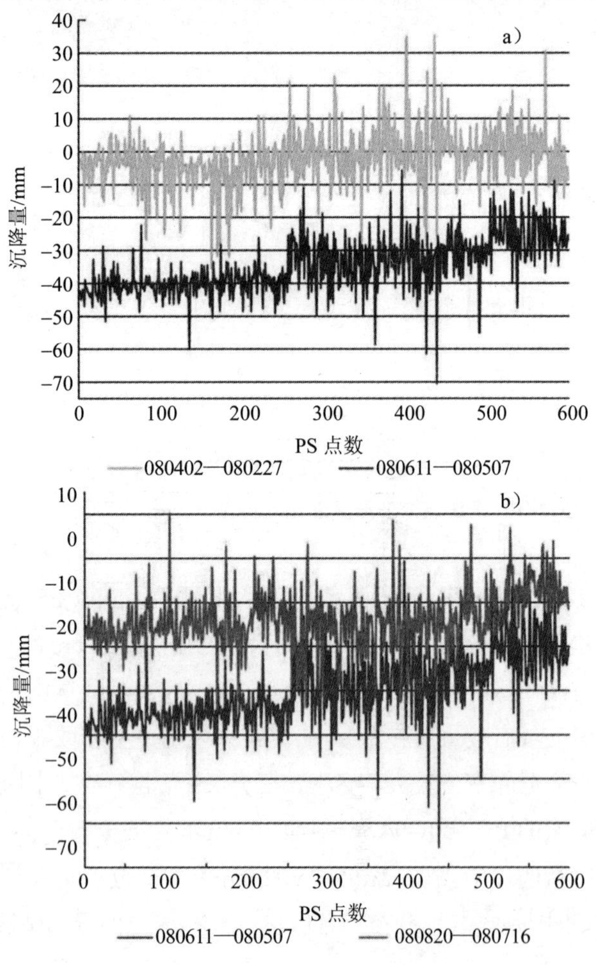

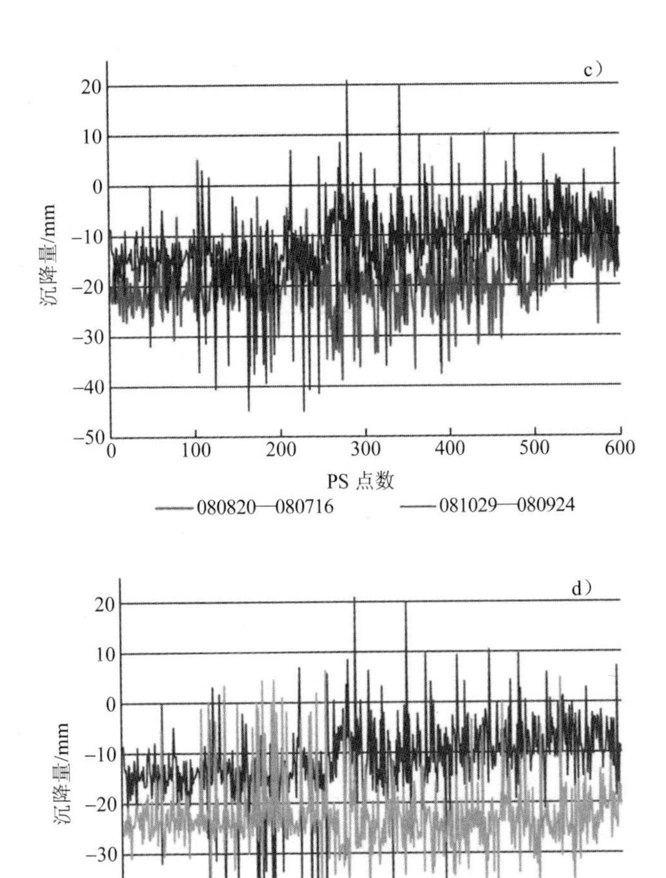

图 4-40　PS 点季节形变演化趋势分布（2008 年）

图 4-40 a）是 2008 年春末夏初（0611—0507）与春季（0402—0227）沉降量的比较图；图 4-40 b）是 2008 年夏季（0820—0716）

与春末夏初（0611—0507）沉降量的比较图；图 c）是 2008 年秋季（1029—0924）沉降量与夏季（0820—0716）的比较图；图 d）则是冬季（1203—1029）与秋季（1029—0924）沉降量的比较图。曲线图结果表明，2008 年，PS 点春季的形变量整体小于春末夏初形变量[图 a）]，春季有 55%的 PS 点处于反弹上升状态，最大上升量为 35.89 mm，而春末夏初 PS 点均为沉降状态，最大沉降量接近 70 mm；到了夏季，沉降幅度有所减小，但 PS 点减少的幅度不同，近 1/2 的 PS 点，沉降幅度均减少 20 mm，而余下的 PS 点沉降幅度减少得较小，幅度值在 0～10 mm 之间不等；秋季的整体沉降态势基本与夏季相同，只是波动性变大，最大沉降量（–45.63 mm）与最大上升量（20.98 mm）均大于夏季；冬季，PS 点的形变趋势基本与夏季相同[图 d）所示]。

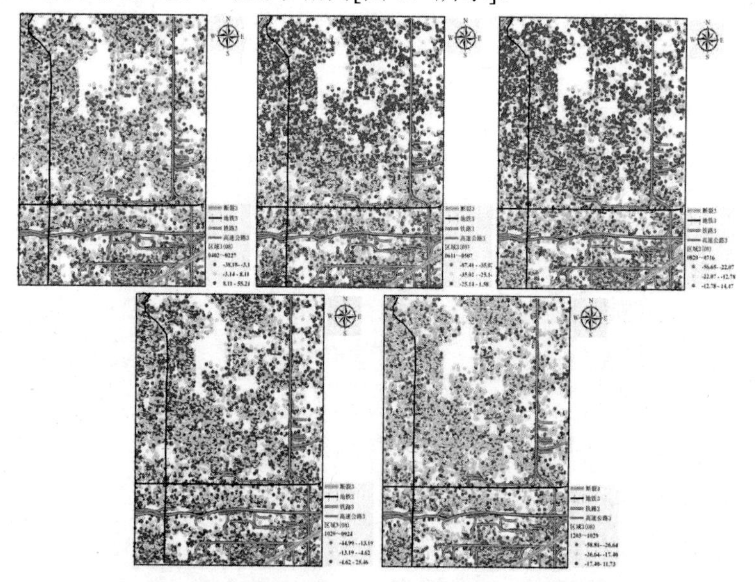

图 4-41　PS 点季节形变演化趋势空间分布（2008 年）

整体来说，2008 年度，典型区域 3 季节性形变变化不大，春末夏初的形变趋势整体大于春季，夏季沉降形势有所好转，秋季的整体沉降态势基本与夏季相同，只是波动性变大，冬季的形变趋势基本与夏季相同。

基于 GIS 空间分析平台，获取 2008 年度 PS 点季节形变演化趋势空间分布如图 4-41 所示，结果表明典型区域 3 内 2008 年度 PS 点的季节形变空间分布与 2004 年明显不同，春季，PS 点的沉降量主要分布于–38.18～8.11 mm，并且在区域内呈交替均匀状分布，较大上升量值的 PS 点较小；春末夏初，PS 点的分布泾渭分明，基本的空间分布状态是：从北向南，三类 PS 点均匀分布，沉降等级依次变大，且处于较小沉降量的 PS 点（–25.14～1.58 mm）的 PS 点占大多数；夏季 PS 点沉降的空间分布格局与春末夏初类似，但是整体沉降态势有所减缓；秋季，除了正南方向，有少许较大沉降量的 PS 点（–44.99～13.19 mm）呈窄条带分布外，其他区域三类级别的 PS 点均匀分布；而冬季，中值 PS 点（–26.64～–17.40 mm）占大多数，其次是较大沉降量的 PS 点，反弹上升的 PS 点（–17.40～11.73 mm）较少，各等级点的分布较为均匀分散。

综上所述，典型区域 3 内，区域地面沉降的季节性的变化特点是：不同年度，区域地面沉降的季节性的变化差异性较大。2004 年度，季节性波动比较明显，PS 点春秋季节沉降幅度大于冬夏季节；2008 年度，典型区域 3 季节性形变变化不大，但两个年度，PS 点的空间分布差异性均较大。

4）典型区域 4

- 区域地面沉降演化趋势

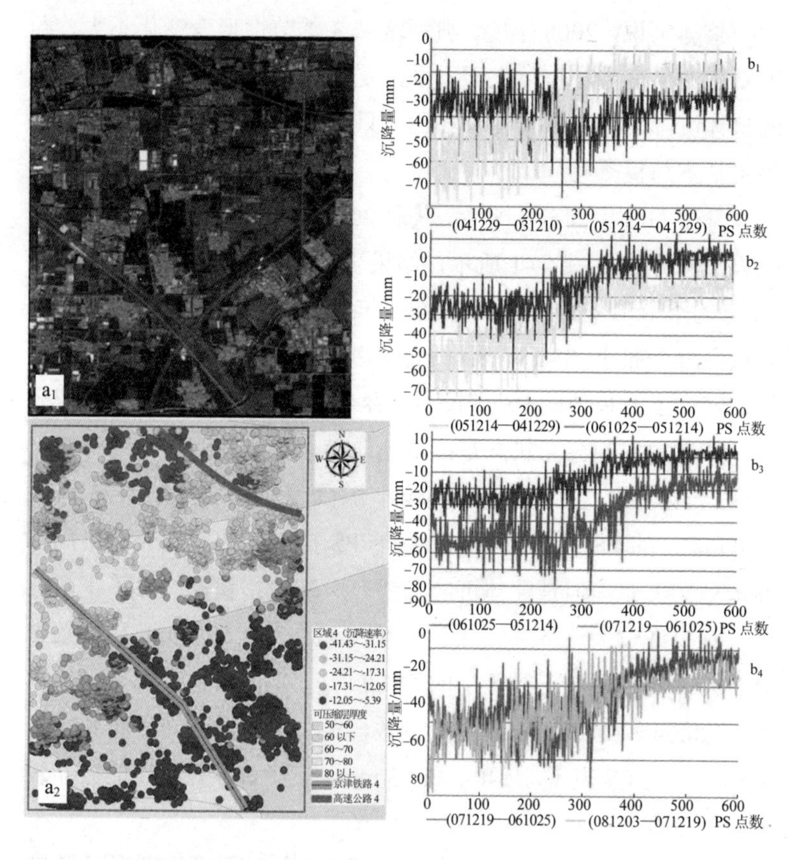

图 4-42　典型区域 4 形变演化趋势（左）与 PS 点年际形变演化过程（右）

图 4-42 a_1 表明典型区域 4 的浅地表空间利用情况（Google earth 影像），该区域包含了京津城际铁路及其辐射区域，同时有高速公路穿过（图 4-42 a_2），所以可以简单认为，该区域地面沉降不仅与地下水开采、地质构造有关，动载荷的叠加也可能会对其产生影响。图 4-42 a_2 为该区域的 PS 点的沉降速率情况，研究表明该区域 2003—2009 年的沉降速率在–41.43～–5.39 mm/a，不

均匀沉降情况明显，整体上无区域上升的 PS 点；基于 GIS 空间分析技术，将区域的可压缩层厚度、动载荷（京津高速铁路、高速公路）与沉降情况叠置分析（图 a_2），发现不同速率的沉降 PS 点分布较具有规律性，从西北向东南方向基本呈带状发展，沉降速率依次减缓，同时最大沉降速率的 PS 点主要分布在高速公路两侧及其西北地区，濒临城际铁路的北端，而该处的可压缩层厚度却处于 60 m 以下，因此，可以认为，该区域不均匀沉降的情况主要与外因有关，即地下水超采与动载荷的综合作用。

- PS 点时序地面沉降演化过程（年际）

同区域 1、2、3 分析，选取 031210、041229、051214、061025、071219、081203InSAR 监测值，进行顺序的互差处理，获取各年度 PS 点位的绝对形变值，研究典型区域内 3 地面沉降的时间序列的演化过程，如图 4-42 b_1～b_4 所示：

- ✧ 图 b_1 为 2005 年度与 2004 年度的 PS 点形变值比较图，结果表明，2004 年度与 2005 年度的 PS 点沉降曲线呈交替式，即与 2004 年相比，2005 年 PS 的沉降状态一半为下降趋势，另一半为上升趋势。同时，两年的最大沉降量和最小沉降量也极为接近，并且无反弹上升的 PS 点。
- ✧ 图 b_2 是 2006 年度与 2005 年度的 PS 点形变值比较结果，分析显示，相比 2005 年，2006 年的地面沉降整体形变趋势呈减缓状态，区内最大沉降量为–59.22 mm，平均沉降量为–12.96 mm，而少数 PS 点最大上升的速率则为 13.75 mm/a；
- ✧ 图 b_3 是 2007 年度与 2006 年度的 PS 点形变值比较结果，2007 年区内的 PS 点的沉降情况有所增加，区内最大沉降量为–85.021 mm，平均沉降量为–37.14 mm，少数 PS

点最大上升的速率仅为 0.73 mm/a；

✧ 图 b_4 是 2008 年度与 2007 年度的 PS 点形变值比较结果，曲线图结果表明，2008 年的区域地面沉降态势基本与 2007 年相同，区内最大沉降量为–88.17 mm，平均沉降量为–40.93 mm，最小沉降量为–1.31 mm，无反弹上升的 PS 点。

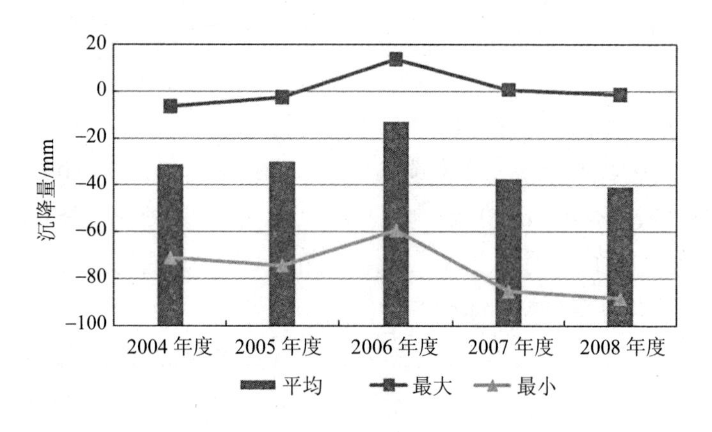

图 4-43　典型区域 4 年际极值变化分布

总体来说，如图 4-43 所示，5 年间，典型区域 4 所包含的 PS 点的平均值、极大值和极小值的变化趋势除 2006 年外，均较为平稳：2004 年度与 2005 年度的 PS 点沉降曲线呈交替式，两年的最大沉降量、最小沉降量和均值极为接近；2006 年的地面沉降整体形变趋势呈减缓状态，2007 年区内的 PS 点的沉降情况有所增加，而 2008 年的状况与 2007 年基本相同。

- PS 点时序地面沉降演化过程（季节）

同上研究，分别选取 2004 年度和 2008 年度的 InSAR 时序形变结果，研究 PS 点季节性的时空变化过程。

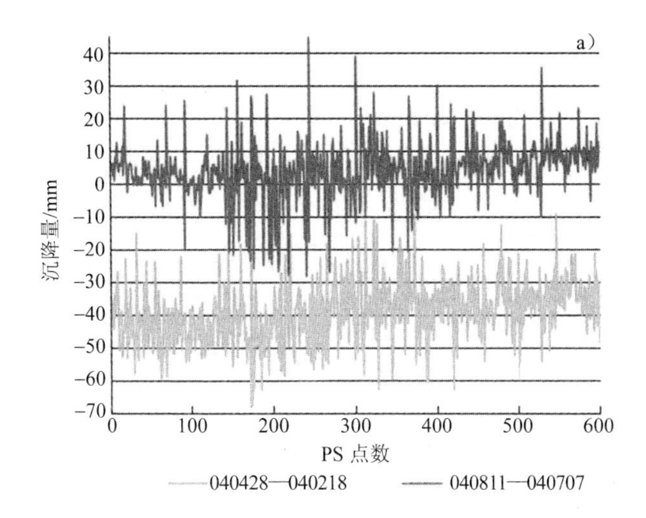
a)
40
30
20
10
0
−10
−20
−30
−40
−50
−60
−70
沉降量/mm
0
100
200
300
400
500
600
PS 点数
040428—040218
040811—040707

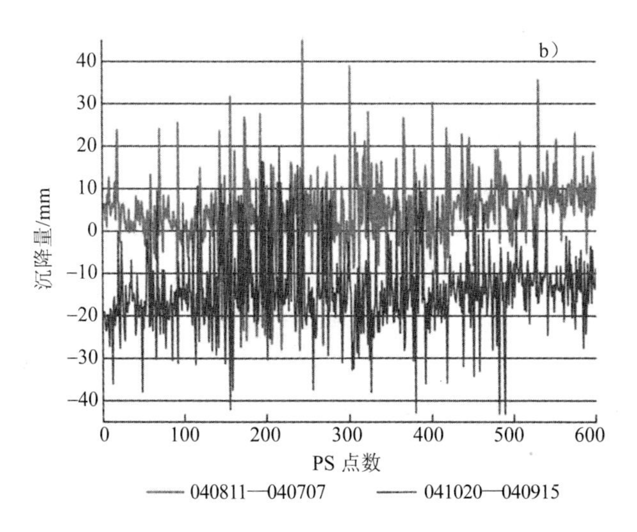
b)
40
30
20
10
0
-10
-20
-30
-40
沉降量/mm
0
100
200
300
400
500
600
PS 点数
040811—040707
041020—040915

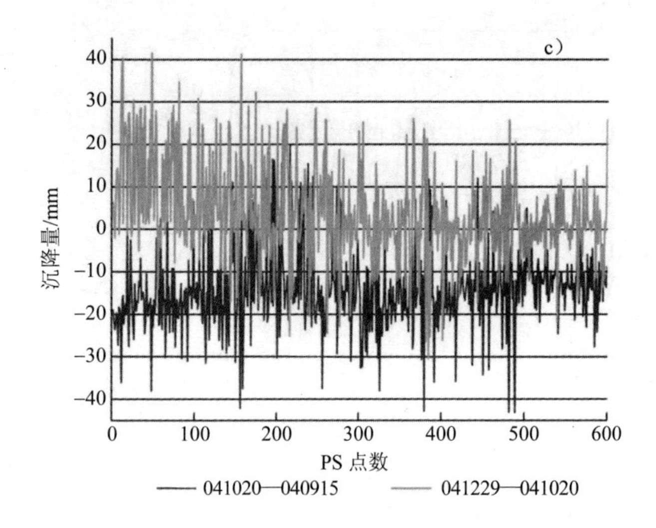

图 4-44　PS 点季节形变演化趋势分布（2004 年）

图 4-44 a)是 2004 年夏季(0811—0707)与春季(0428—0218)沉降量的比较图;图 b)是 2004 年秋季(1020—0915)与夏季(0811—0707)沉降量的比较图；图 c）是 2004 年冬季（1229—1020）与秋季（1020—0915）沉降量的比较图。分析表明，PS 点春季的形变量整体均大于夏季形变量[图 a）]，相比春季 PS 点均处于沉降状态，夏季有一半以上的 PS 点出现了反弹现象，且 PS 点间的波动性较大；到了秋季，虽然 PS 点的整体沉降幅度有所增加，但据统计，有 34%的 PS 点与夏季的沉降量基本保持不变；最后，冬季的沉降情况再次好转，有近 2/3 的点处于反弹上升的趋势，最大反弹上升量略大于 40 mm。整体来说，2004 年，典型研究区域 4 季节性形变特征比较明显，PS 点的沉降情况是：春秋季节大于冬夏季节，但秋季情况特殊，有近 1/3 的点沉降量基本与夏季相同。

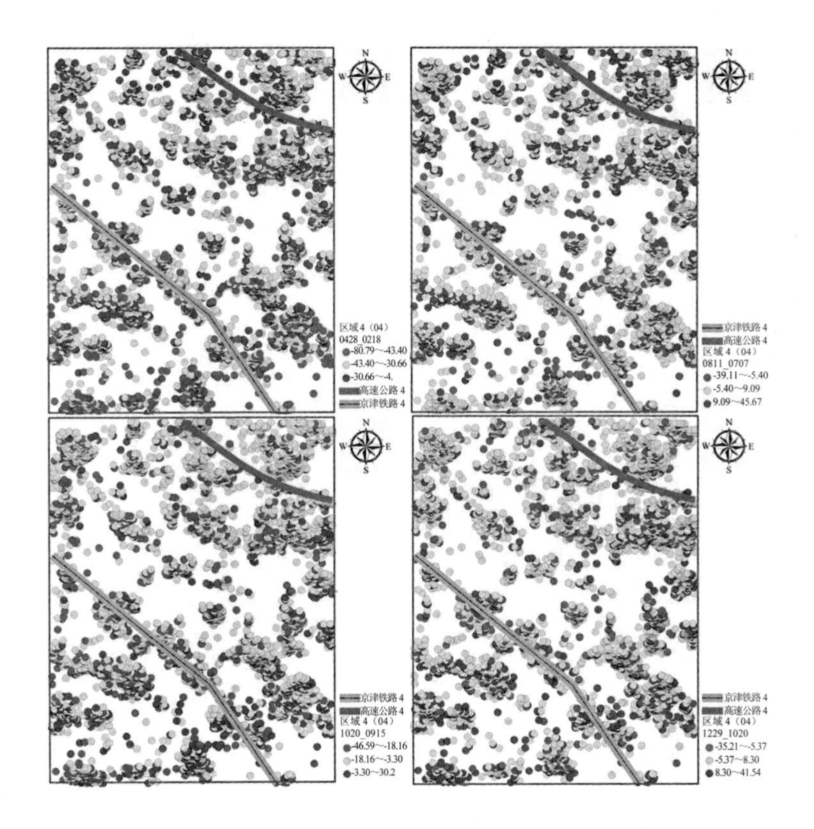

图 4-45　PS 点季节形变演化趋势空间分布（2004 年）

同上述区域研究，基于 GIS 空间分析平台，获取的 PS 点季节形变演化趋势空间分布如图 4-45 所示，采用 Natural breaks（Jenks）的分类方法，将区域内的 PS 点分为三类：较大沉降量、中值和较小沉降量（或者较大反弹量）。结果表明典型区域 4 内 PS 点的每个季节的形变空间分布格局大体相同，差异性不大，且分布较为均匀。春季，较大沉降量的 PS 点（–80.79～–43.40 mm）主要分布在南部，其他两个级别的 PS 点基本呈小团状分布于区域各位置；夏季，较大沉降量的 PS 点（–39.11～–5.40 mm）个数较少，且呈离散零星状主要分布于南部地区，其他两个级别的 PS 点继续呈小团状交替分布于区域各位置；而秋冬季节基本类似，中值的 PS 点在总量中基本占据主导地位，三级别的 PS 点分布相对比较均匀。

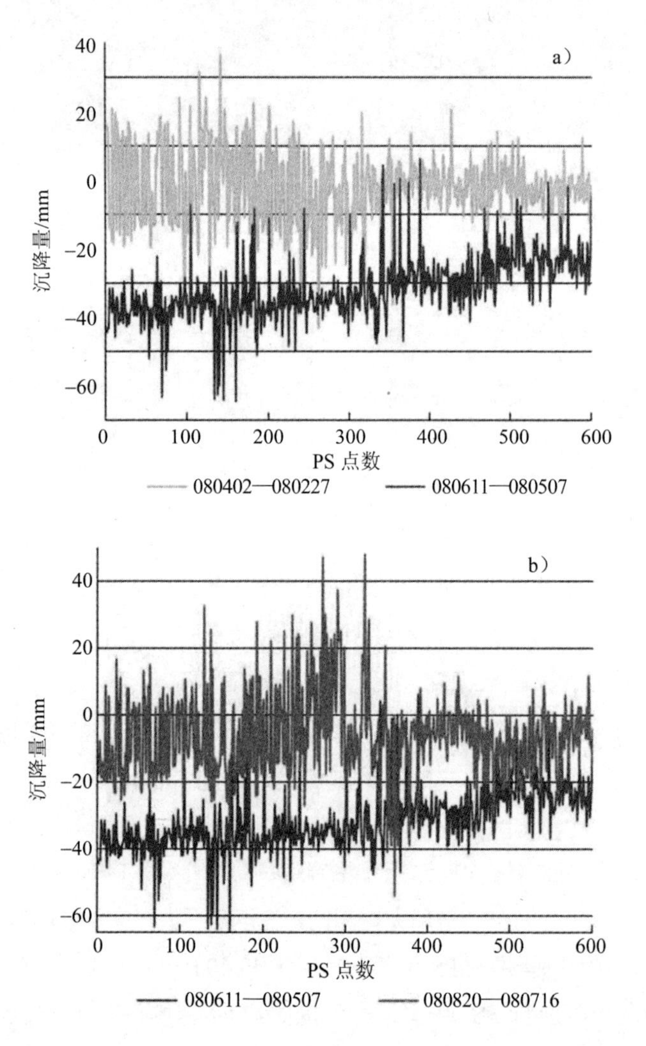

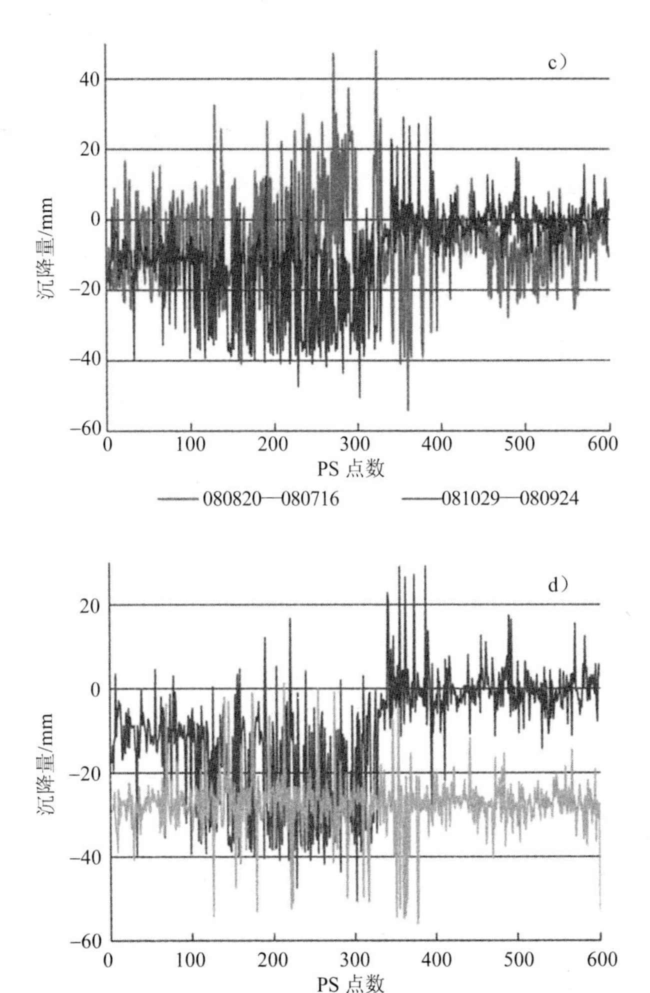

图 4-46　PS 点季节形变演化趋势分布（2008 年）

图 4-46 a）是 2008 年春末夏初（0611—0507）与春季（0402—0227）沉降量的比较图；图 b）是 2008 年夏季（0820—0716）与

春末夏初（0611—0507）沉降量的比较图；图 c）是 2008 年秋季（1029—0924）沉降量与夏季（0820—0716）的比较图；图 d）是冬季（1203—1029）与秋季（1029—0924）沉降量的比较图。分析结果表明，2008 年，PS 点春季的形变量整体小于春末夏初形变量，并且春季有近 2/3 的 PS 点为反弹上升态势，最大上升量为 34.82 mm[图 a）]；到了夏季，沉降的整体幅度小于春季，但是曲线的波动性极大，不均匀沉降情况加剧；秋季，沉降的整体区域与夏季类似，但是波动性有所减小，而冬季的沉降情况再次恶化，基本与夏季持平，最大沉降量达到–57.21 mm，无反弹上升的 PS 点。整体而言，2008 年度，典型研究区域 4 季节性形变与 2004 年不同，季节变化的幅度不大，但是 PS 点的波动性变化较大，即不均匀情况变异较大。

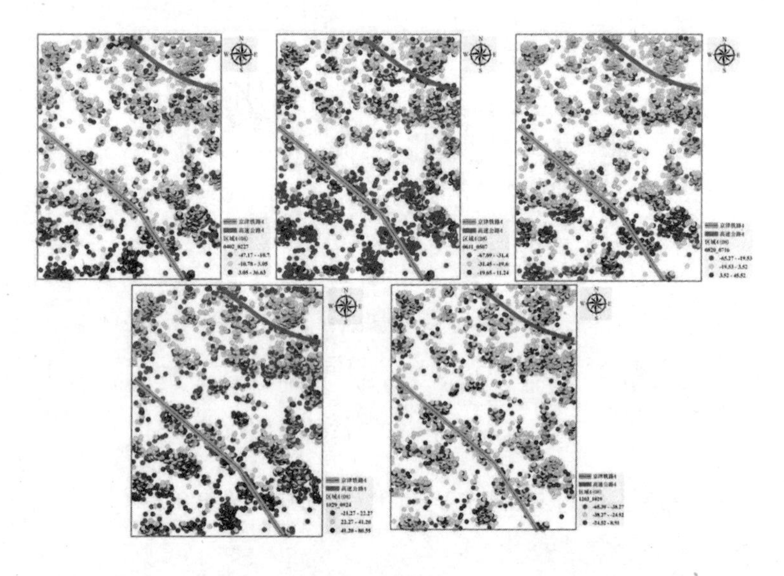

图 4-47　PS 点季节形变演化趋势空间分布（2008 年）

基于 GIS 空间分析平台，获取的 2008 年度 PS 点季节形变演化趋势空间分布如图 4-47 所示，结果表明典型区域 4 内 2008 年度 PS 点的季节形变空间分布与 2004 年不同，季节时空格局差异性较大。春季，较大沉降量 PS 点（–47.17～–10.78 mm）和反弹上升量的 PS 点（3.05～36.63 mm）主要交替分布于南部地区，而占总量主导地位的中值 PS 点则主要分布于中部和北部地区，且呈均匀分布态势；春末夏初，较大沉降量的 PS 点几乎接近总量的 50%，主要分布在南部地区，呈团状均匀分布，其余小部分呈零星状分布于区域中；而夏季 PS 点的空间分布格局基本与春季类似；秋季，大多数点处于反弹上升趋势，较大反弹量的 PS 点（41.20～80.55 mm）主要分布在南半部，中值（22.37～41.20 mm）的 PS 点主要分布在北部，较大沉降量的 PS 点则是均匀地分布于区域各方向；冬季，较大沉降量的 PS 点（–65.30～–38.27 mm）极小，呈零星状分布于区域中，绝大多数点的沉降值处于（–38.27～–24.52 mm），且大多呈团状均匀分布于区域中，较小沉降量的 PS 点也较小，并呈零星状均匀分布于区域中。

综上所述，典型区域 4 内：2004 年度与 2008 年度区域地面沉降的季节性的时空变异性较大。2004 年，春秋季节大于冬夏季，但秋季情况特殊，有近 1/3 的点沉降量基本与夏季相同，PS 点季节的形变空间分布格局大体相同，差异性不大，且分布较为均匀；2008 年度，季节变化的幅度不大，但是 PS 点的波动性变化较大，不均匀情况变异较大，同时，季节时空格局差异性也较大。

5）典型区域 5

- 区域地面沉降演化趋势

图 4-48 a_1 表明典型区域 5 的浅地表空间利用情况（Google

earth 影像），该区域包含了顺义机场辐射面积，同时有机场轻轨、铁路、高速公路穿过，所以也可以简单认为，该区域地面沉降不仅与地下水开采、地质构造有关，动载荷的叠加也可能会对其产生影响。图 a_2 为该区域的 PS 点的沉降速率情况，研究表明该区域 2003—2009 年的沉降速率在–48.16～–19.12 mm/a，无区域上升的 PS 点；图 a_2 表明，区域 5 内同样不均匀情况明显，且不同沉降速率的 PS 点分布基本呈团簇状分布，随机性较大。

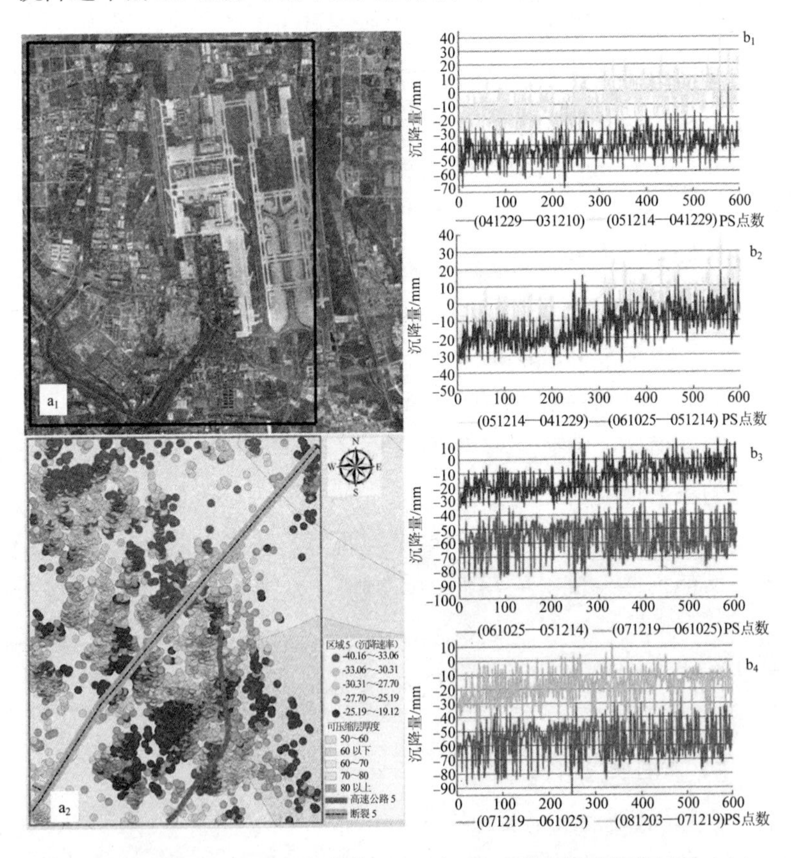

图 4-48　典型区域 5 形变演化趋势（左）与 PS 点年际形变演化过程（右）

- PS 点时序地面沉降演化过程（年际）

同区域 1、2、3、4 分析，研究典型区域内 5 地面沉降的时间序列的演化过程，如图 4-48 b_1～b_4 所示：

- ✧ 图 b_1 为 2005 年度与 2004 年度的 PS 点形变值比较图，结果表明，相比 2004 年，2005 年的 PS 点形变趋势整体上小于 2004 年，最大形变量为–36.62 mm（2004：–72.23 mm），平均沉降量为–7.97 mm（2004：–41.27 mm），有约 1/3 的 PS 点呈上升状态；
- ✧ 图 b_2 是 2006 年度与 2005 年度的 PS 点形变值比较结果，2006 年的沉降趋势基本与 2005 年类似；
- ✧ 图 b_3 是 2007 年度与 2006 年度的 PS 点形变值比较结果，2007 年的沉降量有所加剧，最大沉降量达到–94.69 mm，最小沉降量为–56.67 mm；
- ✧ 图 b_4 是 2008 年度与 2007 年度的 PS 点形变值比较结果，2008 年，沉降有所缓和，最大沉降量为–57.80 mm，反弹上升的最大量为 11.57 mm。

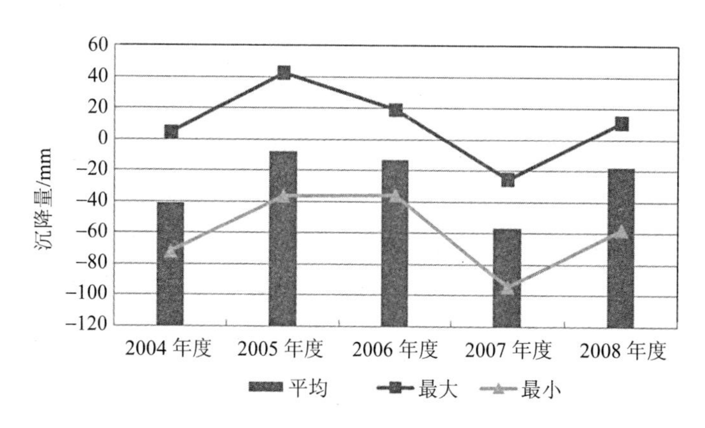

图 4-49　典型区域 5 年际极值变化分布

总体来说，如图 4-49 所示，5 年间，典型区域 5 所包含的 PS 点的平均值、极大值和极小值的变化趋势除 2007 年外，均较为平稳：2004 年度与 2005 年度的 PS 点沉降曲线呈上升态势，2006 年有少许的缓和，到 2007 年沉降发展幅度加大，最大沉降量达到–94.46 mm，而 2008 年的状况再次缓和，基本跟 2006 年持平。

- PS 点时序地面沉降演化过程（季节）

同上研究方法，分别选取 2004 年度和 2008 年度的 InSAR 时序形变结果，研究 PS 点季节性的时空变化过程。

分析表明，PS 点春季的形变量整体均大于夏季形变量[图 a）]，且无反弹上升的 PS 点，秋季沉降幅度再次加大[图 b）]，基本与春季类似，但有少数点的沉降量基本无变化，而冬季同夏季类似，沉降情况有所缓和，近一半的 PS 点处于上升状态，最大上升量达到近 40 mm[图 c）]。

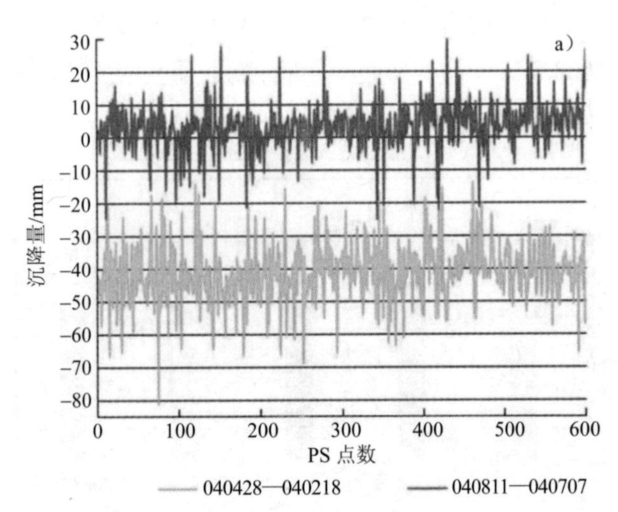

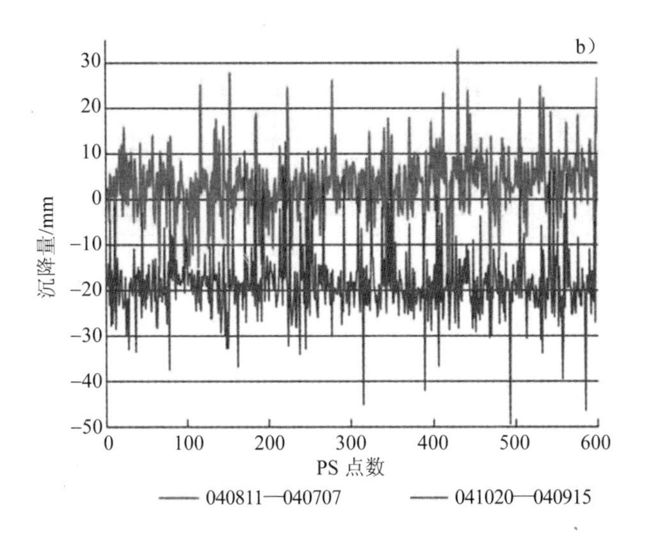

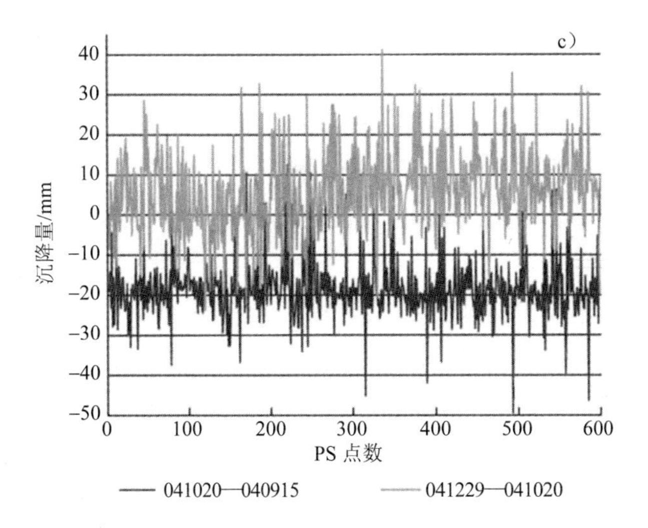

图 4-50　PS 点季节形变演化趋势分布（2004 年）

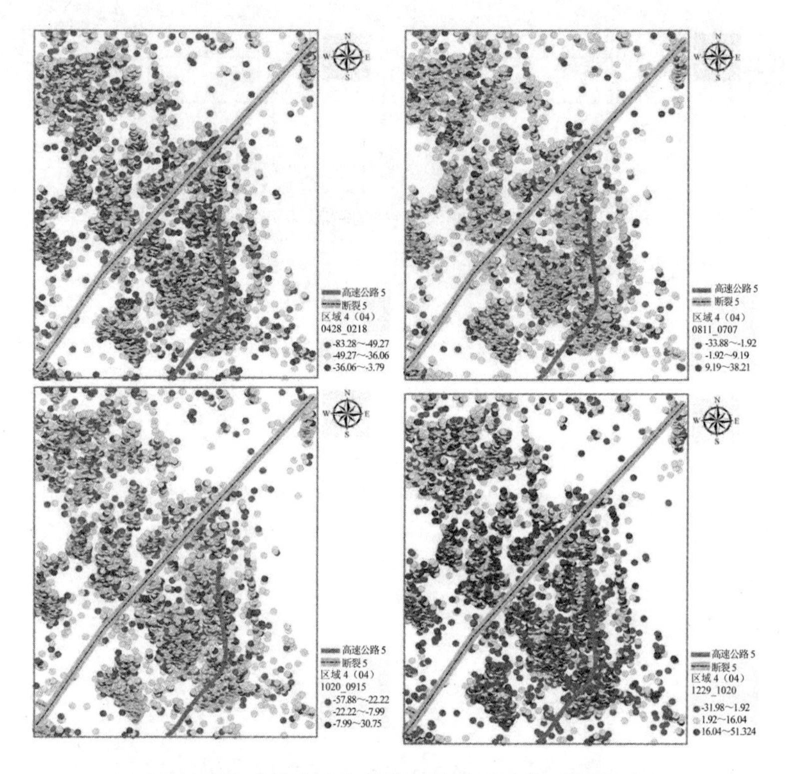

图 4-51　PS 点季节形变演化趋势空间分布（2004 年）

同上述区域研究，基于 GIS 空间分析平台，获取 PS 点季节形变演化趋势空间分布如图 4-51 所示，采用 Natural breaks（Jenks）的分类方法，将区域内的 PS 点分为三类：较大沉降量、中值和较小沉降量（或者较大反弹量）。结果表明典型区域 5 内季节性变化格局同样存在差异性，PS 点的沉降值差异较大，但空间分布较为均匀：春季，三级别的 PS 点时空分布和数量均较为均匀，不均匀沉降情况不明显；夏季和秋季，区域内均是中值的 PS 点占主导地位，分布较为均匀；冬季，较大沉降量的 PS 点（–31.98～

1.92 mm）在总量占主导地位，同样呈小团状均匀分布，其他两等级的 PS 点零星状交替分布于区域中。

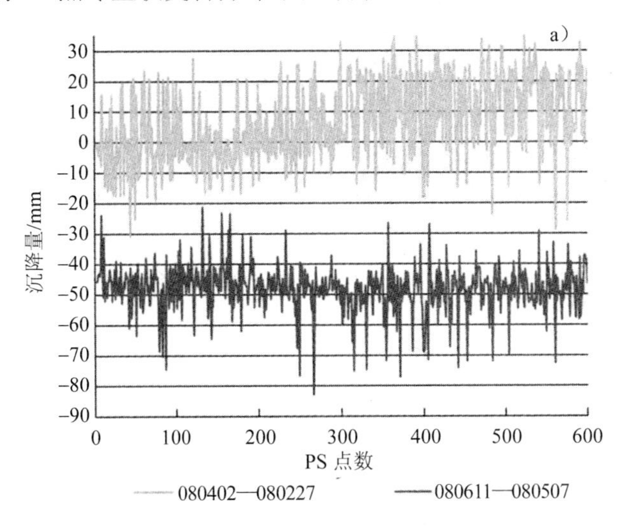

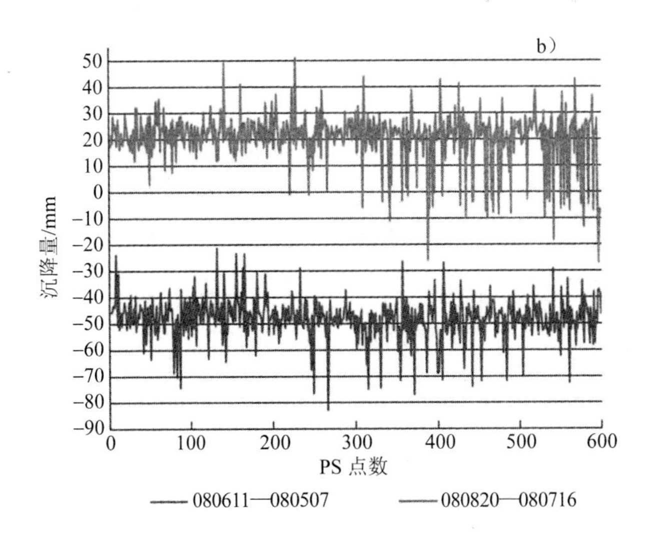

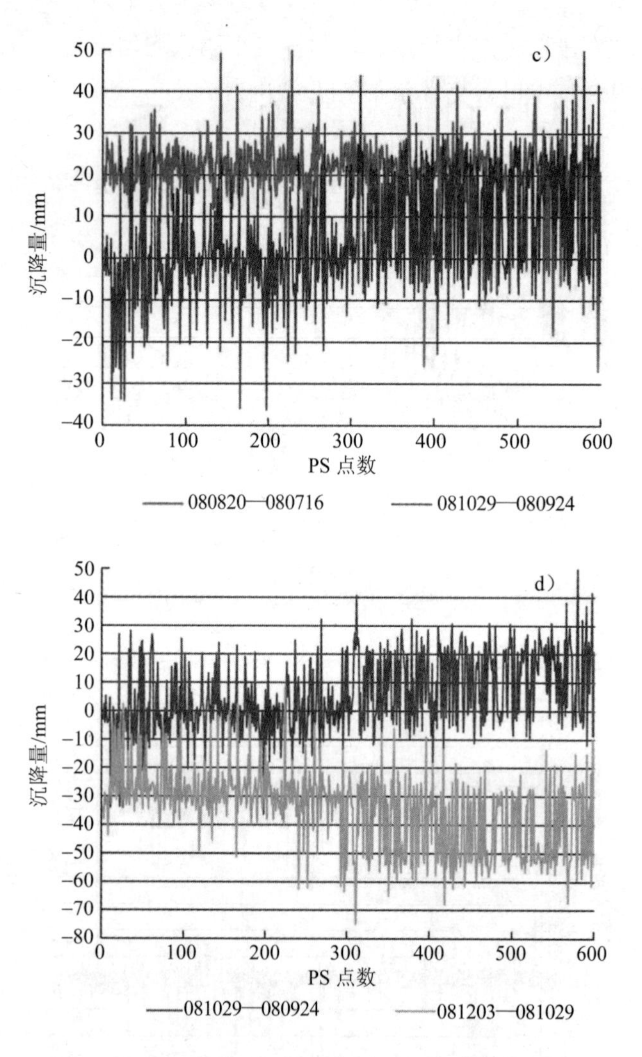

图 4-52　PS 点季节形变演化趋势分布（2008 年）

分析表明，2008 年，PS 点春季的形变量整体小于春末夏初形变量[图 a）]，春末夏初无上升的 PS 点，而春季有 74%的点处于上升状态，最大上升量为 35.23 mm；夏季的沉降趋势相对春末夏初有所缓和，但波动性较大，虽然呈上升状态的 PS 点的个数相对春季略少，但最大上升量达到 50.97 mm（图 b））；秋季，近 50%PS 点沉降量有所下降，最大沉降量达到–37.86 mm，其余 PS 点的沉降量基本保持很小的变化[图 c）]；而冬季[（图 d）]，沉降幅度再度加大，基本无反弹上升的 PS 点，最大沉降量达到–76.81 mm。整体而言，2008 年，PS 点的季节态势是，季节波动性较大，春季和夏季均小于春末夏初季节，秋季有所缓和，冬季再次加剧。

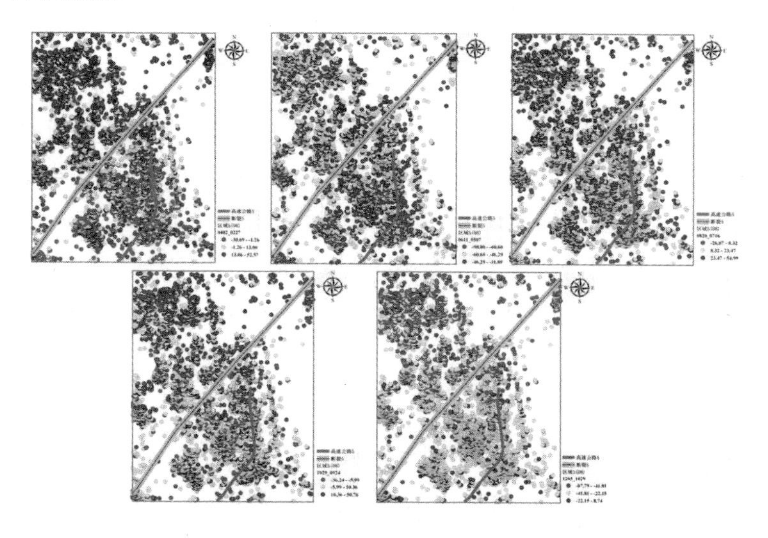

图 4-53　PS 点季节形变演化趋势空间分布（2008 年）

基于 GIS 空间分析平台，获取的 2008 年度 PS 点季节形变演化趋势空间分布如图 4-53 所示，结果表明典型区域 5 内 2008 年度 PS 点的季节形变空间分布与 2004 年不同，季节时空格局差异性较大，并基本呈现以前门—良乡—顺义断裂为界的特征：春季，以前门—

良乡—顺义断裂为界，较大沉降值的PS点（–30.69～–1.26 mm）主要分布在断层的东南侧，上升的PS点（13.06～52.27 mm）则分布在西北侧，而中值的PS点则交替呈零星状分布于区域内；春末夏初和夏季的时空格局基本类似，区域内较大沉降量的PS点较少，其他两个类别的PS点较均匀地分布于各方向；秋季，较大沉降量的PS点（–36.24～–5.99 mm）较少，中值和反弹的PS点以断层为界，分布主要位于断层的东南侧和西北侧；冬季，同样以断层为界，较大沉降量的PS点（–87.79～–41.81 mm）和中值的PS点（–41.81～–22.15 mm）分别位于断层的西北侧和东南侧，而较小沉降量的PS点在总量中的所占比例较少，且零星状分布于区域中。

综上所述，典型区域5内：2004年度与2008年度区域地面沉降的季节性时空变异特征明显。2004年，PS点的沉降值差异较大，但空间分布较为均匀；2008年，区域形变季节波动性较大，春季和夏季均小于春末夏初季节，秋季有所缓和，冬季再次加剧，空间分布格局基本呈现以前门—良乡—顺义断裂为界的特征。

4.3.2 5个典型区域的PS点位沉降趋势综合分析

从图4-54（5个典型区域PS点沉降速率比例分布图）可以看出，其中，区域1、2、5中，占比例较大PS点的沉降速率处于–30～–20 mm/a，区域3占总数54%的PS点的年沉降速率则小于–10 mm/a；区域4占总数48%的PS点的沉降速率值为–20～–10 mm/a。区域2、3、4中，PS点的沉降速率大于–40 mm/a的占各区域PS总量的比例最小，区域1中，占比例最小的PS点的沉降速率值小于–10 mm/a，区域5内，占比例最小的PS点的沉降速率值处于–20～–19 mm/a。整体而言，区域5沉降整体性较好，也就是不均匀沉降态势较小，而其他四个区域，沉降速率的分布不均匀性较大，即是不均匀沉降演化形势明显。

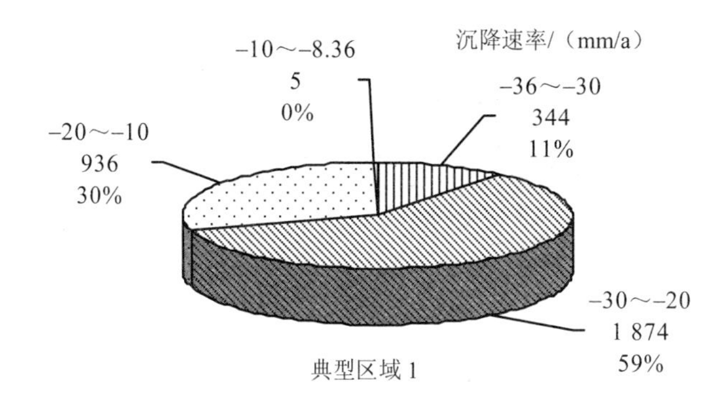

典型区域 1

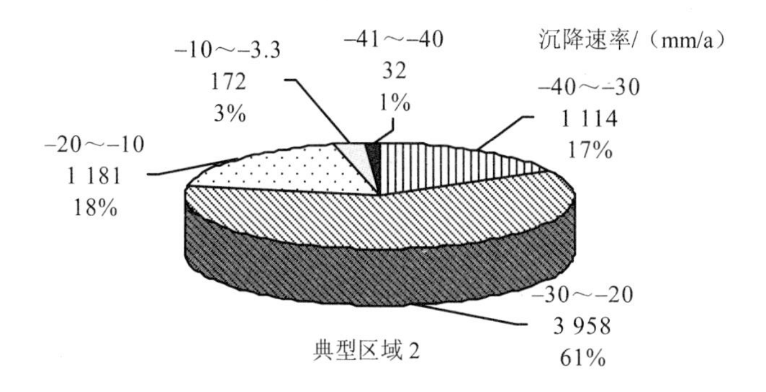

典型区域 2

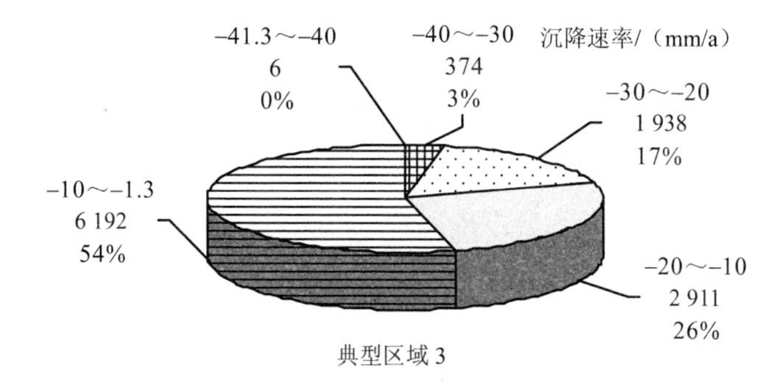

典型区域 3

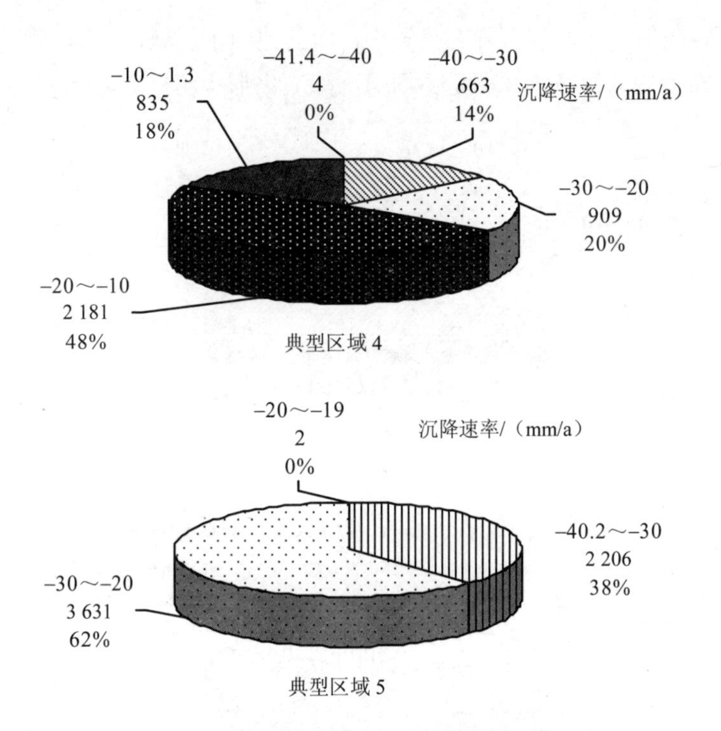

图 4-54　5 个典型区域 PS 点沉降速率比例分布

进一步将 5 个区域 PS-InSAR 沉降速率的均值、最大值、最小值进行分析研究如图 4-55 所示。

如图 4-55 所示，在 5 个区域内，区域 1 的最大沉降速率为五个区域中最小值，为–35.34 mm/a，其他四个区域的最大沉降速率较为相似，均在–40～–45 mm/a；最小沉降速率差异较大：最小的是区域 3，其他依次升序排列为：区域 2、区域 4、区域 1、区域 5；平均沉降速率基本在–15～–25 mm/a，即在 10 mm 内波动，最小的同样是区域 3，其他依次升序排列为：区域 4、区域 1、区域 2、区域 5。综上所述，5 个典型区域的地面沉降态势，沉降趋势最小的是区域 3，沉降趋势最大的是区域 5，沉降梯度最小的是区域 1（图 4-55 中三个速率），结合表 4-5 的每个区域的浅表层空间利用情况，综合分析结果可以说明，浅地表空间利用的复杂情况在一定程度上影响着区域的不均匀沉降态势，空间利用情况越简单，沉降的梯度相对越小，不均匀沉降趋势越小。

表 4-5　5 个典型区域浅表层空间利用情况

区域	浅表层空间利用情况
区域 1	基本无交通线穿过
区域 2	八达岭高速公路和多条铁路穿过
区域 3	CBD 及其影响区域，铁路、高速公路、地铁穿过
区域 4	京津城际铁路辐射区域，同时有高速公路
区域 5	顺义机场辐射区域，同时有机场轻轨、铁路、高速公路穿过

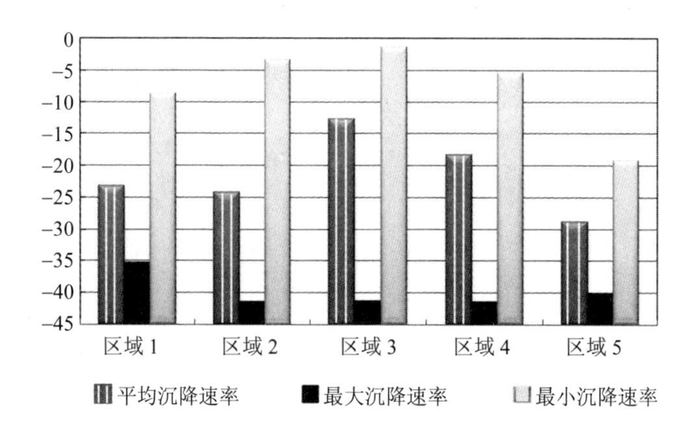

图 4-55　PS 点沉降速率比较分布

4.4 本章小结

本章主要是在优化选取 SAR 数据、预处理后，采用小基线、PS 干涉测量方法融合技术，获取区域地面沉降监测信息，并进行精度验证。

通过对覆盖北京地区的 29 幅 ASAR 图像，进行融合 PS-小基线 InSAR 干涉处理，获取了研究区时间序列的干涉测量结果。2003—2009 年，北京地区的地面沉降发展较为迅速，最大年沉降速率为–41.43 mm/a；从 InSAR 年沉降速率的趋势发现，地面沉降尤其是不均匀沉降的时空展布程度和范围仍会进一步地逐年加剧。

在区域浅表层空间[地铁、城市密集建筑群（CBD）、立体交通网络设施]不同的变异模式下，采用移动窗口，选取 5 个典型的小区域，分析时间序列的不均匀沉降的演化过程：

①典型区域 1：不同年度，区域地面沉降的季节性的变化差异性较大。2004 年，季节性形变特征比较明显，PS 点的沉降情况是：春秋季节比冬夏季节幅度大，空间分布具有不均匀性的特点；2008 年，季节性形变特征波动性十分大，春季沉降量较小，春末夏初的一个月内沉降幅度极大，夏季、秋季沉降有所好转，秋末冬初，沉降形势再次加剧，出现了一年内最大沉降值，即春季和冬季沉降幅度较大，最大沉降量出现在冬季；其空间演化特征是基本呈团状聚簇式分布。

②典型区域 2：同年度内，时间上沉降波动明显，但空间分布较为均匀，不均匀沉降的情况不明显。其次，2004 年与 2008 年沉降情况在空间上展布特点比较类似，春季较小形变量主要分

布在北方向，其他季节不同等级沉降量的 PS 点呈较为均匀离散状分布。

③典型区域 3：不同年度，区域地面沉降的季节性的变化差异性较大。2004 年，季节性波动比较明显，PS 点春秋季节沉降幅度大于冬夏季节；2008 年，季节性形变变化不大，但两个年度，PS 点的空间分布差异性均较大。

④典型区域 4：2004 年度与 2008 年度区域地面沉降的季节性的时空变异性较大。2004 年，春秋季节大于冬夏季节，但秋季情况特殊，有近 1/3 的点沉降量基本与夏季不变，PS 点季节的形变空间分布格局大体相同，差异性不大，且分布较为均匀；2008 年，季节变化的幅度不大，但是 PS 点的波动性变化较大，不均匀情况变异较大，同时，季节时空格局差异性也较大。

⑤典型区域 5：2004 年度与 2008 年度区域地面沉降的季节性时空变异特征明显。2004 年，PS 点的沉降值差异较大，但空间分布较为均匀；2008 年，区域形变季节波动性较大，春季和夏季均小于春末夏初季节，秋季有所缓和，冬季再次加剧，空间分布格局基本呈现以前门—良乡—顺义断裂为界的特征。

⑥5 个典型区域的地面沉降态势，沉降趋势最小的是区域 3，沉降趋势最大的是区域 5，沉降梯度最小的是区域 1。综合分析结果可以说明，浅地表空间利用的复杂情况在一定程度上影响着区域的不均匀沉降态势，空间利用情况越简单，沉降的梯度相对越小，不均匀沉降趋势越小。

第 5 章 地下水流场动态变化与地面沉降响应特征

采用 GIS 空间分析、多源遥感技术、优化选取统计分析方法等，基于长时间序列的气象监测资料和地下水监测信息，遥感提取土地利用、土地变化信息，系统分析了北京地区降雨时空演化特征，进而揭示了地下水漏斗形成及对降雨补给变化的动态响应。在此基础上，结合地下水动态长期观测网数据、补充勘探数据、InSAR 监测结果，构建空间数据场，系统分析北京地区地下水漏斗动态变化和地面沉降响应演化特征。技术流程如图 5-1 所示。

5.1 降雨时空变异特征对地下水补给影响分析

5.1.1 理论方法

1）降雨数据空间化

首先对北京市 21 个国家级气象站降雨观测数据进行空间插值。常用的空间插值方法有反距离权插值、样条插值、克里金插值等。其中克里金插值法的特点是不仅考虑距离，而且通过变异函数和结构分析，考虑了已知样本点的空间分布和空间方位关系。克里金插值具有较高的插值精度，其主要优势是利用半方差函数来反映插值对象的空间相关性，也能对采样密度高的空间数据完成降雨数据的空间插值估算（朱会义，2004）。本研究采用克里金插值方法。

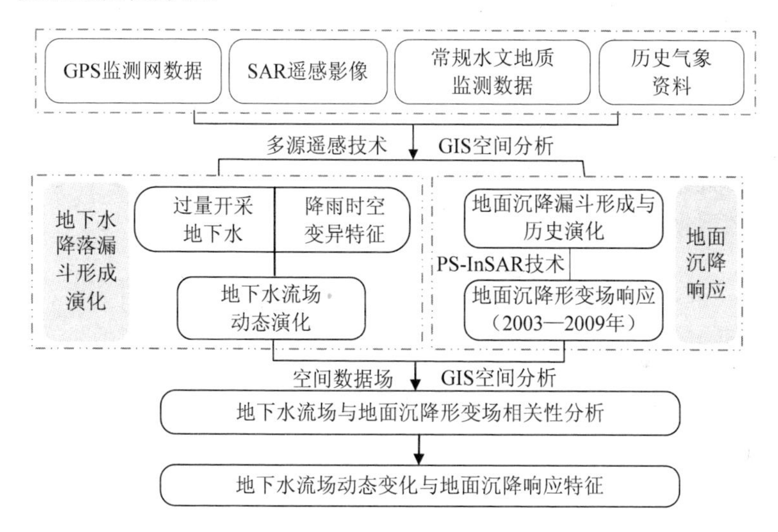

图 5-1　地下水流场动态变化与地面沉降响应特征技术流程

克里金插值方法法一般包括以下几种：普通克里金、简单克里金、泛克里金、协同克里金等。不同的克里金方法有各自的适用条件，当假设属性值的期望是未知时，选用普通克里金插值方法；本研究中采用此方法。

在进行插值运算之前，先要进行离群值检验，其目的是避免异常值造成的参数错误或者输出结果变形。

普通克里金插值方法，其公式为 $z(x_0)=\sum_{i=1}^{n}\lambda_i z(x_i)$。

其中 $z(x_i)(i=1,\cdots,n)$ 表示 n 个样本点的观测值，$z(x_0)$ 表示待定点值，λ_i 表示权重，权重则由克里金方程组来决定。

$$\begin{aligned}&\sum_{i=1}^{n}\lambda_i c(x_i,y_j)-u=c(x_i,y_j)\\&\sum_{i=1}^{n}\lambda_i=1\end{aligned} \tag{5.1}$$

其中，$c(x_i,x_j)$ 表示测站样本点之间的协方差，$c(x_i,x_0)$ 表示测站样本点与插值点之间的协方差，μ 表示拉格朗日乘子。空间插值数据的结构特性由半变异函数来描述，表达式为

$$\gamma(h)=\frac{1}{2N(h)}\sum_{i=1}^{N(h)}(Z(x_i)-Z(x_i+h))^2 \tag{5.2}$$

其中，N（h）表示被距离区段分割的数据对数目，根据变异函数的特性，选取合适的理论变异函数模型（朱求安等，2004）。

进行插值运算之后要对插值结果进行误差分析。当误差小于一定范围，其结果才是真实可信的。

2）建成区面积变化计算方法

利用 GIS 的空间转换工具，将北京市土地由矢量图转化为栅格图形。运用 GIS 的空间分析和栅格计算方法，提取出 2000 年到 2009 年北京市土地利用变化图，分析城市化导致建成区扩张情况。

3）地下水有效降雨补给的计算方法

利用 GIS 的栅格计算工具，对北京平原区降雨分布图和降雨

入渗系数分区数据进行叠加计算，得出平原范围浅层地下水有效降雨补给量。计算公式如下

$$Q_{降} = a \cdot \overline{X} \cdot F \times 10^3 \tag{5.3}$$

其中 $Q_{降}$ 表示大气降雨入渗补给量（m^3）；a 表示大气降水入渗系数；$\overline{X}$ 表示研究区年平均降雨量（mm）；F 表示计算面积（km^2）（北京地下水，2008）。

基于长时间序列的气象监测资料与典型时段 TM 遥感影像，系统分析了北京地区降雨时空演化特征，进而研究由于降雨量减少与城市化扩张，导致的地下水有效补给减少，间接导致了地下水的长期过量开采，从而促使地下水流场的演化与地下水漏斗形成。

5.1.2 降雨时空变异特征分析

降水是北京市水资源的主要来源，也是影响北京市水资源变化的主要因素之一。如今全球变暖趋势对北京降水有非常大的影响，连续旱年直接导致了水资源减少（北京地下水，2008）。同时，降雨量直接影响着地下水位的变化。由于近年来降雨量减少，地表水的供应明显不足，间接造成地下水的长期超量开采。自 20 世纪 60 年代以来，北京平原地区地下水的累计超采已经达到 40 多亿 m^3，典型地区的地下水埋深已超过 40 m，城区地下水开采量已超过地下水补给量的 50%，地下水位明显下降（刘中丽，1999）。

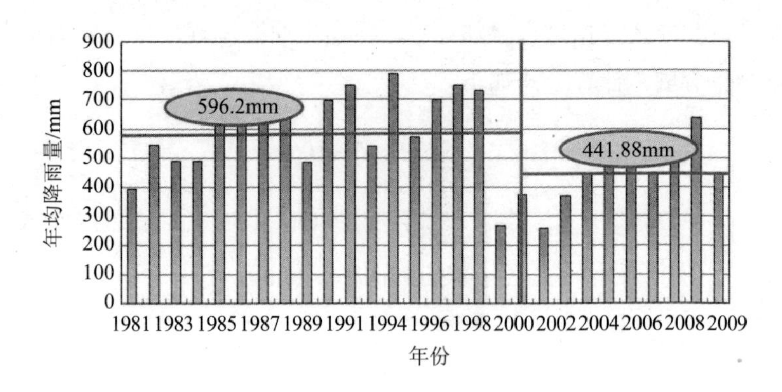

图 5-2　北京地区多年平均降雨量

从图 5-2 可以看出，北京地区降雨具有明显的年际变化特征，1981—2000 年降雨较多，年平均降雨量在 596.2 mm。而进入 21 世纪后，2000—2009 年，在全球气候变暖的影响下，降雨量明显减少（王英，2006），年平均降雨量仅为 441.88 mm。

为了探明研究区降雨近十年的空间变异特征，选取 2000 年、2006 年和 2009 年三个典型时段，采用 20 个气象站所获取的气象数据，通过 ArcGIS 的统计工具的克里金插值方法对 20 个台站的气象数据进行插值分析，获取时序变化降雨面和等值线图（图 5-3）。分析结果表明，北京降雨具有明显的空间差异特性：2000 年降雨主要集中在山区，平原区降雨量十分少，平均降雨量为 372.1 mm，且分布较为均匀；2006 年降雨量主要集中在蓟运河系—平谷地区，降雨量大于 500 mm，其他地区大都小于 500 mm；而 2009 年降雨量出现了明显的东西分界线，主要集中在中心城区以及东部地区，降雨量均大于 520 mm，且分布较为均匀。

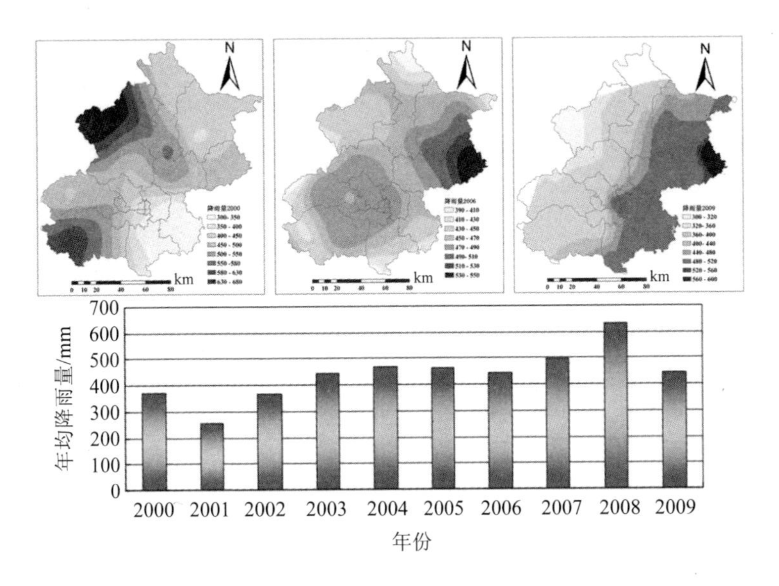

图 5-3　北京地区降水时空分布（2000—2009 年）

5.1.3　降雨补给与地下水、地面沉降相关性初析

在降雨量大幅减少的同时，由于城市化进程的加速，城市的兴建和发展使得大面积的天然植被和土壤被街道、工厂、住宅等建筑物代替，下垫面的滞水性、渗透性、热力状况发生了变化，不透水面积逐年增加（冉茂玉，2000），补给面积逐年减少，降低了对地下水的有效补给。

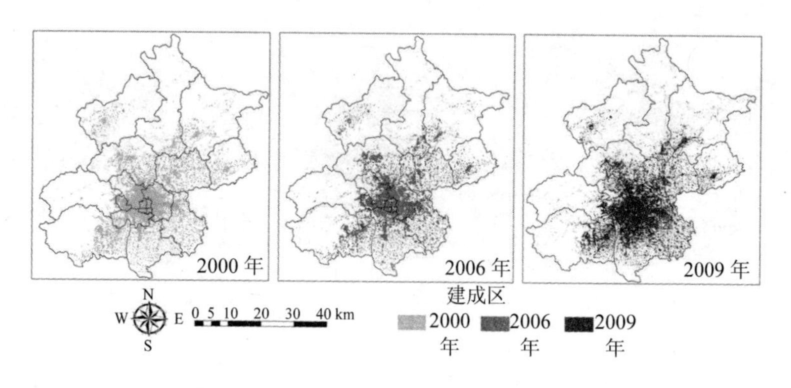

图 5-4　北京地区建成区扩张时空变化（2000—2009 年）

选取覆盖北京地区 TM 三期遥感影像（2000 年、2006 年、2009 年），采用土地利用监督分类方法，结合目视解译，在 Erdas 遥感软件、GIS 空间分析平台，获取北京地区建成区时空扩张变化信息：2000 年北京城乡工矿居民用地（建成区）总面积 2 246.94 km^2，2006 年增长为 2 344.97 km^2，而 2009 年的总面积则为 2 767.22 km^2；由此可说明，随着北京城市化的发展，2000—2009 年，中心城区的建成区扩张稳步加剧，即不透水面积比例逐年增加，从区域水循环的角度来推测，势必降低降雨对地下水的有效补给，进而间接导致了地下水的超量开采和地下水漏斗的形成。

利用 GIS 的栅格计算工具，结合建成区时空变化图，对北京平原区降雨分布图和降雨入渗系数分区数据进行叠加计算，进一步获取出平原区浅层地下水有效降雨补给量（图 5-5），进而评估城市化对降水有效补给的影响，中心城区尤其是西城、东城与朝阳地区，地下水降雨有效补给量很小，降雨有效补给量仅占降雨量的 27.98%，其原因是由于中心城区城市扩张稳步加剧，建成区渗透系数较小，使得降雨对地下水有效补给量较少。

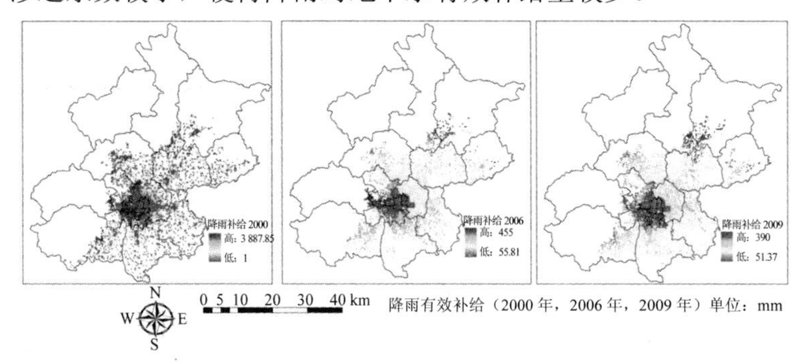

图 5-5　2000—2009 年地下水降雨有效补给时空分布

采用 GIS 空间分析栅格计算方法，得出：2000 年，研究区降雨有效补给量为 $18.81\times10^8\ m^3$，占全年降雨总量的 48%（$39.41\times10^8\ m^3$），损失 52%；2006 年，研究区降雨有效补给量为 $22.62\times10^8\ m^3$，占全年降雨总量的 39%（$57.88\times10^8\ m^3$），损失 61%；2009 年，研究区降雨有效补给量为 $25.94\times10^8\ m^3$，占全年降雨总量的 38%（$69.02\times10^8 m^3$），损失 62%。从定量角度说明了城市化扩张，建成区比例加大，不透水面积增长，降雨对地下水补给量损失越来越多；同时结合长时间序列来看（图 5-2），受全球气候变暖影响，降雨量呈逐年下降趋势，而北京市 2/3 的用水取自地下，城市扩张在使得城市人口增加、经济快速发展的同时，用水需求逐年增大，地下水开采量随之增大，平原区地下水位呈下降趋势，间接导致了地下水漏斗和地面沉降的形成和演化（图 5-6、图 5-7）。

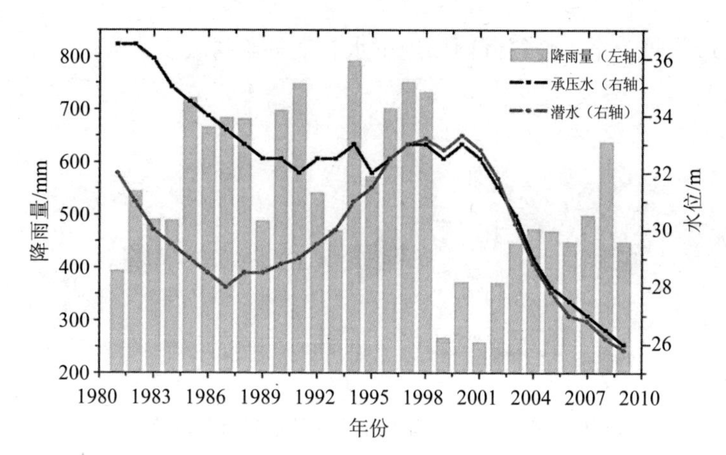

图 5-6　降雨量与地下水（承压水、潜水）时间分布（1980—2010 年）

基于时间序列的地下水观测孔数据和气象站 30 年的监测数据（图 5-6），揭示出 20 世纪后，降雨量减少，地下水超量开采，潜水和承压水水位均不断下降，进而导致了地下水漏斗的形成和地面沉降的响应。

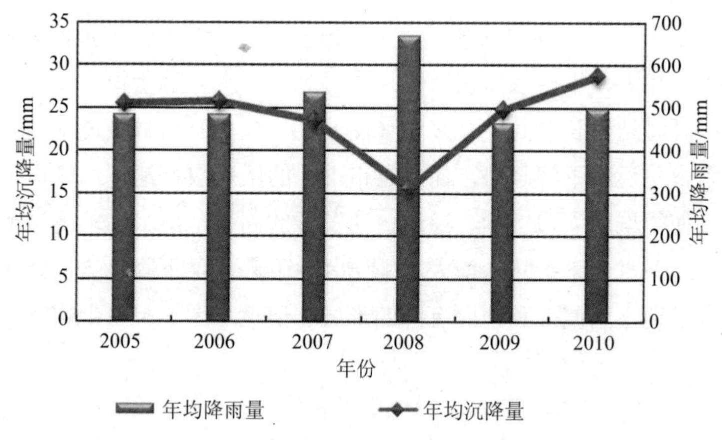

图 5-7　年均降雨量与地面沉降量关系

如图 5-7 所示，2008 年北京地区降雨量较大，对地下水有效补给充足，该年沉降量较 2007 年有所缓和，而当 2009 年降雨量减少时，沉降量再次增加。由此可以看出，降雨量与地面沉降量具有明显的相关性，总体来说呈反比关系，即降雨量增加，降雨有效补给增大，地下水位上升，沉降量减少；降雨量减少，地下水有效补给减少、地面沉降则呈较快发展趋势。

5.2 地下水漏斗变化与地面沉降的响应演化

5.2.1 地下水漏斗形成及动态变化

采用 GIS 技术，统计分析方法，结合长时间序列的监测资料，揭示了北京地区地下水漏斗的形成及动态变化。

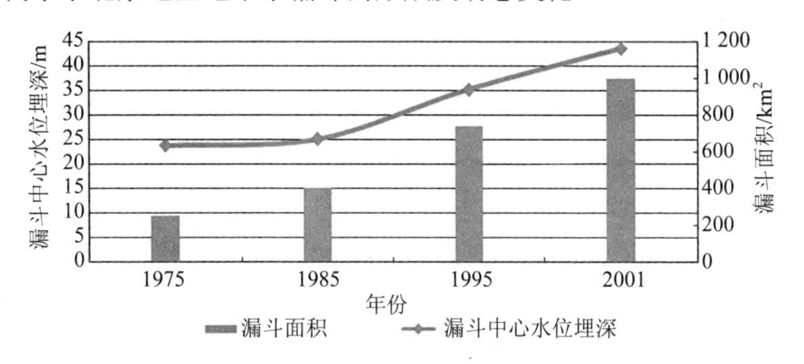

图 5-8 北京地区地下水漏斗形成和演化

如图 5-8 所示，北京地区地下水漏斗形成于 1975 年，漏斗区中心水位埋深为 23.75 m，面积约 250 km^2；截止到 2001 年，地下水漏斗中心区的水位埋深增加到 43.60 m，面积扩大到约 1 000 km^2。因此，整体来看，北京地区由于过量开采地下水，自 1975 年局部形成至 21 世纪初期，地下水漏斗发展演化十分迅速，水位持续下降（水位埋深持续增加），面积不断扩大（北京地下水，2008）。

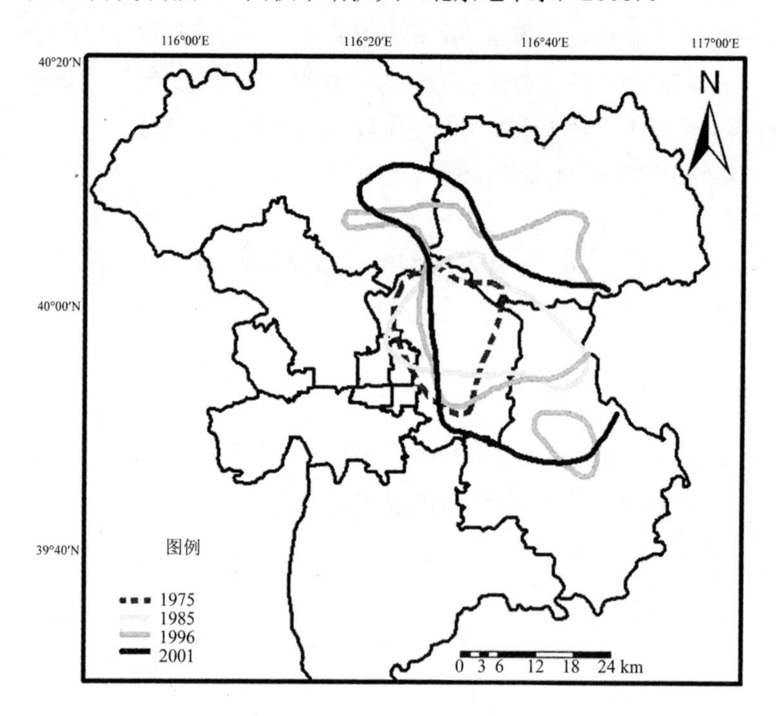

图 5-9　北京地区地下水漏斗空间发展变化（1975—2001 年）

基于 GIS 的空间分析，揭示了北京地区地下水降落漏斗的形成与演化过程，如图 5-9 所示，1975 年，地下水漏斗主要形成在朝阳地区八里庄一带，面积为 250 km^2，到 1985 年，漏斗的空间展布模式主要向东郊方向发展，扩展速率为 12.5 km^2/a。随后的十年，地下水漏斗的逐渐向东、向北方向辐射状延伸，扩展速率为 34 km^2/a；截止到 2001 年，随着郊区地下水开采的迅速增加，漏斗已遍及顺义、昌平西部、通州及朝阳东部，面积达到

1 000 km²。

采用地下水水位监测数据，进行地下水漏斗变化三维显示（2005—2009 年），同时基于 GIS 空间分析平台栅格计算，分析近年来地下水漏斗的变化趋势（如图 5-10 至图 5-14 所示）：2006 年地下水下降快速（地下水位埋深大于 10 m）的区域面积约为 5 050 km²，相比 2005 年，增加了约 150 km²，其展布模式略向东北方向扩展；2007 年，地下水位埋深大于 10 m 的区域面积约为 5 194 km²，较 2006 年增加 145 km²；2008 年，其面积约为 5 250 km²，比 2007 年增加 56 km²；2009 年，其面积为 5 368 km²，相比 2008 年，增加了 118 km²。可以看出，2005—2009 年，地下水漏斗中心主要在朝阳东部地区，地下水严重下降区域面积不断扩大，地下水沉降漏斗的空间展布模式逐步向东北方向扩展。

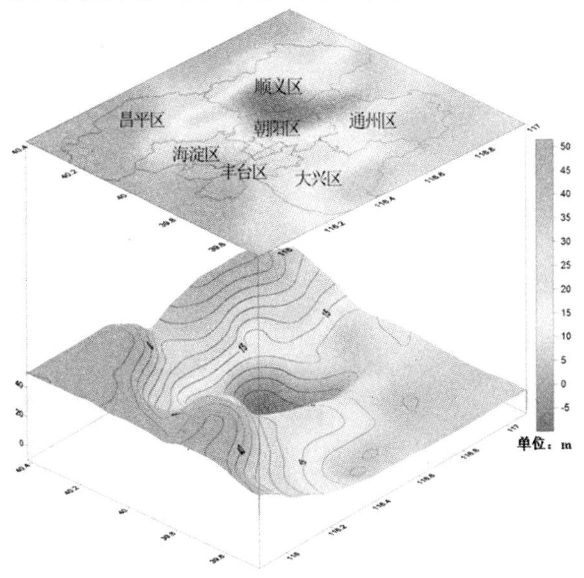

图 5-10　2005 年地下水漏斗变化趋势

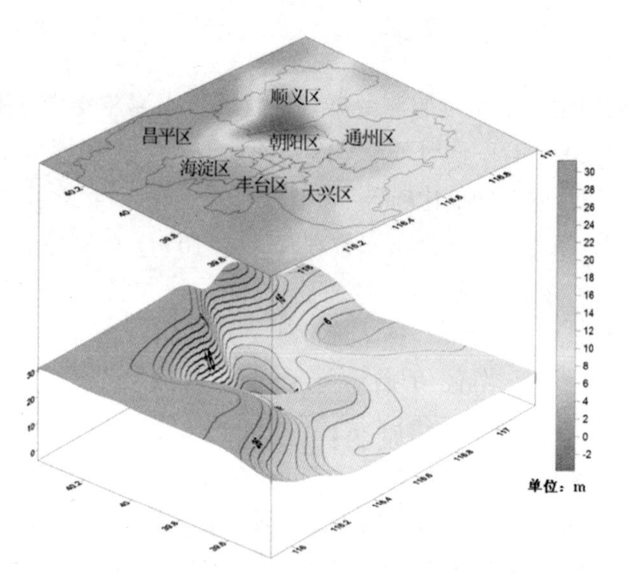

图 5-11　2006 年地下水漏斗变化趋势

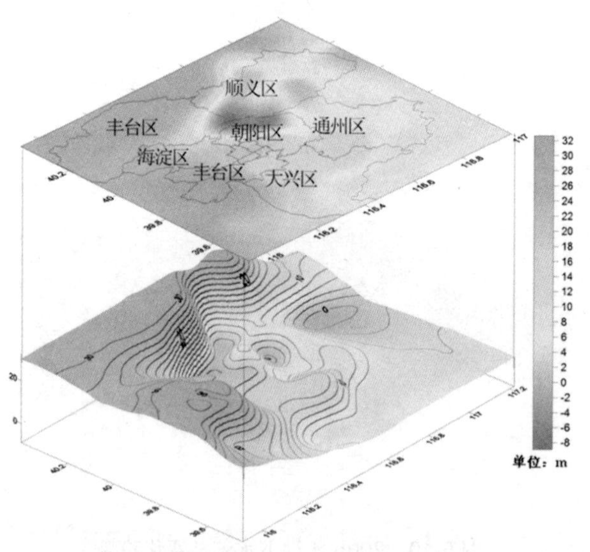

图 5-12　2007 年地下水漏斗变化趋势

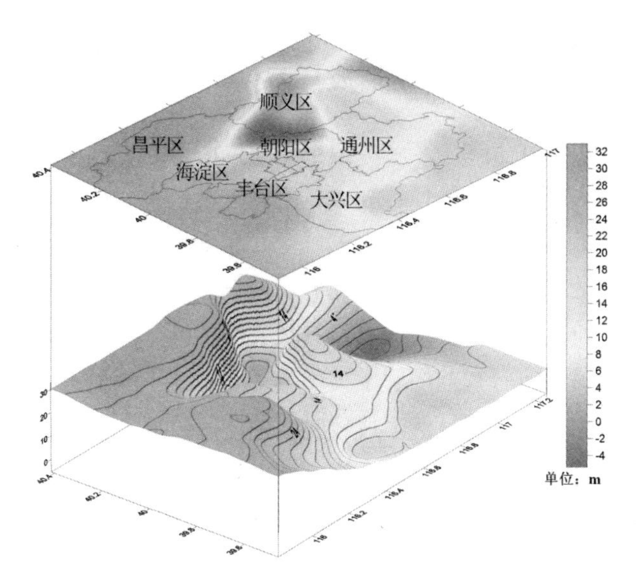

图 5-13　2008 年地下水漏斗变化趋势

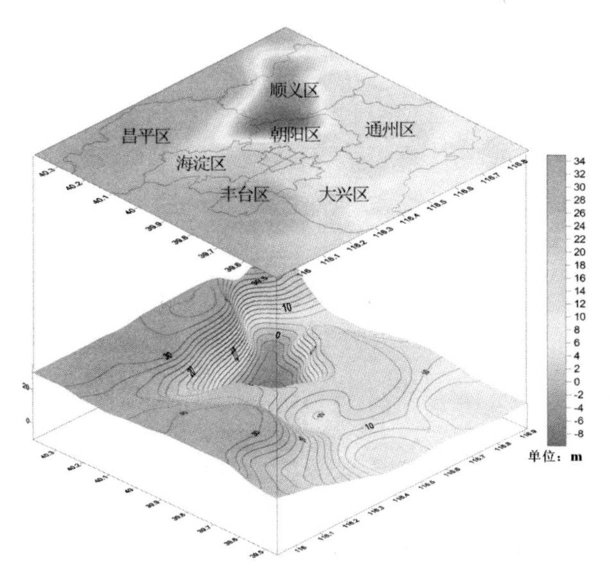

图 5-14　2009 年地下水漏斗变化趋势

5.2.2 地面沉降漏斗的形成与演化

长期超量开采地下水，造成地下水位的大幅下降导致含水层上覆土层孔隙水压力降低，使土层固结失水，土层压缩，含水层颗粒排列更趋紧密，形成地面沉降（北京地下水，2008）。

朝阳区东八里庄—大郊亭地面沉降漏斗、来广营地面沉降漏斗是北京地区沉降历史最长，最具代表性的两个漏斗，而北京郊区（以昌平沙河—八仙庄、大兴榆垡—礼贤地、顺义平各庄）为代表的新的沉降区，虽然形成较晚，但沉降发展十分迅速。基于GIS的空间分析与常规监测资料，分别揭示出以上五个地面沉降漏斗的形成和时空演化特征（见图5-15、图5-16）

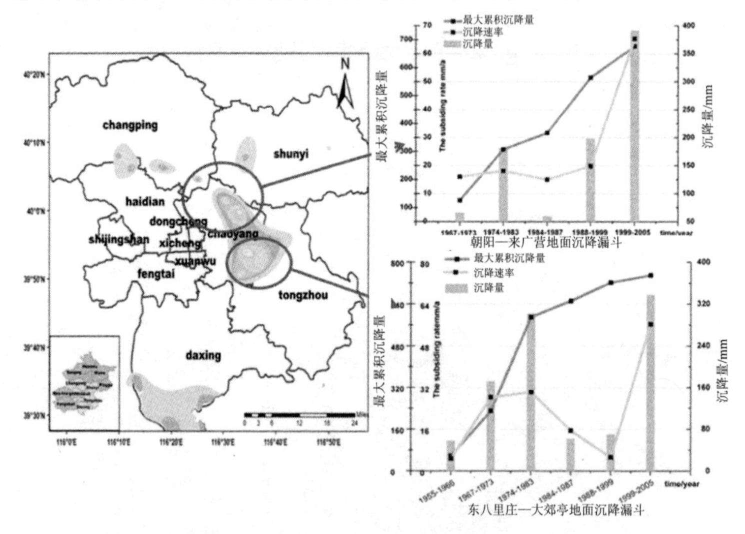

图 5-15 东八里庄—大郊亭、来广营地面沉降漏斗形成与演化

如图5-15所示，朝阳区东八里庄—大郊亭地面沉降漏斗局部形成于 1955—1966 年，沉降量为–58.4 mm，局部沉降速率为

–4.8 mm/a；80 年代中期以后，随着郊区地下水开采的增加，该区的地下水开采量得到控制（北京地下水，2008），因而地面沉降累积沉降量虽然仍在逐年增加，但沉降速率有所下降，随着1999 枯水年的到来，地下水水位的持续下降，地面沉降形势再次恶化，6 年间（1999—2005 年），沉降量为–392 mm，沉降速率增加到–56.3 mm/a，最大累积沉降量达到–750 mm。

来广营地面沉降漏斗形成与演化过程跟东八里庄沉降漏斗极为相似，形成于 1967—1973 年，沉降速率为–16 mm/a，沉降量为–66 mm；同样，80 年代中期以后，该区的地下水开采量得到控制，沉降的发展趋势有所减缓，1998 年以后北京地区持续的干旱少雨，沉降漏斗的发展再次加剧，截止到 2005 年，该区地面沉降速率高达约–65.4 mm，累积最大沉降量达到–677 mm。

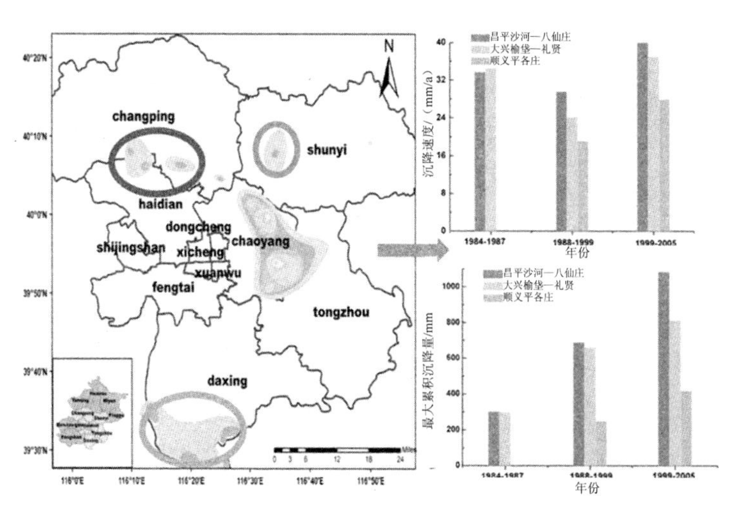

图 5-16　昌平沙河—八仙庄（图中紫色）、大兴榆垡—礼贤地（图中绿色）、顺义平各庄地面沉降漏斗（图中灰色）形成与演化

由于80年代后期到90年代末期，东郊地区采取了较为严格的地下水开采量控制措施（王萍，2004），随着开采量减小，水位下降速率减缓，地面沉降速率也明显减缓。但同时北京远郊区（如昌平沙河、大兴榆垡镇等地区）在这一时期地下水开采量不断增加，从而形成了几个以昌平沙河—八仙庄、大兴榆垡—礼贤地、顺义平各庄为代表的新的沉降区，同时沉降保持较为迅速的发展。如图5-16所示，截止到2005年，昌平沙河—八仙庄、大兴榆垡—礼贤地、顺义平各庄地面沉降漏斗的沉降速率分别为–66.3 mm/a、–37 mm/a、–28 mm/a。其中昌平沙河—八仙庄出现了北京最大累积沉降量1 086 mm，沉降发展十分迅速。

综合以上5个典型沉降区的发展态势，可以发现，1999—2005年是北京地区地面沉降漏斗快速发展时期，第4章结合过境基线和存档数据等因素，选取北京地面沉降快速发展阶段典型时间序列（2003—2009年），采用ASAR数据、SRTM数据，进行了融合小基线和PS-InSAR技术的干涉处理（Hooper，2004），获取地面沉降形变信息，与历史常规沉降信息相互验证研究，揭示北京地区地面沉降时空发展趋势。

根据InSAR时间序列形变结果分析，北京地区地面沉降存在着季节波动特性（图5-17左图），秋冬季节的地面沉降范围和幅度大都大于春夏季，例如（图5-17左图中紫色框所示），2004年1月14日SAR图像形变幅度和范围明显大于同年7月7日的结果，其原因是由于春夏季节降雨量较多，地下水补给相对较多，地下水开采量较少，使得随着地下水位的缓慢抬升，地面沉降的幅度和范围较秋冬季节有回弹现象的出现。同时，研究结果表明北京地区地面沉降速率差异性很大（图5-17右图中红色正值表示沉降）最大年沉降速率约为–41.43 mm/a，栅格计算结果表明，沉降速率大于 30 mm/a 沉降面积为 1 937.29 km^2，主要分布在朝阳东部、顺义西部、昌平东南部和通州西北地区，沉降漏斗连成一片。

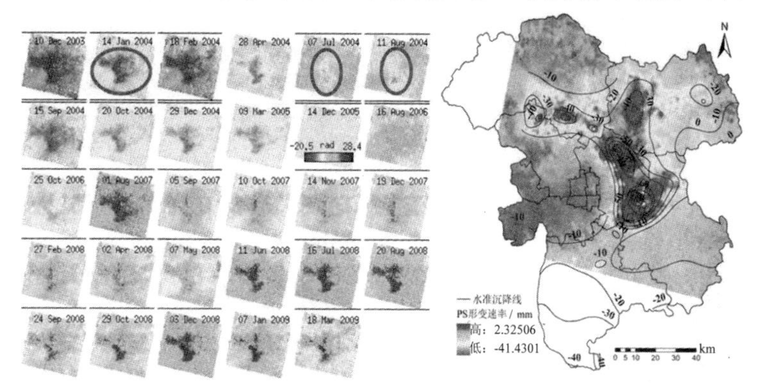

图 5-17　北京地区 PS-InSAR 地面沉降结果

（左图为形变量值，右图为形变速率图）

5.3　地面沉降与地下水流场相关性分析

5.3.1　趋势性分析

根据以往研究成果表明，超量开采地下水是引起北京平原区地面沉降的主要外因。地面沉降速率和沉降量与地下水水位下降量密切相关。

结合地下水位等值线（2003—2009 年）与 2003—2009 年融合 PS 和小基线 InSAR 提取形变结果，综合分析地面沉降响应趋势与地下水流场相关性（图 5-18），揭示了地面沉降发生较为严重的地区也正是水位埋深较大的地区，主要分布在顺义天竺地区、朝阳地区及通州西北处，这说明北京地区地下水流场变化与地面沉降响应发展具有较好的一致性。

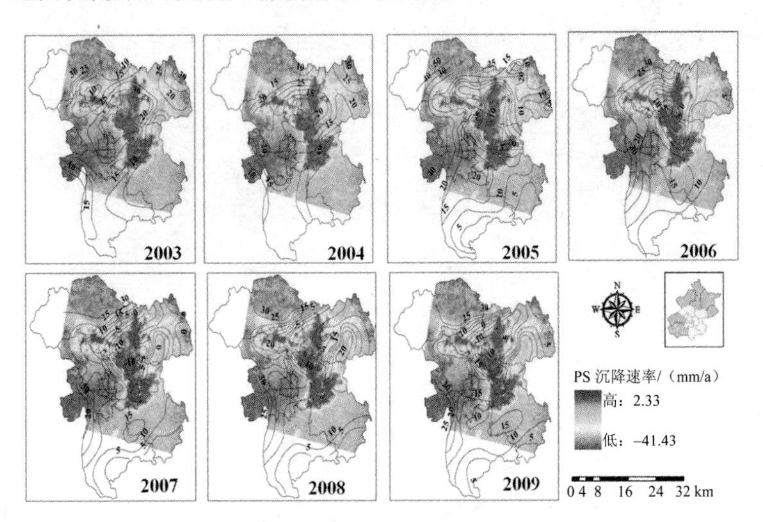

图 5-18　地下水水位等值线与地面沉降速率

进一步，将 2003—2009 年的地下水位等值线构建 TIN 后，采用栅格图形运算方法，表征 7 年间地下水位流场动态变化（图 5-18），揭示 7 年间地下水位的下降趋势，进而结合 InSAR 地面沉降空间演化趋势，进行综合空间相关性分析。分析结果发现地下水漏斗与地面沉降漏斗空间位置虽然存在一致性，但并非完全吻合（图 5-19）；地下水位降落漏斗主要分布于顺义天竺地区、朝阳东北地区，近年来，该地区地下水水位处于持续下降状态，下降的平均速率为 2.66 m/a，漏斗中心的最大下降速率可达到 3.82 m/a；InSAR 时间序列的地面沉降趋势图[图 5-19（右）]，表明地面沉降漏斗不仅涵盖了顺义天竺、朝阳地区，同时通州地区地面沉降漏斗演化趋势也十分明显，最大地面沉降速率达到 41.43 mm/a，其原因可能是近年来，原有的朝阳地面沉降漏斗区地下水的开采有所减少，集中开采地区向东北郊区方向延伸，所以导致以天竺—通州地面沉降漏斗空间展布范围不断扩大。

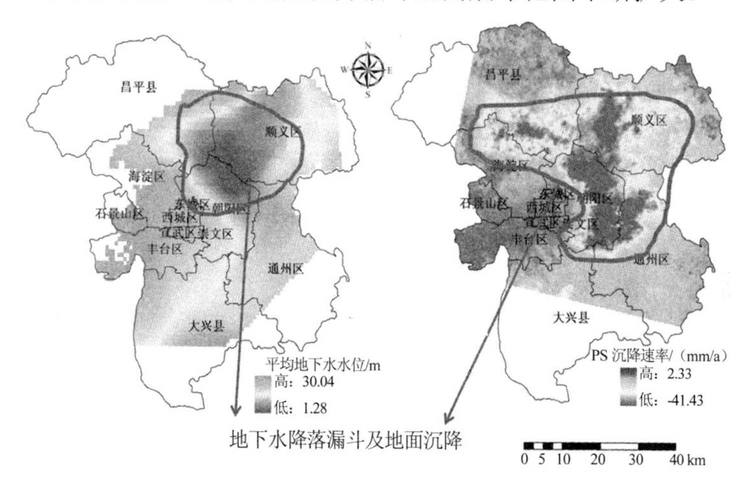

图 5-19 研究区地下水位与地面沉降趋势（2003—2009 年）

分析也说明了虽然北京地区地面沉降发生的主要原因是地下水的开采，但地面沉降的空间展布区域也可能与可压缩层厚度、地层构造、开采地下水的层位等水文地质条件存在相关性。

5.3.2 地面沉降演化与不同含水层系统的相关性定量分析

基于融合 PS 和小基线 InSAR 技术获取的地面沉降时序形变结果，结合同时间序列的不同含水层系统的地下水常规监测资料，进一步定量分析地面沉降演化与不同含水层系统的相关性。

如图 5-20 所示，以表 4-5 中选取的 5 个典型区域为研究区，每个区域内分别包含潜水监测井和承压水监测井，根据 PS-InSAR 监测结果，分别选取距监测井最为邻近的 PS 点作为监测井区域地表形变的表征，分析监测井 2004—2009 年 6 年间时间序列地下水动态变化曲线和地表形变关系，比较沉降量与区域地下水水位动态变化趋势，查明地面沉降演化与不同含水层系统响应关系。

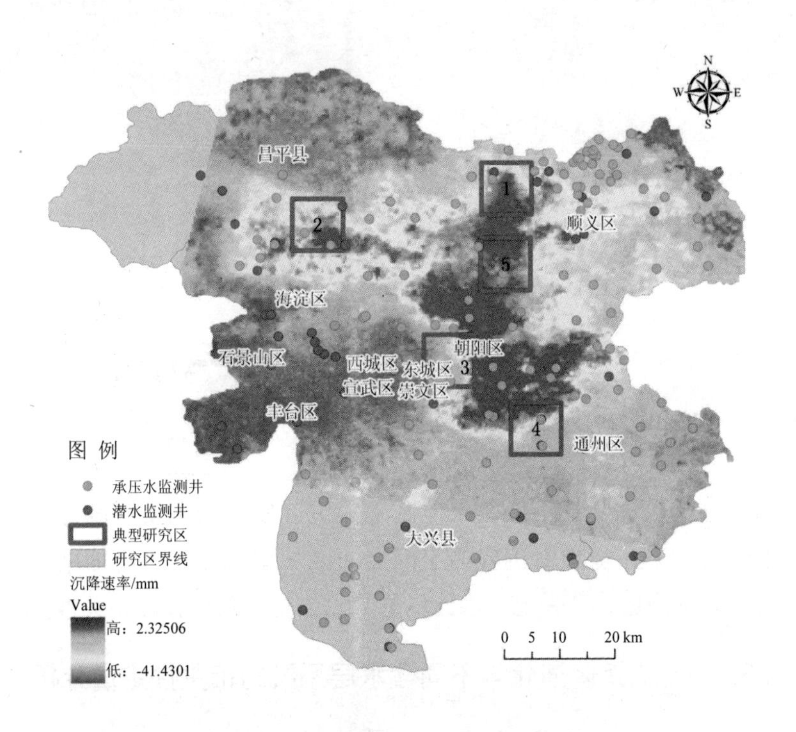

图 5-20　不同含水层系统监测井分布位置

在典型区域 1 中，选取潜水及承压水监测井各一眼，比较潜水、承压水流场动态与 PS-InSAR 地面沉降形变结果相关性，可以看出，地面沉降与承压水动态变化关系相对密切。而潜水水位的变幅与 PS 点的形变趋势虽大体相当，但具体到点位形变特征，其两者的关系并不十分一致：在 2007 年度，当潜水水位从 45.4 m

下降到 44.5 m 时，地面沉降出现上升的态势，同样 2009 年水位从 45 m 下降到 44 m 时，PS 点的形变出现了近 20 mm 的反弹；但潜水水位整体呈下降的态势，在 2004 年潜水水位标高最初为 45.2 m，到 2009 年水位最低下降到 43.2 m，整体下降 2 m；2004 年、2005 年、2006 年、2008 年潜水水位变幅趋势与 PS 点的地面沉降趋势较为一致。地下水位与沉降量出现相反的情况主要是因为潜水水位受降雨补给影响较大，呈季节性变化，每年 5—6 月水位达到最低值，6—9 月降雨量较大，为主要补给期，地下水位在 11 月左右出现峰值。而潜水水位回涨，仍出现地面沉降现象的原因可能是含水层系统中有残余压缩。

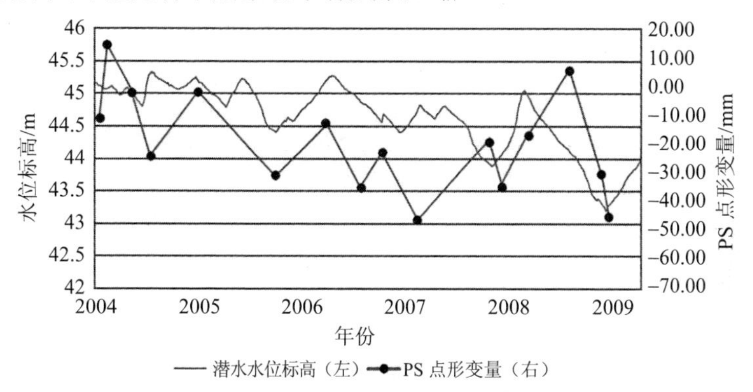

图 5-21　典型区域 1 中潜水水位与 PS 点形变值比较

图 5-22 中典型区域 1 处承压水的变化幅度与 PS 点的地面沉降趋势相关性较大，趋势基本一致。一般来说，承压水季节动态变化与潜水的变化规律基本一致，只是承压水头随降水而出现的峰值时间有所滞后，每年 6—10 月承压水处于上升期，从 10 月至翌年 6 月处于下降期，在地下水开采较小的地区，年最低水位一般出现在 5—7 月，年最高水位出现在 8—10 月，年水位变化

幅度较小（张有全，2008）。正如图 5-22 所示，一年内，当承压水达到峰值时，PS 点的形变量同样达到峰值；承压水水位处于最低值时，地面沉降的幅度也达到最大，只是相比水位下降的时间有所滞后，可能是由于弱透水层的滞后排水所致。

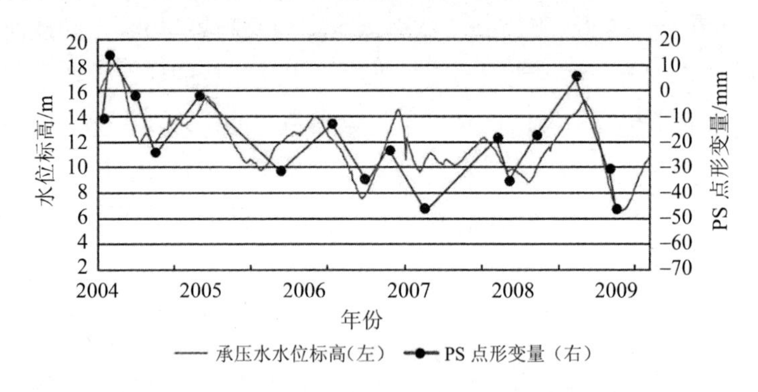

图 5-22　典型区域 1 中承压水水位与 PS 点形变值比较

书中为定量研究地面沉降量与不同含水层系统响应关系，分别求取了潜水及承压水水位变化与同时间序列地面沉降量的相关系数。由表 5-1、表 5-2 对比分析可知：地面沉降量与潜水水位变化相关性较小，相关系数为 0.365；而地面沉降量与承压水水位变化相关性较大，相关系数为 0.616；这主要是因为潜水层水位埋深较小，水位受降雨有效补给影响较大，并随季节不同呈现出“U”形水位动态变化趋势。而承压含水层水位埋深较大，受降雨影响较小，在开采量一定的情况下受外界影响较小，相比潜水含水层，承压水水位恢复较为困难。当承压水水位长期持续下降后，会导致含水层系统压缩，诱发地面沉降。因此，承压含水层水位的动态变化与地面沉降量的变化更具相关性，承压水的升降会直接影响地面沉降发生的面积及沉降量的大小。

表 5-1　典型区域 1 中潜水水位标高与地面沉降量相关系数

		潜水水位标高/m	地面沉降量/mm
潜水水位标高/m	相关系数	1	0.365
	双尾显著性		0.165
	N	16	16
地面沉降量/mm	相关系数	0.365	1
	双尾显著性	0.165	
	N	16	16

表 5-2　典型区域 1 中承压水水位标高与地面沉降量相关系数

		承压水水位标高/m	地面沉降量/mm
承压水水位标高/m	相关系数	1	0.616*
	双尾显著性		0.015
	N	15	15
地面沉降量/mm	相关系数	0.616*	1
	双尾显著性	0.015	
	N	15	15

注：*. 置信水平 0.05。

书中为了进一步探明承压水位变化与地面沉降的不同响应关系，分别在典型区域 2、3、4、5 处各选取承压含水层监测井一眼，增加了样本的数量，为验证承压水动态变化与地面沉降量相关性提供了更为充实的依据。典型区域 2、3、4、5 处的承压水位变化幅度与距离监测井最为邻近的 PS 点形变值进行趋势比较分析如下。

如图 5-23 典型区域 2 中，2004 年承压含水层最高水位标高为 31 m，截止到 2009 年最低水位标高为 17 m，在 2004—2009 年 6 年间承压含水层水位标高下降 14 m，而地面沉降量也随着水位标高的升降呈现出上下波动的趋势。在 2004 年年初，承压含水层系统水位标高较大，地表不发生沉降现象，而在 2004 年 6

月、7 月，地下水位呈明显下降的态势，从图 5-23 中可以看到 PS 点形变量从 33 mm/a 变化为−8 mm/a，表明随着水位的下降，该地区已出现地面沉降现象。在 11 月左右地下水位明显回升，地面沉降也得到相应缓解，沉降曲线呈上升的态势。同样，在 2005—2009 年，每年的地下水位变化均与地面沉降变化趋势相一致，二者具有较高的相关性。

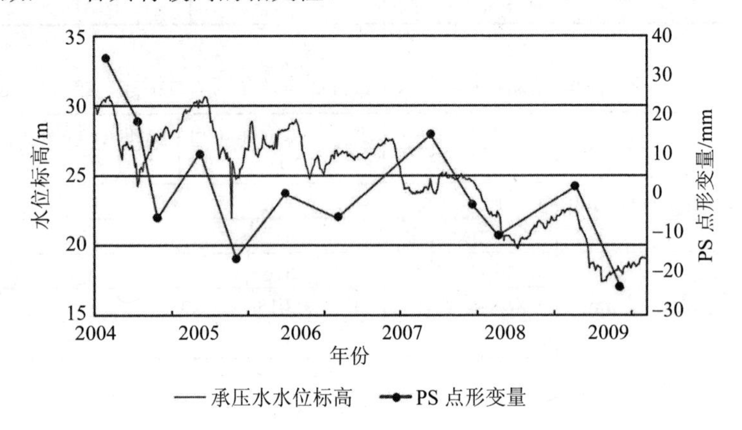

图 5-23 典型区域 2 承压水水位与 PS 点形变值比较

表 5-3 典型区域 2 中承压水水位标高与地面沉降量相关系数

		承压水水位标高/m	地面沉降量/mm
承压水水位标高/m	相关系数	1	0.641*
	双尾显著性		.034
	N	11	11
地面沉降量/mm	相关系数	0.641*	1
	双尾显著性	0.034	
	N	11	11

注：*. 置信水平 0.05。

计算区域 2 中承压含水层水位标高与地面沉降量相关系数，为 0.641。相关系数较高，表明区域 2 中承压水水位变化与地面沉降量具有较好的相关性。

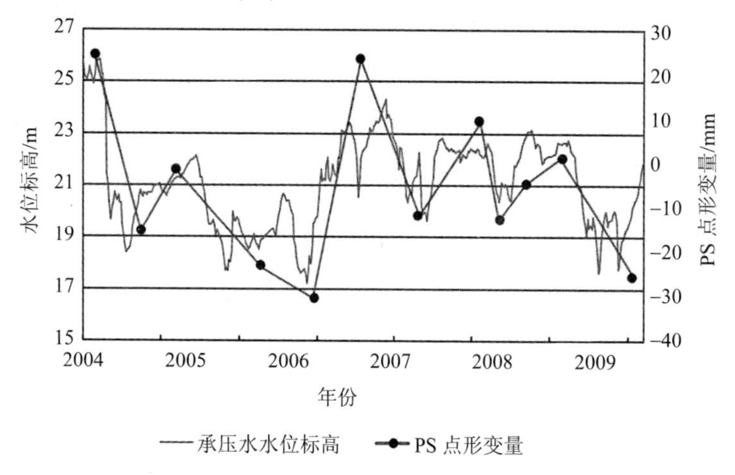

图 5-24 典型区域 3 中承压水水位与 PS 点形变值比较

如图 5-24 典型区域 3 中，2004 年承压含水层最高水位标高为 26 m，最低水位标高出现在 2006 年 11 月，为 17 m，2004—2006 年 3 年间承压含水层水位标高总体下降 9 m，期间在 2005 年出现水位回升现象，相应的监测井处地面沉降量也呈现上升，由 –22 mm/a 上升到 5 mm/a。而当地下水位再次由 22 m 下降到 18 m 时，地面沉降又开始出现，沉降量到达–25 mm/a。在 2007 年，该地区地下水开采量减少，地下水位明显回升，已大致恢复到 2004 年水平，相应的地面沉降现象得到有效缓解，2007 年与 2008 年两年的平均地面沉降量为 5 mm/a。而在 2009 年地下水位急剧下降从 23 m 下降到 18 m，从图中可以看出，地面沉降量也随之增大，最大沉降量为–25 mm/a。2004—2009 年 6 年间地下水位整体变化趋势看，该地区地下水位成上下波动的状态，地面沉降量也随之发生变化，且整体变化趋势与地下水位相一致，证实了地面沉降量与承压含水层系统水位动态变化趋势具有较高的相关性。

表 5-4　典型区域 3 中承压水水位标高与地面沉降量相关系数

		承压水水位标高/m	地面沉降量/mm
承压水水位标高/m	相关系数	1	0.850**
	双尾显著性		0.000
	N	12	12
地面沉降量/mm	相关系数	0.850**	1
	双尾显著性	0.000	
	N	12	12

注：**. 置信水平 0.01。

计算典型区域 3 中承压含水层水位标高与地面沉降量相关系数，为 0.850。相关系数较高，表明典型区域 3 中承压水水位变化与地面沉降量具有较好的相关性。

如图 5-25 典型区域 4 中，2004 年 1 月承压含水层水位标高为 34 m，2005 年 1 月水位标高达到峰值为 37 m。自 2005 年开始到 2009 年 12 月，地下水位呈波浪式下降过程，最低水位标高达到 25 m，两个峰值水位标高相差 12 m。从 PS 点形变曲线可以看出，自 2005 年以后，地面沉降量呈逐年递增的态势，最大形变量为–45 mm/a，沉降趋势较为明显，同时两条曲线之间变化趋势较为一致。

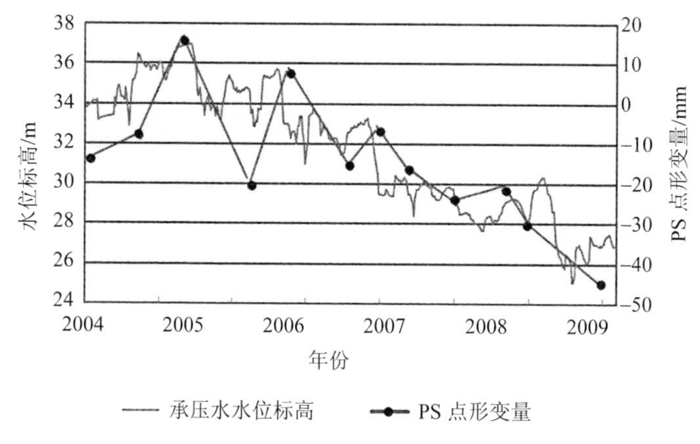

图 5-25　典型区域 4 中承压水水位与 PS 点形变值比较

表 5-5　典型区域 4 中承压水水位标高与地面沉降量相关系数

		承压水水位标高/m	地面沉降量/mm
承压水水位标高/m	相关系数	1	0.674*
	双尾显著性		0.016
	N	12	12
地面沉降量/mm	相关系数	0.674*	1
	双尾显著性	0.016	
	N	12	12

注：*. 置信水平 0.05。

计算区域 4 中承压含水层水位标高与地面沉降量相关系数，为 0.674。相关系数较高，表明区域 4 中承压水水位变化与地面沉降量具有较好的相关性。

如图 5-26 典型区域 5 中，2004 年承压含水层最高水位标高为 28 m，最低水位标高出现在 2009 年 11 月为 20 m，2004—2009 年 6 年间承压含水层水位标高总体下降 8 m。期间在 2008 年下半年该地区地下水开采量减少，地下水位明显回升，相应的地面沉降现象得到有效缓解，相应的监测井处地面沉降量由–28 mm/a上升到5 mm/a。2004—2009年6年间地下水位整体变化趋势看，该地区地下水位成波动式下降状态，地面沉降量也随之呈逐年递增的态势，且整体变化趋势与地下水位相一致，说明地面沉降量与承压含水层系统水位动态变化趋势具有较高的相关性。

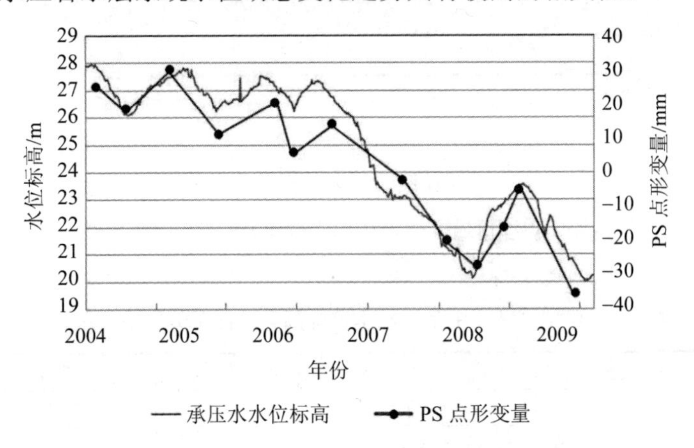

图5-26　典型区域5中承压水水位与PS点形变值比较

表5-6　典型区域5中承压水水位标高与地面沉降量相关系数

		承压水水位标高/m	地面沉降量/mm
承压水水位标高/m	相关系数	1	0.972**
	双尾显著性		0.000
	N	13	13
地面沉降量/mm	相关系数	0.972**	1
	双尾显著性	0.000	
	N	13	13

注：**. 置信水平0.01。

计算典型区域5中承压含水层水位标高与地面沉降量相关系

数，为 0.972。相关系数很高，表明区域 5 中承压水水位变化与地面沉降量具有很好的相关性。

以表 4-5 中选取的 5 个典型区域为研究区，选取数据分析样本，通过对比分析不同含水层系统多年水位动态变化与同时间序列地面沉降量得出：不同含水层系统演化对地面沉降的贡献不同。总体而言，地面沉降演化与潜水水位变化相关性较小，而与承压水水位动态变化相关性较大，即承压含水层水位的变化对该地区地面沉降量的大小具有较大的影响，且两者呈正比例的关系。

5.4 本章小结

采用 GIS 空间分析，多源遥感技术、优化选取统计分析方法等，基于长时间序列的气象监测资料和地下水监测信息，遥感提取土地利用、土地变化信息，结合 InSAR 监测结果，系统分析北京地区地下水流场动态变化和地面沉降响应演化特征：

①系统分析了北京地区降雨时空演化特征，进而研究由于降雨量减少与城市化扩张，导致的地下水有效补给减少，间接导致了地下水的长期过量开采，从而促使地下水流场的演化与地下水漏斗形成；

②揭示了北京地区地下水降落漏斗的时空演化特征，地下水漏斗从 1975 年开始形成，扩展速率不断加快（12.5～34 km^2/a），截止到 2001 年，地下水漏斗面积达到 1 000 km^2；2003—2009 年，地下水漏斗主要分布于顺义天竺地区、朝阳东北地区，地下水水位下降平均速率为 2.66 m/a，漏斗中心的下降速率最大可达到 3.82 m/a；

③将 InSAR 地面沉降形变响应信息，结合年际地下水动态流场演化对比分析，揭示了地下水漏斗与地面沉降漏斗空间展布特性存在一致性但并非完全吻合。说明了虽然北京地区地面沉降发生的主要原因是地下水的开采，但沉降的发展区域也与水文地质条件、地层构造等存在相关性；同时，还应该考虑地面沉降对地下水过量开采响应的时间滞后效应；

④以不同变异条件下的 5 个典型区域为研究区，选取数据分析样本，通过分析不同含水层系统多年水位动态变化与同时间序列地面沉降量发现：不同含水层系统演化对地面沉降的贡献不同；总体而言，地面沉降演化与潜水水位变化相关性较小，而与承压水水位动态变化相关性较大，即承压含水层水位的变化对该地区地面沉降量的大小具有较大的影响，且两者呈正向的关系。

第 6 章 区域载荷变化与地面沉降响应关系研究

研究结果表明地下水超量开采是诱发北京地区地面沉降的主要原因，地质结构特征是地面沉降发生的内因，城市建设带来的载荷的增加在一定程度上加剧了局部的地面沉降。上海的地面沉降研究结果表明，高层建筑对地面沉降量的贡献率可达到 30%（上海市地质调查研究院，2001），北京作为国际大都市，城市建设引发地面沉降问题也日趋凸显。高密度建筑群使局部地面荷载增加，各单体建筑引发的沉降效应互相叠加，加剧区域性地面沉降。目前北京地区尚未开展区域地表载荷与地面沉降响应关系的系统研究。

在进行区域建筑载荷与地面沉降关系分析时：①选择区域地下水开采量和水位变化区别较小、断层岩性较为一致的地区，即相对排除地下水开采和地质结构的影响；②选取 4.3 节中在不同浅表层空间的变异模式下，6 km^2 大小的 5 个典型小区域。在多尺度视角下，定性与定量分析典型区域，建筑载荷时空变化与地面沉降发展趋势的关系；③考虑建筑高度与地面沉降的关系，技术流程图如下：

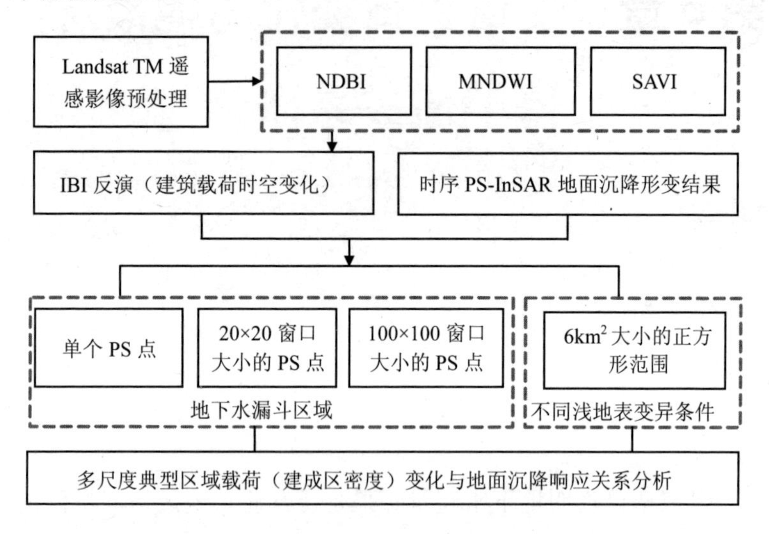

图 6-1　区域载荷变化与地面沉降响应关系技术流程

6.1　基于遥感建筑用地指数（IBI）的区域载荷时空变化信息提取

6.1.1　遥感建筑用地指数

城市的建筑用地是一种十分复杂的土地利用类型，其复杂性决定了其遥感影像电磁波反射光谱的异质性。所以，单纯地利用原始多光谱波段进行建筑用地信息的提取，很难达到理想的效果（徐涵秋，2007）。徐涵秋提出了一种新的遥感建筑指数，它不同于传统的遥感指数，其构建方法并非基于遥感影像的原始波段，而是考虑建筑用地光谱性质的复杂性，基于土壤调节植被指数、修正的归一化水体指数和归一化建筑指数这3个遥感指数来构成（徐涵秋，2007）。该建筑指数经过研究验证，不仅能更准确地反映建筑用地的时空变化特征，而且能定量分析建筑变化与其他环境、生态因子的关系。

本研究即是借鉴遥感建筑用地指数方法，选取覆盖北京平原区的TM遥感影像，遥感信息源为20030525、20040417、20060922、20070528、20090922成像的TM 图像，原始大小为7 221×8 121，裁减后的研究区的范围大小为6 577×7 016，提取研究区建筑用地时空变化信息，综合小基线和PS-InSAR地面沉降速率监测结果，从像元角度，基于PS点，定量分析建筑载荷的时空变异与地面沉降的关系。

1）归一化建筑指数指数 NDBI

NDBI 指数源于对归一化植被指数（NDVI）的深入分析，最早由杨山（杨山，2000）等提出，称为仿植被归一化指数，然后由查勇等改为归一化建筑指数（查勇，2003）。其基本原理是在多光谱波段内，寻找出所需提取地物的最强反射波段和最弱反射波段，通过比值运算，将弱者置于分母，强者置于分子，扩大二者的差距，明显增强地物在生成的影像上的亮度，其他背景地物受到普遍地抑制（徐涵秋，2005）。

归一化植被指数NDVI =（TM4 – TM3）/（TM4 + TM3）之所以能有效提取出植被信息，是由于TM4 与TM3 两波段灰度值相比，只有植被在TM4 上值大于TM3，而其他地类都相反，因此在NDVI 图像上一般> 0 值都表示植被信息。从中得到启发后发现，TM4 与TM5 两波段之间，除了城镇灰度值变大外，其他地类值都变小，所以是基于Landsat TM 图像构建，通过这一光谱特性可以实现城镇用地（即建成区）的自动提取。

$$\text{NDBI}=(\text{band5}-\text{band4})/(\text{band5}+\text{band4}) \quad (6.1)$$

式中，band4，band5 分别表示 TM 影像的第 4、5 波段，取值在−1～1。根据 NDBI 求出的比值图像，进行二值化处理，把 NDBI 取值小于或等于 0 的像元赋值为 0，将大于 0 的像元赋值为 255，获得二值图像，图像中大于 0 的像元即可认为是城镇用地信息。

然而，徐涵秋研究结果（徐涵秋，2005）则发现许多其他地物在第 4、第 5 波段间，表现出类似建筑物的光谱走势。在他所研究的 6 种非建筑物的地类中，除了河流与森林外，其他 4 种地类的 5 波段均值都大于 4 波段。因此其 NDBI 均值也都表现为正值。所以，如果单靠取阈值 NDBI＞0 是无法正确将建筑物信息提取出来的，其间可能会夹杂有许多 NDBI 值也大于 0 的植被或水体信息。这也是他进一步基于 3 种指数综合提取城市建筑用地信息的主要原因。

2）土壤调节植被指数 SAVI

Huete 创建了土壤调节植被指数 SAVI（Soil Adjusted Vegetation Index，Huete A R.，1988）。Huete 引入了土壤调节因子 L，通过对棉花和草，在深色和浅色土壤背景中的反复试验，使得无论是在深色或浅色土壤背景中，计算出的植被指数完全相等，从而完全消除土壤背景的影响。SAVI 指数可由下式表示：

$$\text{SAVI}=[(\text{NIR}-\text{Red})(1+L)]/(\text{NIR}+\text{Red}+1) \quad (6.2)$$

式中，L 为土壤调节因子，其值介于 0～1 之间。一般认为选择 0.5 可以较好地减弱土壤的背景差异，去除土壤的噪声影响（Huete A R.，1994），本研究计算时即是将 L 值取为 0.5。SAVI

被认为最适合于研究较低植被覆盖区，如城市建成区，其植被覆盖率可低至15%，而NDVI低限为30%（Ray TW，2002）。目前，城市建成区正是多为植被覆盖率小于 30% 的低植被覆盖区。因此，SAV I较NDV I具有更宽的数值动态范围（徐涵秋，2005）。

3）修正的归一化水体指数（MNDWI）

McFeeters 提出了归一化差异水体指数（NDWI），公式如下：

$$NDWI=(Green-NIR)/(Green+NIR) \tag{6.3}$$

式中，归一化水体指数NDWI采用的是近红外和绿光波段的比值，Green表示绿光波段的像元亮度值，TM影像的第2波段。但是，随着水体混浊程度的增加，水的反射曲线逐渐向长波方向移动，使得水体在中红外区也可能出现异常的反射。特别是由于城市内河均存在不同程度的污染，该现象更为明显（徐涵秋，2005），因此，徐涵秋经过多次试验研究，提出修正的归一化水体指数（MNDWI），将上式修改为：

$$MNDWI=(Green-MIR)/(Green+MIR) \tag{6.4}$$

即是用MIR（中红外波段）的像元亮度值代替NIR近红外的波段值。徐涵秋等人的试验结果表明MNDWI进一步增强水体与其他地类的反差，有利于城市水体的提取。

4）基于三指数的遥感建筑用地指数（IBI）

徐涵秋等（徐涵秋，2005、2007）在研究了由以上3个指数波段构建的新遥感影像的光谱特征后，分析结果发现城市建筑用地区域，具有NDBI波段大于SAVI波段和MNDWI的特征，所以采用以下公式，构建新的建筑用地指数（IBI）：

$$IBI=[NDBI-(SAVI+MNDWI)/2]/[NDBI+(SAVI+MNDWI)/2] \tag{6.5}$$

由于建筑用地信息，其在 NDBI 波段的值大于在 SAVI 和 MNDWI 波段的值；而植被和水体则分别在 SAVI 波段和 MNDWI 波段获得最大值。所以采用此公式，可以使影像中的建筑用地信息成正值，而植被和水体信息成负值，扩大了建筑用地和植被、水体的反差，进而大大增强了建筑用地信息，抑制了水体和植被信息。

新的建筑指数的有效性在厦门、福州两地的建筑用地信息提取中得到了验证，而北京同属建筑用地密集的城市，因此，本研究借鉴该 IBI 方法，提取典型地下水漏斗区域的建筑载荷信息。基于实地验证与遥感影像解译看出，该研究区与徐涵秋等选取的厦门、福州建筑用地较为相似，大体也为高密度建筑区、低密度建筑区、新建筑区、道路、植被、水体等土地利用类型，如图 6-2 所示：

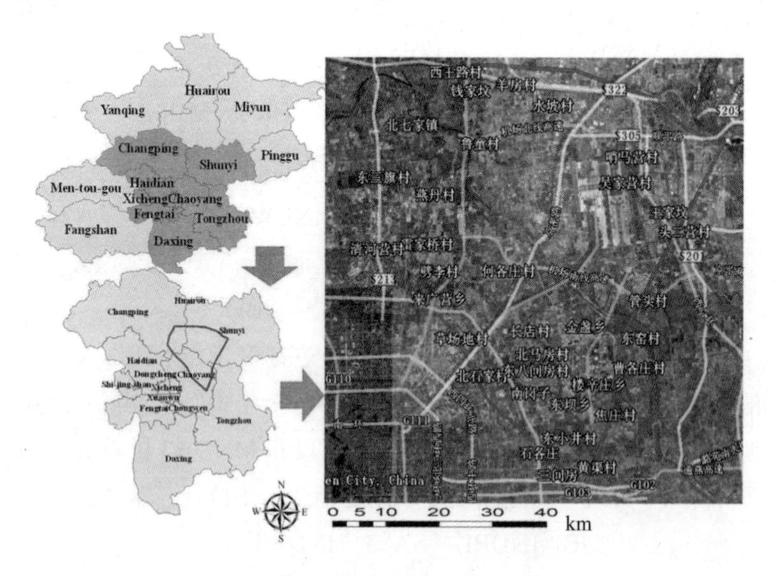

图 6-2　地下水漏斗区分布

6.1.2 基于遥感建筑用地指数（IBI）的区域载荷时空变化信息提取

1）遥感影像预处理

首先对五个时相的TM遥感影像进行大气校正，进而进行图像配准。利用纠正过的20020522的影像对该五个时相的TM影像进行配准，使它们具有相同的投影坐标系统，在图像中选取主要为道路与道路交叉口的共计 20 个明显控制点，同时在20020522TM影像读出对应点的*X*，*Y*坐标，纠正后各点误差在一个像元以内；然后对校正的影像数据进行边界裁减处理。利用论文中北京市主要平原区的边界矢量数据对校正数据进行裁剪，使遥感图像仅保留研究区的范围。数据的参数信息见表6-1：

表6-1 载荷信息提取所选用的遥感影像参数

	波段	数据获取时间	分辨率/m
Landsat5 TM	7	2003-02-25	30
Landsat5 TM	7	2004-04-17	30
Landsat5 TM	7	2005-09-03	30
Landsat5 TM	7	2006-09-22	30
Landsat5 TM	7	2007-05-28	30
Landsat5 TM	7	2009-09-22	30

2）建成区专题信息提取

利用IBI法，基于Erdas9.2遥感软件，采用建模分析工具，根据不同地类的光谱特征差异性提取的北京平原地区 NDBI，建模流程和专题信息如图6-3所示。

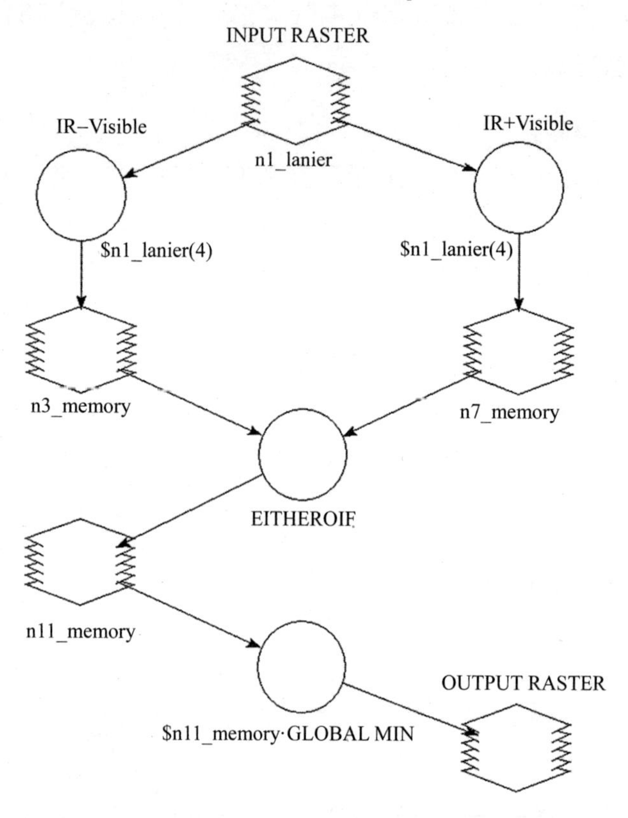

图 6-3 Erdas Modeler 提取三参数条件运算流程

同理，依据该模型，MNDWI 和 SAVI 读取不同的波段（参考上述公式），即可反演出不同时相的三指数值，如图 6-4 所示：

图 6-4　北京平原地区 NDBI 反演结果（2003—2009 年）

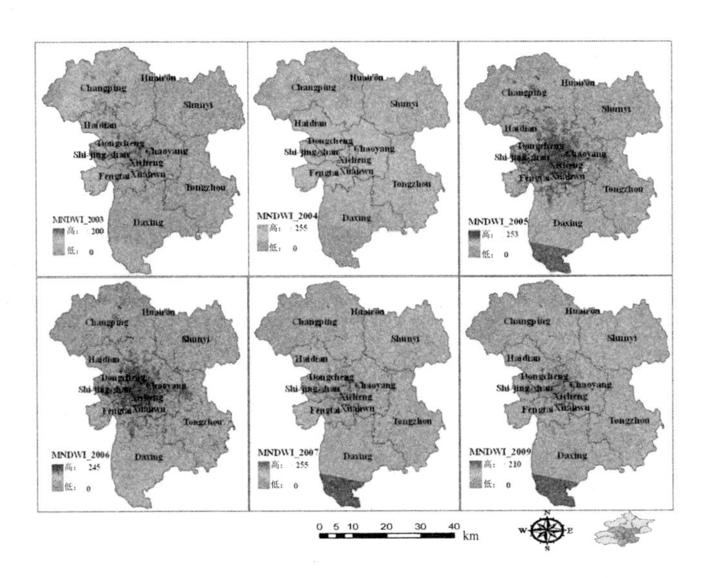

图 6-5　北京平原地区 MNDWI 反演结果（2003—2009 年）

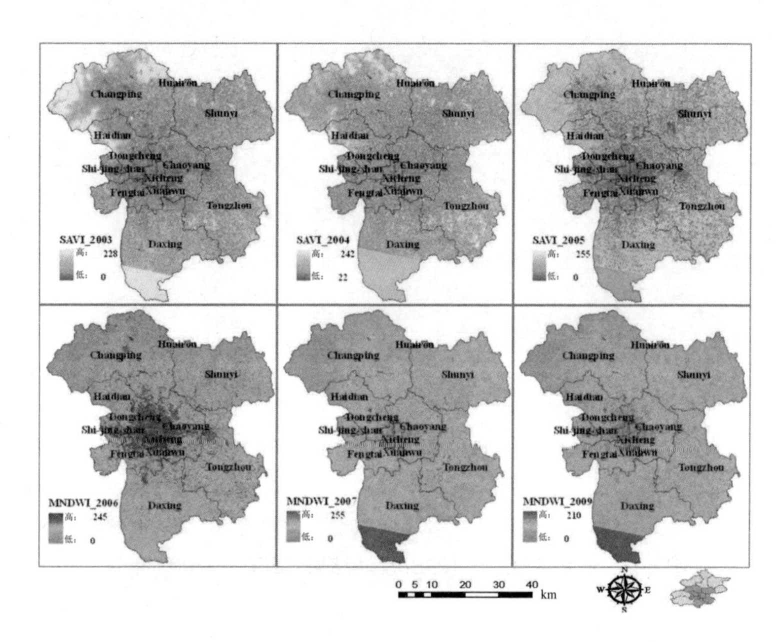

图 6-6　北京平原地区 SAVI 反演结果（2003—2009 年）

由以上三指数反演的时刻变化图，发现由于监测所采用的图像分别位于春季或秋季，因此提取出来的 MNDWI 和 SAVI，单纯从图中不能明显地看出动态变化规律，但是由于北京地区春秋两季（2003—2009 年），降雨较少，选取的 6 景影像，数据质量良好，因此，可以满足后续 IBI 的反演需要。

在以上 NDBI、MNDWI、SAVI 反演的基础上，进一步采用 Erdas Modeler 工具反演基于 IBI，流程如图 6-7 所示。

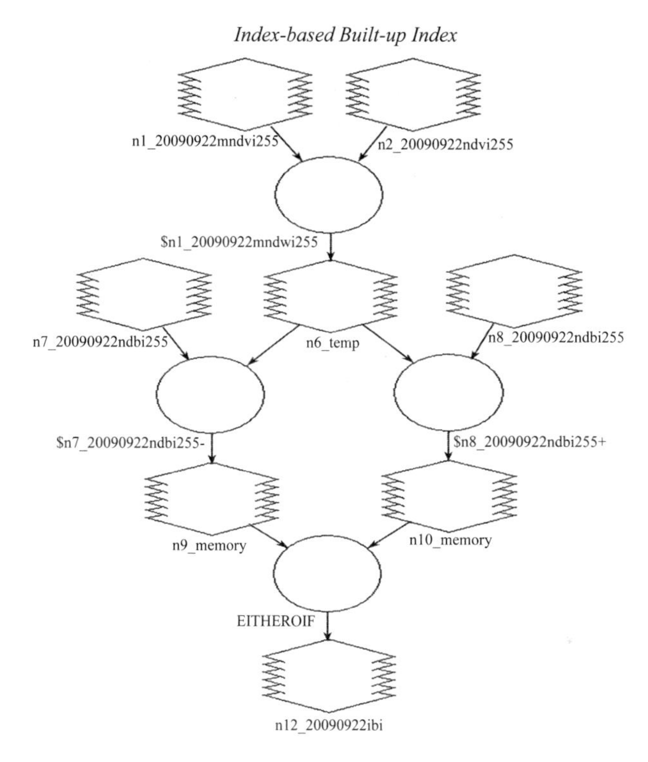

图 6-7　Erdas Modeler 提取 IBI 指数条件运算流程

依据上述流程，最终获取研究区 IBI 反演结果，反映了建筑用地密度的时空变化信息（即载荷变化），如图 6-8 所示。

图中大于 0 的数值表示的是城镇信息，小于 0 表示非城镇用地，数值大小的变化反映了近年来区域城镇用地的变化。上图中，蓝绿色系表示建设用地，大致可以看出，近年来，研究区内绿色系逐渐扩展到每个区域，也即表示北京平原地区建成区的密度越来越大，扩展方向由中心城区向外延伸。

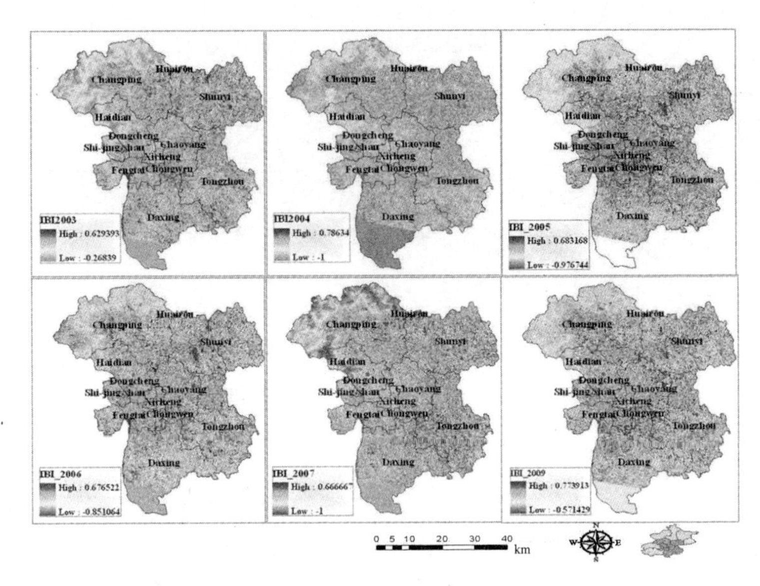

图 6-8　北京平原地区 IBI 反演结果（2003—2009 年）

3）精度验证

精度验证的定量分析（冉有华等，2003）通常可以分为实地验证和高分辨率影像验证两种。本次研究采用高分辨率影像验证方法（王琳，徐涵秋等，2006），选用相邻近时相的高分辨率 SPOT 影像作为验证的对比资料，并进行一部分地面验证。采用 2004 年 6 月 22 日的 SPOT 全色波段影像（分辨率为 10 m），对 2004 年 4 月 17 日的 TM 影像（多光谱波段分辨率为 30 m）进行验证；在此之前，需要对该时相分类后的影像，进行二值化处理（即将 TM 遥感影像分为建筑用地和非建筑用地），然后基于 Envi4.2 软件，读取相对应的 SPOT 全色波段影像，采用软件的 Geolink 功能将两景影像相互匹配，最后采用随机抽样的方法，进行人为解译判读验证。对其他几幅影像也采用同样的精度验证方法。由

表 6-2 可以看出，6 个时相影像的验证总精度均在 90%以上。

表 6-2　遥感影像精度验证结果

（1）2003 年

		参考数据		行像元总数	使用者精度
		建筑用地	非建筑用地		
属性数据	建筑用地	268	0	268	88.76%
	非建筑用地	23	374	397	94.21%
	列像元总数	291	374	665	
	生产者精度	92.10%	89.90%		
	总精度：96.54%	Kappa：0.92			

（2）2004 年

		参考数据		行像元总数	使用者精度
		建筑用地	非建筑用地		
属性数据	建筑用地	663	1	664	96.85%
	非建筑用地	26	651	677	95.16%
	列像元总数	689	652	1 341	
	生产者精度	96.23%	99.85%		
	总精度：97.98%	Kappa：0.95			

（3）2005 年

		参考数据		行像元总数	使用者精度
		建筑用地	非建筑用地		
属性数据	建筑用地	637	11	648	98.30%
	非建筑用地	52	641	693	92.50%
	列像元总数	689	652	1 341	
	生产者精度	92.45%	98.31%		
	总精度：95.30%	Kappa：0.91			

（4）2006 年

		参考数据		行像元总数	使用者精度
		建筑用地	非建筑用地		
属性数据	建筑用地	650	41	691	94.07%
	非建筑用地	39	611	650	94.00%
	列像元总数	689	652	1 341	
	生产者精度	94.34%	93.71%		
	总精度：94.03%	Kappa：0.88			

（5）2007 年

		参考数据		行像元总数	使用者精度
		建筑用地	非建筑用地		
属性数据	建筑用地	640	57	697	91.82%
	非建筑用地	49	595	644	92.39%
	列像元总数	689	652	1 341	
	生产者精度	92.89%	91.26%		
	总精度：92.10%	Kappa：0.84			

（6）2009 年

		参考数据		行像元总数	使用者精度
		建筑用地	非建筑用地		
属性数据	建筑用地	642	60	702	91.45%
	非建筑用地	47	592	639	92.64%
	列像元总数	689	652	1 341	
	生产者精度	93.18%	90.80%		
	总精度：92.02%	Kappa：0.84			

6.2 多尺度典型区域载荷（建成区密度）变化与地面沉降关系研究

6.2.1 地下水漏斗区域载荷变化与地面沉降时空相关性

为了仅仅研究载荷的时空变化对地面沉降的影响，选取了北京典型的地下水漏斗区，可压缩层厚度 60～80 m，也即是相对弱化了地下水开采和地质结构特征的影响。基于 InSAR 监测结果和 IBI 法，结合 GIS 空间分析方法，从像元尺度，分析区域载荷变化与地面沉降的时空相关性。

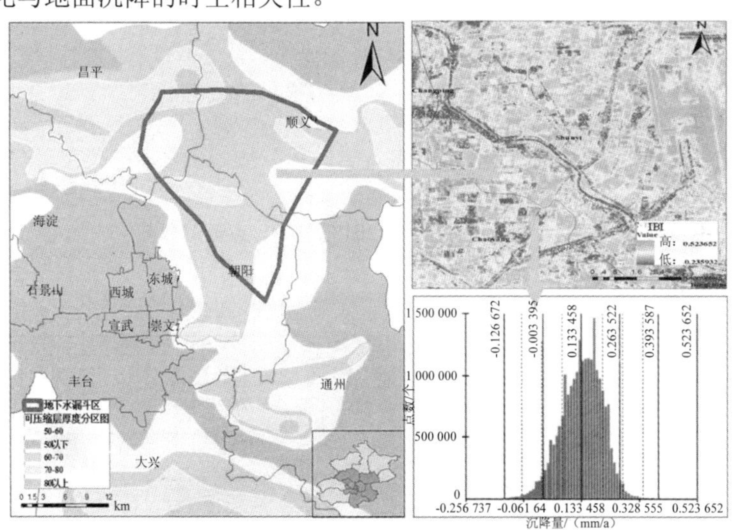

图 6-9 地下水漏斗区 IBI 分布

如图 6-9（右下图）所示，研究区的 IBI 符合正态分布，符合统计相关分析的要求。为了定量研究载荷变化（建筑用地）对地面沉降的影响程度，尝试基于像元级的 PS 点，分析平均建筑指数 IBI（即基于栅格运算，将 6 年的 IBI 值求取均值）与 PS 沉降速率的相关关系。首先结合研究区的 PS 点分布，提取栅格图像中 PS 点所对应的 IBI 值（注：在进行沉降速率和 IBI 值定量计算时，均将沉降速率取为正值，因为 PS-InSAR 监测结果中负值表示为沉降，数值的大小表示沉降程度的大小），如图 6-10 所示：

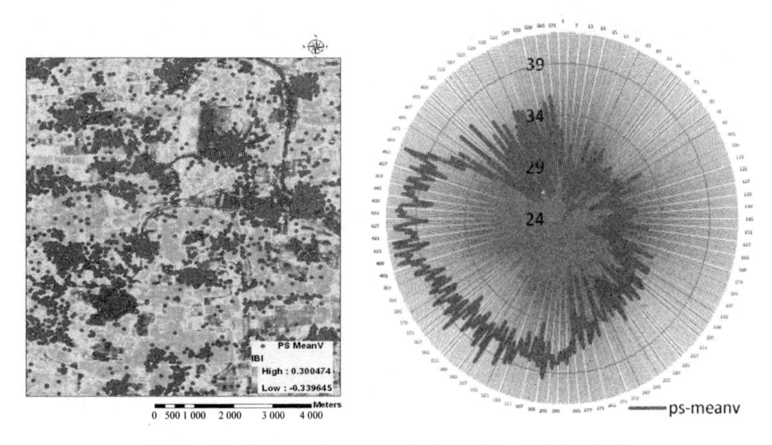

图 6-10　地下水漏斗区 IBI 值与 PS 点速率分布

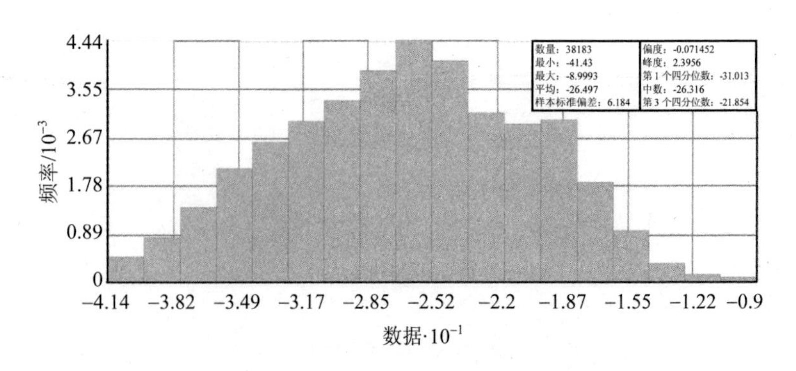

图 6-11　PS 点直方图分布情况

如图 6-10（右图）所示，地下水漏斗区的 PS 点沉降速率在 24～39 mm/a，基于 ArcGIS 空间分析，获取直方图分布情况，表明 PS 点样本近似符合正态分布。基于此，本研究将反演的 IBI 与 PS 点的平均沉降速率作相关分析，PS 点沉降速率作为因变量，建筑用地指数 IBI 作为自变量，采用回归相关分析来综合查明其定量关系，研究载荷变化对地面沉降的贡献。

1）基于单个 PS 点的地面沉降与 IBI 关系分析

为了验证载荷密度与地面沉降响应的关系，首先在研究区范围内，以每个 PS 点为研究对象，IBI 值取该点对应的栅格值，沉降速率即取 PS 点值，采用 Spearman 秩相关系数法来研究载荷密度与地面沉降的关系。Spearman 秩相关系数是用来判断 2 个随机变量在二维和多维空间中是否具有某种共变趋势（张利田，2007），能有效克服 Pearson 积矩相关系数仅仅适合描述线性相关关系的缺点，提供 2 个随机变量在线性相关或非线性相关下的共变趋势程度，适用性比相应的参数方法更好（陶澍，1994）；Spearman 秩相关系数是建立在等级基础上计算的反映 2 组变量之间联系密切程度的统计指标（李彦萍，2003），在对总体分布不明确和总体信息缺乏的情况下，非参数分析方法能可靠地获得结论（吴喜之，2006，陶澍，1994）。本研究采用非参数分析法（Spearman 秩相关系数）（谷彬，2007）来讨论不同 PS 点的沉降速率与建筑系数 IBI（即建筑密度）的相关性和响应关系。

为更准确分析建筑指数对不同 PS 点速率的影响，本实验综合 2003—2009 年的融合 PS 和小基线 InSAR 方法的最终监测结果，将研究区 PS 点按照速率的不同，重分类为 4 等级，如图 6-12 所示。进而，结合对应 PS 点的 IBI 值，计算 Spearman 秩相关系数，并采用 Bartlett 的 x_2 检验，显著水平取 $\alpha=0.05$（表 6-3）。

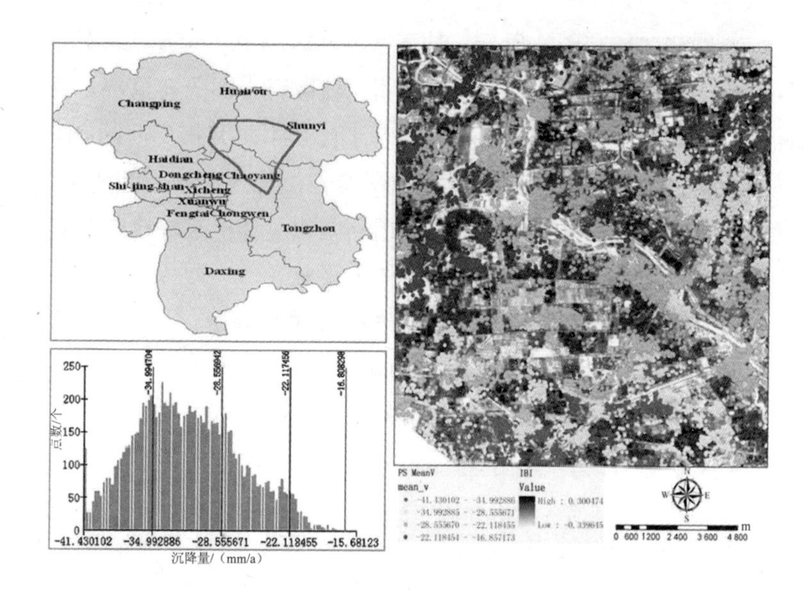

图 6-12 重分类 PS 点分布

表 6-3 PS 点沉降速率与 IBI 的 Spearman 秩相关系数

等级	PS 点沉降速率区间/（mm/a）	对应的 IBI 指数值	Spearman 秩相关系数
1	−41.43～−34.99	0.326 6～0.523 4	0.312
2	−34.99～−28.55	0.296 6～0.369 8	0.176
3	−28.55～−22.11	0.257 1～0.316 2	0.173
4	−22.11～−16.85	0.166 3～0.275 5	0.095

分析表 6-3，可以得到以下 3 个规律：

①沉降的不均匀性与载荷密度的大小存在正相关关系，最大的 Spearman 秩相关系数为 0.312，最小的相关系数为 0.095；

②载荷的密度对高沉降速率的地区贡献更为明显，即在沉降速率为（−41.43～−34.99 mm/a），相关系数可达到 0.312；而在低沉降速率地区（−22.11～−16.85 mm/a），相关系数仅为 0.095，基

本可以忽略；

③在沉降速率（−28.55～−22.11 mm/a，−34.99～−28.55 mm/a）范围内，相关系数基本相同，差别不大。

2）基于20×20窗口大小的PS点的地面沉降与IBI关系分析

本研究再次选取20×20和100×100的窗口大小，基于GIS空间分析理论与统计学理论，采用不同尺度进一步研究区域建成区密度与地面沉降的整体性趋势关系。首先为了研究结果的客观性和准确性，必须把量纲不统一的IBI与PS沉降速率进行正规化，并转换为百分率。回归分析的采样范围（即研究区）为城区边缘。开窗大小采用20×20，数据统计每个窗口范围PS点个数为10～30个，原因是有些像元大小内，能包含3～5个PS点，而有些像元内为0个PS点，同时有些PS点还存在相互叠加的情况）。如图6-13所示，研究区内PS点的个数共为38 184个；为了保证PS点空间分布的均匀性，采样1 575个窗口，数据统计选取的PS点个数为23 678个，样品的个数能确保回归分析的可靠性。

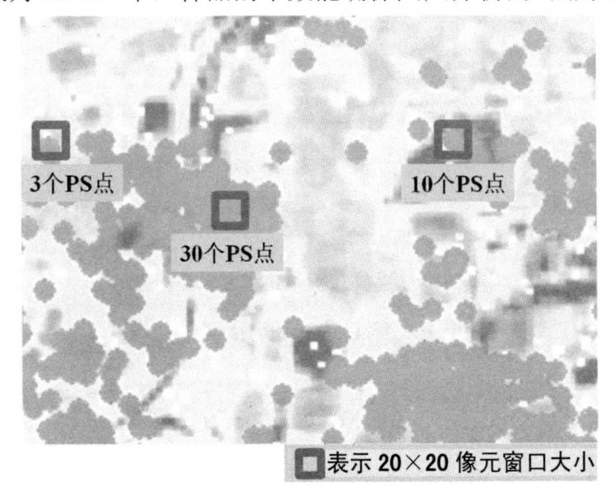

图6-13　开窗范围内包含的PS点分布情况

根据相关性回归分析结果说明，20×20 窗口大小的建筑用地和 PS 点沉降速率呈正相关关系，建筑用地即城市载荷的增加，会导致地面沉降的加剧，也即是载荷的增加对地面沉降的发展存在贡献。

3）基于 100×100 窗口大小的 PS 点的地面沉降与 IBI 关系分析

基于 GIS 平台，选取 100×100 的窗口大小，IBI 值反演自 TM 影像，多光谱分辨率是 30 m×30 m；同样，PS 点的沉降速率监测源自 Envisat ASAR 数据，分辨率单元也同样是 30 m×30 m，因此本次的研究单体范围是 9 km^2，基于 ArcGIS 数据统计功能，每个单体单元内包含的 PS 点个数为 74～120 个。根据其空间分布和 PS 点的位置情况，共选取了 30 个采样单元，如图 6-14 所示：

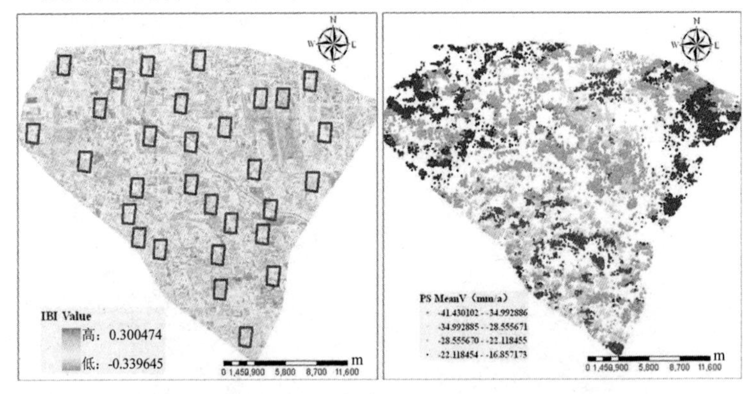

图 6-14　采样单元 IBI 和 PS 点分布

（左图红框表示单个 100×100 窗口，共 30 个）

同上述 1×1 窗口和 20×20 窗口大小方法研究，每个研究单元的沉降速率，取其所包含的 PS 点的平均值，对应的 IBI 值取其栅格单元值的平均。

通过表 6-4 与图 6-15 研究发现，在采样的 30 个单元中，其中 18 个单元平均的 PS 点的沉降速率与所对应栅格单元的 IBI 值存在正相关关系，即 IBI 值大的采样单元所对应的 PS 点的平均沉降速率也较大。

表 6-4　其中 18 个采样单元 PS 沉降速率与 IBI 值

采样单元	沉降速率/（mm/a）	IBI
1	17.48	0.154 3
5	22.37	0.170 5
7	24.77	0.171 3
8	27.22	0.208 5
9	28.47	0.213 7
11	29.11	0.236 5
12	29.48	0.245 2
13	29.57	0.249 8
16	29.63	0.249 9
19	29.86	0.260 7
20	30.35	0.261 8
22	31.32	0.270 6
23	31.81	0.271 2
24	32.15	0.271 3
26	33.02	0.281 6
28	33.75	0.293 7
29	33.91	0.295 7
30	34.21	0.332 6

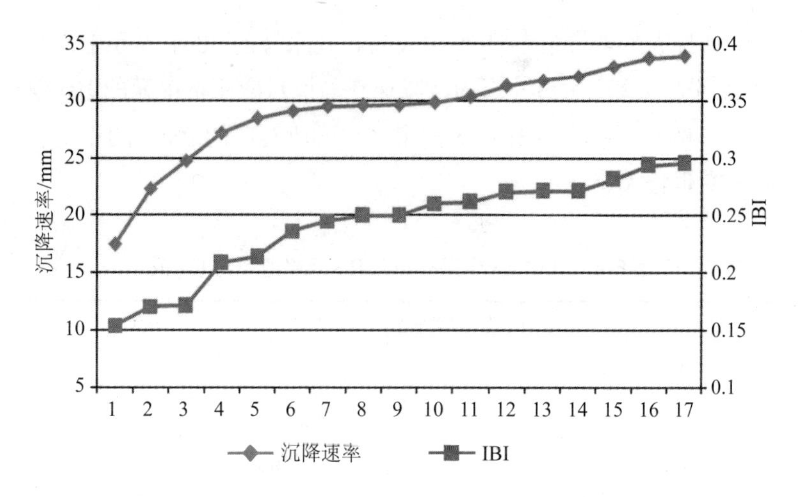

图 6-15　18 个采样单元 PS 沉降速率与 IBI 关系曲线

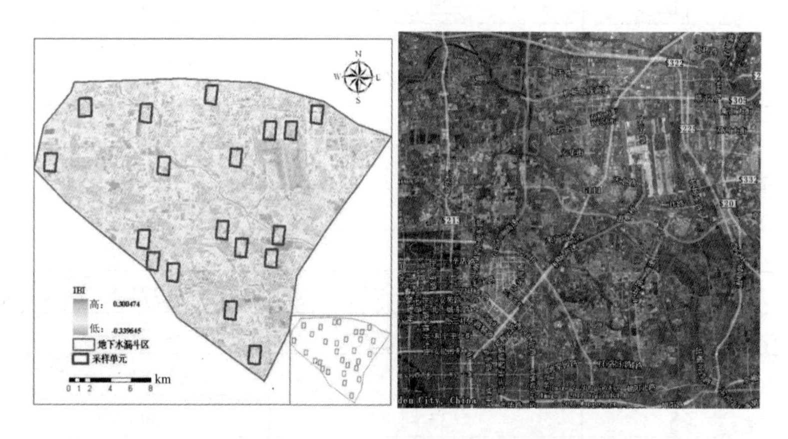

图 6-16　18 个采样单元空间分布

（右图底图修改自 Google earth）

通过进一步分析该 18 个采样单元的空间展布位置（图 6-16 右图）发现，这 18 个采样单元大都有一条或多条高速路或者环路通过，这说明了北京地区密集的道路及巨大的车流量对道路的动载荷作用，在一定程度上对地面沉降产生贡献。

总体来说，载荷的密度与沉降的不均匀性存在正相关关系，尤其在高沉降速率地区显示的较为明显。因此，可以推断在假设排除掉地下水开采这一主要外因和地质结构主要内因的情况下，载荷的增加对不均匀地面沉降影响较大，三组研究都证明了这一点。同时载荷的密度与沉降速率相关性较小这一结论也从侧面反映了地面沉降的主要原因还是地下水的开采，但是高密度建筑群使得局部地面荷载增加，各单体建筑的附加沉降互相叠加，对区域性地面沉降的贡献也不容忽视。

6.2.2 不同浅地表变异条件与地面沉降相关性

根据 4.5.2 节，以区域浅表层空间[地铁、城市密集建筑群（CBD）、立体交通网络设施]不同的变异模式下为参考，以 6 km^2 大小的正方形范围为移动窗口，以选取的 5 个典型小区域为研究对象，提取每个区域的平均沉降速率、最大沉降速率，与对应的 IBI 平均值、最大 IBI 值，进行相关性分析，如图 6-17 所示：

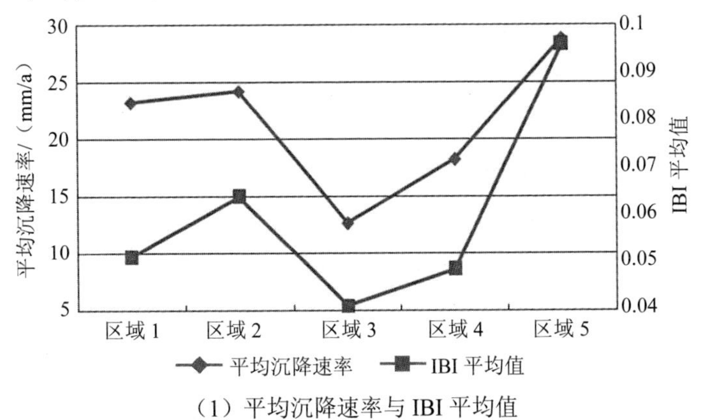

（1）平均沉降速率与 IBI 平均值

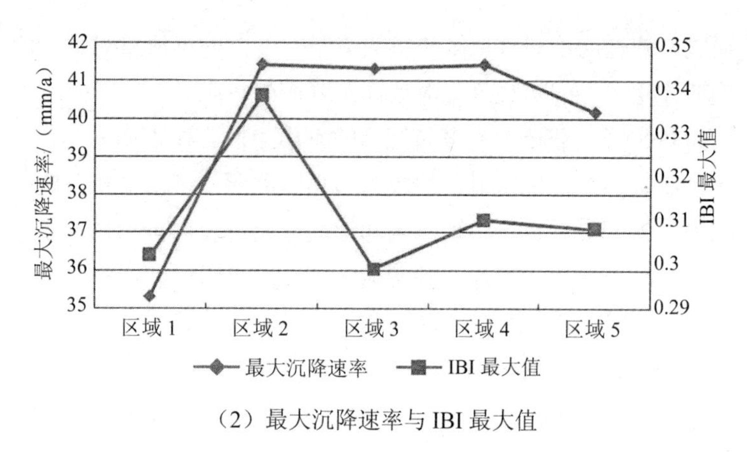

（2）最大沉降速率与 IBI 最大值

图 6-17 不同浅地表变异条件与地面沉降相关性

分析结果如图 6-17 所示，不同浅地表变异条件下的 5 个研究区域，地面沉降的变化态势与 IBI 值的高低基本一致。其中地面沉降平均速率值与 IBI 值趋势一致，最低值出现在区域 3，最高值出现在区域 5[图 6-17（1）]；而最大地面沉降速率与 IBI 最大值变化趋势也基本一致。研究表明不同浅地表变异条件下，建筑密度越大（即 IBI 越大），地面沉降效应越显著。

6.3 不同建筑类型与地面沉降响应关系

1）邻近区域密集建筑群地面沉降响应模式

选择位置相邻、建筑类型不同的三个典型区块：北部高层建筑区为 20 层以上建筑群，中部多层建筑区为 7 层以下建筑群，南部高层建筑区为 12 层左右建筑群，可压缩层厚度均为 50～60 m 区域，三个区块位置相邻，可基本保证在同一地下水开采条件下以及相同地质结构特征，彼此之间具有一定可比性。

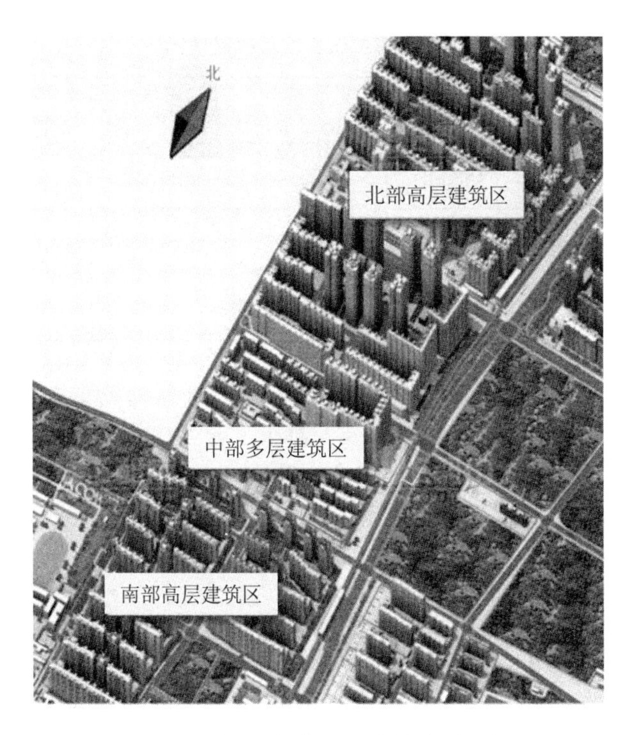

图 6-18　选取区块位置及建筑类型示意图

表 6-5　典型区块内 PS 点沉降速率情况

选择区块	PS 点个数/个	最大沉降速率/（mm/a）	最小沉降速率/（mm/a）	平均沉降速率/（mm/a）
北部高层建筑区（20 层以上）	82	−23.49	−14.01	−19.84
中部多层建筑区（7 层以下）	53	−17.04	−12.14	−14.27
南部高层建筑区（12 层左右）	74	−22.50	−14.28	−16.82

表 6-6　典型区块内沉降量情况

选择区块	累计最大沉降量/mm	累计最小沉降量/mm	平均沉降量/mm	最大沉降差/mm
北部高层建筑区（20 层以上）	−158.82	−67.54	−104.77	−91.28
中部多层建筑区（7 层以下）	−85.26	−52.11	−68.83	−33.15
南部高层建筑区（12 层左右）	−115.26	−50.59	−76.95	−64.67

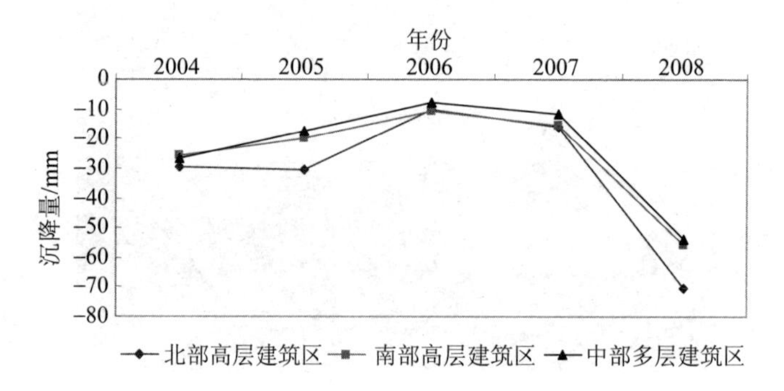

图 6-19　典型区块内年均地面沉降量

以上分析表明：三个典型区块内 PS 点密度基本相当，20 层以上北部高层建筑区平均沉降速率最大，其次是 12 层左右南部高层建筑区，沉降速率最小的是 7 层以下的中部多层建筑区；楼层越高，沉降速率越大。各区块每年的沉降量以及累计沉降量同样表现为楼层越高，沉降量越大。三个区块处于同一地质结构区，具有相同的地质背景条件，因而沉降差异可认为与建筑物荷重关系更为密切和直接，地面沉降量与建筑物的荷载基本成正比。同一区块内最大沉降差值高层建筑远大于多层建筑，表明高层建筑引起的不均匀沉降更严重。

2）不同建筑类型与地面沉降响应模式

高层建筑密区与多层建筑区除建筑密度不同以外，由于两者建筑荷重不同，采用的基础施工方式也有很大区别。一般而言，高层建筑多以桩基础为主，且大多采用长桩或超长桩，而多层建筑则多为天然或人工复合地基，因而载荷所带来的沉降效应也会有明显差异。从保障建筑物自身正常使用的角度，相比于整体控沉，避免建筑物不均匀的差异性沉降则更为重要，尤其对于高层建筑而言。

高层建筑区

多层建筑区

低层平房区

图 6-20　选取区块建筑类型

表 6-7　选择区块内 PS 点沉降速率情况

选择区块	PS 点个数/个	最大沉降速率/（mm/a）	最小沉降速率/（mm/a）	平均沉降速率/（mm/a）
高层建筑区	51	–35.56	–31.10	–33.12
多层建筑区	88	–37.79	–29.58	–32.88
低层平房区	114	–41.43	–33.43	–38.30

表 6-8　选择区块内沉降量情况

选择区块	累积最大沉降量/mm	累积最小沉降量/mm	平均沉降量/mm	最大沉降差/mm
高层建筑区	–191.17	–147.01	–171.19	–44.16
多层建筑区	–209.86	–171.61	–187.96	–38.25
低层平房区	–226.34	–171.51	–201.35	–54.83

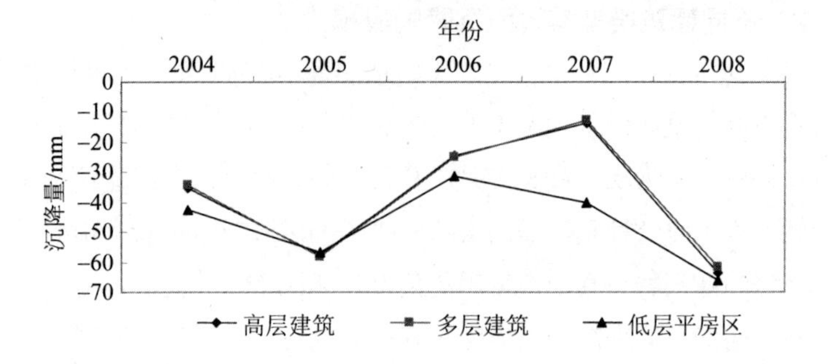

图 6-21 选取区块内年均地面沉降量

由于所选择高层建筑区面积较小，其 PS 点个数少于多层建筑区和低层平房区，但三个区块内 PS 点密度基本相当。沉降速率表现为低层平房区＞高层建筑区＞多层建筑区；累计沉降量表现为低层平房区＞多层建筑区＞高层建筑区；最大沉降差值低层平房区＞高层建筑区＞多层建筑区。从各区块每年沉降量来看，多层建筑与高层建筑基本相当，而低层平房区大于前两者。说明不同建筑密度、不同建筑施工形式对地面沉降有直接影响，地面沉降与建筑的基础工程关系密切。

6.4 本章小结

①为了定量分析建筑变化与地面沉降的关系，首先本研究借鉴基于遥感建筑用地指数方法，选取覆盖北京平原区的 TM 遥感影像，在 NDBI、MNDWI、SAVI 反演的基础上，进一步采用 Erdas Modeler 工具反演基于指数的建筑用地指数（IBI），获取研究区建筑用地（载荷）时空变化信息，并进行精度验证。

②基于 InSAR 监测结果和 IBI 法，结合 GIS 空间分析方法，

从不同尺度的像元角度出发，分析区域载荷变化与地面沉降的相关性：

- 以每个 PS 点为单个研究对象，IBI 值取该点对应的栅格值，沉降速率即取 PS 点值，采用 Spearman 秩相关系数法来研究载荷密度与地面沉降的关系。研究发现沉降的不均匀性与载荷密度的大小存在正相关关系，最大的 Spearman 秩相关系数为 0.312，最小的相关系数为 0.095；载荷的密度对高沉降速率的地区贡献更为明显，即在沉降速率为（–41.43～–34.99 mm/a），相关系数可达到 0.312；而在低沉降速率地区（–22.11～–16.85 mm/a），相关系数仅为 0.095，基本可以忽略；在沉降速率（–28.55～–22.11 mm/a，–34.99～–28.55 mm/a）范围内，相关系数基本相同，差别不大。
- 基于 20×20 窗口大小，采用回归分析方法，结合 GIS 空间分析，表明建筑用地和 PS 点沉降速率呈正相关关系，建筑用地即城市载荷的增加，会导致地面沉降的加剧，即载荷的增加对地面沉降的发展产生影响。
- 选取 100×100 窗口大小，基于 GIS 空间平台，选取 100×100 的窗口大小，研究单体范围是 9 km^2，根据其空间分布和 PS 点的位置情况，共选取了 30 个采样单元，每个研究单元的沉降速率，取其所包含的 PS 点的平均值，对应的 IBI 值取其栅格单元值的平均，结果表明，其中 18 个采样单元（占总采样个数的 2/3），其平均的 PS 点的沉降速率与所对应栅格单元的 IBI 值存在正相关关系，即 IBI 值大的采样单元所对应的 PS 点的平均沉降速率也较大；而余下的 12 采样单元，两者无显著的相关性。原因为18个采样单元大都有多条交通线（高速路或者环路）通过，这说明了北京地区密集的道路及巨大的车流量对道路的往复击打，即动静载荷的共同作用，在一定程度上对地面沉降产生影响。

- 根据4.3节，选取的5个典型小区域为研究对象，分析结果表明不同浅地表变异条件下的5个研究区域，地面沉降的变化态势与IBI值的高低基本一致。即是建筑密度越大（即IBI越大），地面沉降效应越显著。

③总体看来，载荷的密度与沉降的不均匀性存在正相关关系，尤其在高沉降速率地区显示得较为明显；这说明高密度建筑群使得局部地面荷载增加，各单体建筑的附加沉降互相叠加，对区域性地面沉降的贡献不容忽视。

④不同建筑类型与地面沉降响应关系，分析结果表明：地面沉降量与建筑物的荷载基本成正比；同一区块内最大沉降差值高层建筑远大于多层建筑，表明高层建筑引起的不均匀沉降更严重；不同建筑密度、不同建筑施工形式对地面沉降有直接影响，地面沉降与建筑的基础工程关系密切。

第7章 区域地质背景与地面沉降相关性

7.1 地面沉降与构造断层相关性分析

地层岩性及结构特征是产生地面沉降的重要地质背景。不同的地质环境对地面沉降的发生、发展有着不同的影响和控制，针对北京的地面沉降问题及其地质背景信息，一些学者和研究人员进行了一系列地球勘察技术、地球物理学的探测调查（焦青，2006；贾三满，2007），认为该地区的地面沉降可解释为由于过量开采地下水而导致的，但沉降发展的区域与构造控制有密切的联系。

从 InSAR 地面沉降监测与断裂构造空间分布关系图（图 7-1）可以看出，研究区地面沉降存在构造控制的特性，沉降区正好位于第四纪以来京西北隆起的中部（沙河地区）以及北京凹陷中部（顺义、北京之间）逐渐形成的顺义隐伏凹陷区。顺义隐伏凹陷是一个结构比较复杂的第四纪断陷盆地，受南口—孙河断裂、黄庄高丽营断裂、良乡—顺义断裂、南苑—通州区断裂等共同控制。

InSAR 监测结果揭示出，研究区内的昌平八仙庄、朝阳来广营、东八里庄—大郊亭沉降区均位于顺义隐伏凹陷内。其中，昌平八仙庄沉降区受南口—孙河断裂和黄庄—高丽营断裂控制；朝阳来广营沉降区受良乡—顺义、黄庄—高丽营断层控制，监测分析结果表明地面沉降空间展布范围，西北方向是以黄庄—高丽营断裂为边界，东南以前门—良乡—顺义断层为界，部分地区地面沉降展布范围已经越过断层区；东八里庄—大郊亭沉降区主要受良乡—顺义断层和南苑—通州区断层控制，沉降发展趋势与断层方向一致。

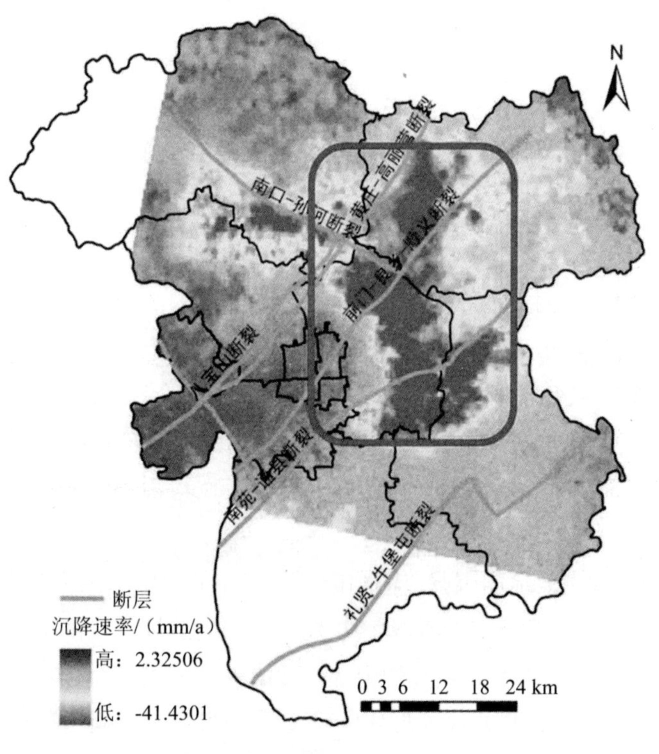

图 7-1　研究区地面沉降与断层分布

根据以上分析，构造运动对地面沉降的影响主要是研究区所处的构造单元在区域应力场的作用下整体呈缓慢下降趋势；此外，断层上、下盘的相对升降运动对处于断层两侧的地面沉降速率差异有一定的影响。基于此，在黄庄—高丽营断裂、良乡—顺义断裂、南苑—通州区断裂和南口—孙河断裂处分别做了四个剖面如图 7-2 所示，曲线变化值为剖面线邻近 PS 点的平均速率值。根据 InSAR 技术获取的 2003—2009 年形变数据表明，在断层上或附近形变梯度很大，断层两侧年沉降速率最大差异分别约为 3.0 mm/a，4.2 mm/a，4.5 mm/a，3.8 mm/a。根据研究结果推断该地区断层两侧可压缩层厚度的差异可能是产生大的形变梯度的主要原因，同时断层上下盘滑动的作用是产生影响的另一个原因。

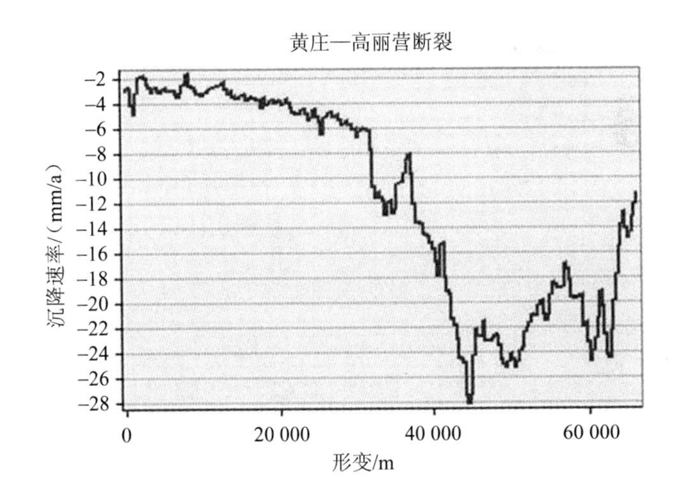

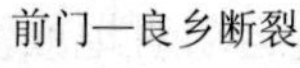
前门—良乡断裂

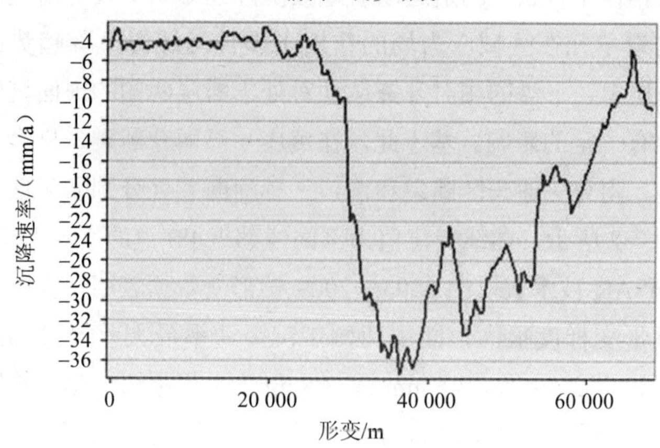
沉降速率/（mm/a）
-4
-6
-8
-10
-12
-14
-16
-18
-20
-22
-24
-26
-28
-30
-32
-34
-36
0
20 000
40 000
60 000
形变/m

南苑—通州区断裂

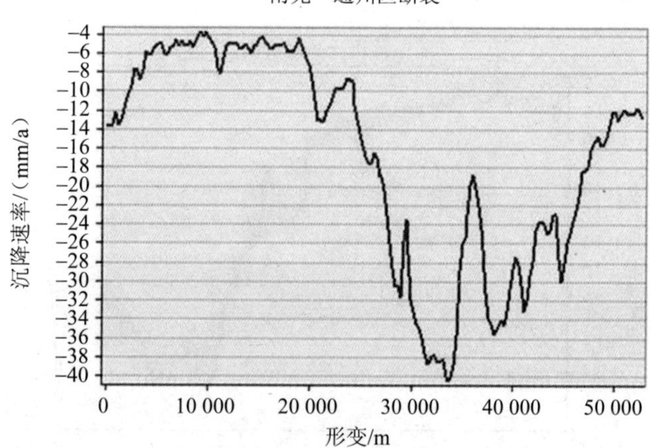
沉降速率/（mm/a）
-4
-6
-8
-10
-12
-14
-16
-18
-20
-22
-24
-26
-28
-30
-32
-34
-36
-38
-40
0
10 000
20 000
30 000
40 000
50 000
形变/m

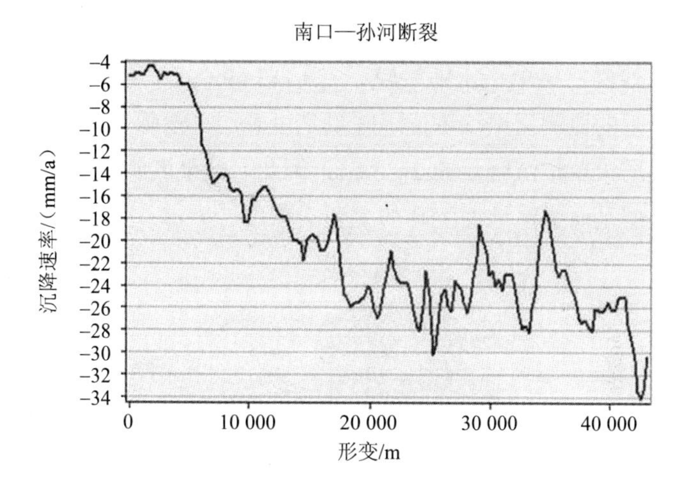

图 7-2 断层两侧形变梯度

7.2 地面沉降与区域可压缩层厚度相关性分析

前人研究结果表明地面沉降发生与演化规律与过量开采地下水、构造特征、地层岩性等密切相关。本研究将 InSAR 时间序列的地面沉降形变结果与 0～100 m 可压缩层厚度图，在 GIS 空间分析平台上，进行叠加分析，与前人研究的假说较为一致（贾三满，2007）。

北京平原浅部底层包括第四系全新统合上更新统地层，底板埋深 100 m 左右，含水层岩性以冲洪积形成的细砂、中粗砂为主；隔水层岩性以洪积、湖积的黏性土为主（地下水类型为潜水、浅层承压含水层，是农业主要开采层）。通过该地区 SAR 监测结果与黏性土厚度分析发现，沉降中心多数位于黏性土 50～70 m 的地区，占整个地面沉降量的 76%。同一地区在相同开采程度、相同水位下降的情况下，黏性土层单位压缩量较大（0.344 mm/m），砂层、沙砾石层单位压缩量较小（0.113 mm/m），以粉土、黏性土层为主的监测层组，单位沉降量是以砂层、沙砾石层为主要岩性监测层组单位沉降量的2～3倍，因此，结果表明大于50 m的黏性土层是研究区地面沉降的主要贡献层。

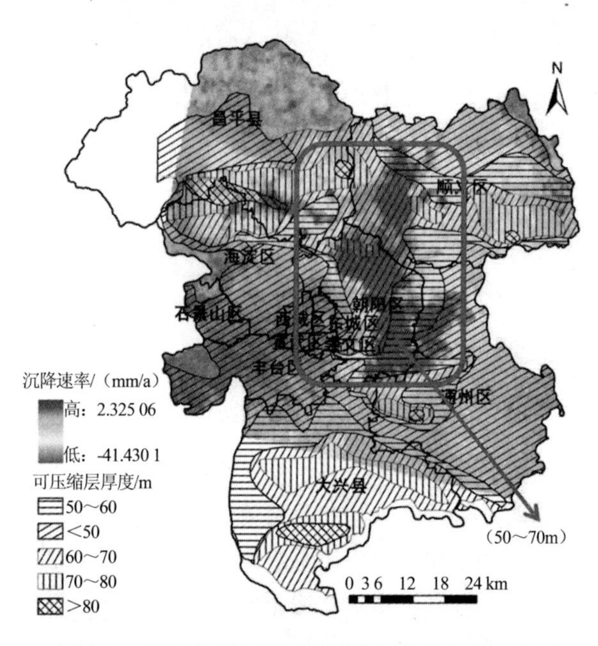

图 7-3　地下水漏斗区地面沉降与黏性土厚度分区

7.3　本章小结

本章分析了区域地质构造与地面沉降相关性：

①研究区内的昌平八仙庄、朝阳来广营、东八里庄—大郊亭

沉降区均位于顺义隐伏凹陷内。

②构造运动对地面沉降的影响主要是研究区所处的构造单元在区域应力场的作用下整体呈缓慢下降趋势；断层上、下盘的相对升降运动对处于断层两盘的地面沉降速率差异有一定的影响。

③大于 50 m 的黏性土层是研究区地面沉降的主要贡献层。

第 8 章　总结与展望

8.1　结论

在系统学习国内外地面沉降监测方法、总结其成因机理研究现状基础上，跟踪国际 InSAR 前沿研究，将时序多视角 InSAR 测量技术应用于区域地面沉降研究。以北京市典型地面沉降区为研究区，采取小基线、PS 干涉测量方法融合技术，获取区域地面沉降监测信息。在区域浅表层空间不同的变异模式下，分析时间序列的不均匀沉降的演化过程。进而研究地下水动态变化、载荷时空演化、地质构造与区域地面沉降的响应关系，定性与定量相结合揭示多元作用下的地面沉降的成因机理。取得的主要进展有：

1）融合 PS 和小基线干涉测量方法的时序地面沉降监测研究

2003—2009 年，北京地区的地面沉降发展较为迅速，最大年沉降速率为–41.43 mm/a；从 InSAR 年沉降速率的趋势发现，地面沉降尤其是不均匀沉降的时空展布程度和范围仍会进一步地逐年加剧。

2）典型区域地面沉降时序演变过程分析

①典型区域 1：不同年度，区域地面沉降的季节性的变化差异性较大。2004 年，季节性形变特征比较明显；2008 年，季节性形变特征波动性较大，最大沉降量出现在冬季；其空间演化特征是基本呈团状聚簇式分布。

②典型区域 2：同年度内，时间上沉降波动明显，空间分布较为均匀；年度演化特征：春季较小形变量主要分布在北方向，其他季节，不同等级沉降量的 PS 点呈较为均匀离散状分布。

③典型区域 3：不同年度，区域地面沉降的季节性的变化差异性较大；同年度内，PS 点的空间分布差异性均较大。

④典型区域 4：区域地面沉降的季节性的时空变异性较大。2004 年，PS 点季节的形变空间分布格局大体相同，差异性不大，且分布较为均匀；2008 年，季节变化的幅度不大，但是 PS 点的不均匀性较大；季节时空格局差异性也较大。

⑤典型区域 5：地面沉降的季节性时空变异特征明显。2004 年，PS 点的沉降值差异较大，但空间分布较为均匀；2008 年，区域形变季节波动性较大，空间分布格局受前门—良乡—顺义断裂影响。

⑥综合分析结果可以说明，浅地表空间利用的复杂情况在一定程度上影响着区域的不均匀沉降态势；空间利用情况越简单，沉降的梯度相对越小，不均匀沉降趋势越小。

3）地下水漏斗动态变化与区域地面沉降响应分析

①系统地分析了北京地区降雨时空演化特征，进而研究由于降雨量减少与城市化扩张，导致的地下水有效补给减少，间接导致了地下水的长期过量开采，从而促使地下水流场的演化与地下水漏斗形成。

②揭示了北京地区地下水降落漏斗的历史形成及时空演化特征，地下水漏斗形成于1975年，截止到2001年，地下水漏斗面积达到 1 000 km^2；扩展速率不断加快（12.5～34 km^2/a）；进而采用地下水水位监测数据，进行地下水漏斗变化三维显示（2005—2009 年），分析近年来地下水漏斗的变化趋势，2005—2009年，地下水漏斗中心主要在朝阳东部地区，地下水严重下降区域面积不断扩大，地下水降落漏斗的空间展布模式逐步向东北方向扩展。

③基于GIS的空间分析与常规监测资料，分别揭示出北京五个典型地面沉降漏斗的形成和时空演化特征：朝阳区东八里庄—大郊亭地面沉降漏斗、来广营地面沉降漏斗是沉降历史最长，最具代表性的两个漏斗；而北京郊区（以昌平沙河—八仙庄、大兴榆垡—礼贤地、顺义平各庄）为代表的新的沉降区，虽然形成较晚，但沉降发展十分迅速，其中昌平沙河—八仙庄出现了北京最大累积沉降量 1 086 mm。

④将时间序列InSAR地面沉降形变响应信息，结合年际地下水动态流场演化对比研究，揭示了地面沉降发生较为严重的地区也正是水位埋深较深的地区，主要分布在顺义天竺地区、朝阳地区及通州西北处，这说明北京地区地下水流场变化与地面沉降响应发展具有较好的一致性。分析进一步发现地下水漏斗与地面沉降漏斗空间展布特性并非完全吻合，说明了虽然北京地区地面沉降发生的主要原因是由于地下水的开采，但地面沉降的发展区域也与水文地质条件、可压缩层厚度、地层构造、开采地下水的层位等存在相关性。

⑤以不同变异条件下的5个典型区域为研究区，分析不同含水层系统地下水水位动态变化与地面沉降量点位关系：不同含水

层系统演化对地面沉降的贡献不同；总体而言，地面沉降演化与潜水水位变化相关性较小，而与承压水水位动态变化相关性较大，且两者呈正比例的关系。

4）区域载荷时空演化与地面沉降响应分析

①借鉴基于遥感建筑用地指数方法，选取覆盖北京平原区的TM 遥感影像，在 NDBI、MNDWI、SAVI 反演的基础上，进一步采用 Erdas Modeler 工具反演基于指数的建筑用地指数（IBI），获取研究区建筑用地（载荷）时空变化信息，并进行精度验证。

②基于 InSAR 监测结果和 IBI 法，结合 GIS 空间分析方法，从不同尺度的像元角度出发，分析区域载荷变化与地面沉降的相关性：

- 以每个 PS 点为单个研究对象，IBI 值取该点对应的栅格值，沉降速率即取 PS 点值，采用 Spearman 秩相关系数法来研究载荷密度与地面沉降的关系。研究发现沉降的不均匀性与载荷密度的大小存在正相关关系，最大的 Spearman 秩相关系数为 0.312，最小的相关系数为 0.095；载荷的密度对高沉降速率的地区贡献更为明显，即在沉降速率为（–41.43～–34.99 mm/a），相关系数可达到 0.312；而在低沉降速率地区（–22.11～–16.85 mm/a），相关系数仅为 0.095，基本可以忽略；在沉降速率（–28.55～–22.11 mm/a，–34.99～–28.55 mm/a）范围内，相关系数基本相同，差别不大。
- 基于 20×20 窗口大小，采用回归分析方法，结合 GIS 空间分析，表明建筑用地和 PS 点沉降速率呈正相关关系，建筑用地即城市载荷的增加，会导致地面沉降的加剧，即载荷的增加对地面沉降的发展产生影响。

- 基于 GIS 空间平台，选取 100×100 的窗口大小，研究单体范围是 9 km^2，根据其空间分布和 PS 点的位置情况，共选取了 30 个采样单元，结果表明，其中 18 个采样单元（占总采样个数的 2/3），其平均的 PS 点的沉降速率与所对应栅格单元的 IBI 值存在正相关关系，原因为 18 个采样单元大都有多条交通线（高速路或者环路）通过，这说明了北京地区密集的道路及巨大的车流量对道路的往复击打，即动静载荷的共同作用，在一定程度上对地面沉降产生影响。
- 根据 4.3 节，选取的 5 个典型小区域为研究对象，分析结果表明不同浅地表变异条件下的 5 个研究区域，地面沉降的变化态势与 IBI 值的高低基本一致。即是建筑密度越大（即 IBI 越大），地面沉降效应越显著。

③总体看来，载荷的密度与沉降的不均匀性存在正相关关系，尤其在高沉降速率地区显示的较为明显；这说明高密度建筑群使得局部地面荷载增加，各单体建筑的附加沉降互相叠加，对区域性地面沉降的影响不容忽视。

5）地面沉降与构造断层相关性分析

①InSAR 监测结果揭示出，研究区内的昌平八仙庄、朝阳来广营、东八里庄—大郊亭沉降区均位于顺义隐伏凹陷内。其中，昌平八仙庄沉降区受南口—孙河断裂和黄庄—高丽营断裂控制；朝阳来广营沉降区受良乡—顺义断层、黄庄—高丽营控制，监测结果表明地面沉降范围西北是以黄庄—高丽营断层为边界，东南方向以前门—良乡—顺义断裂为界，部分地区地面沉降已经越过断层区；东八里庄—大郊亭沉降区主要受良乡—顺义断层和南苑—通县断层控制，沉降发展趋势与断层方向一致。

②构造运动对地面沉降的影响主要是研究区所处的构造单元在区域应力场的作用下整体呈缓慢下降趋势；断层上、下盘的相对升降运动对处于断层两盘的地面沉降速率差异有一定的影响。

③大于 50 m 的黏性土层中是研究区地面沉降的主要贡献层。

8.2 展望

针对北京典型地区地面沉降问题，本研究采用融合 PSInSAR 和小基线干涉测量技术，获取高精度区域监测信息，并在此基础上，考虑浅表层空间开发利用情况，进行典型区域不均匀地面沉降时序演化过程分析；进而综合考虑地下水长期超量开采、城市动静载荷的增加、地质构造等对地面沉降的不同贡献，定性与定量相结合地揭示了地面沉降的成因机理。由于主观与客观的原因，本研究在地面沉降研究方面仍然存在许多不足之处，需要在以后的研究工作中继续努力：

①在时序 InSAR 干涉测量技术方面，可以更进一步针对重点研究区域，采用高分辨率 SAR 影像，发挥其时间、空间优势，更准确全面地获取重点沉降区域地面沉降演化信息，进行时空演化特征分析。

②在分析地面沉降成因机理方面，需要更深入地从空间数据场的角度出发，综合挖掘地下水流场、应力场与地表形变场的关系。

③需要更进一步深入学习水文地质学理论与技术，将测绘学与水文地质学交叉研究，对地观测新技术与经典学科优势互补，建立地下水流场、应力场与形变场耦合模型、反演区域水文地质

参数等，更好地揭示区域地面沉降的成因与演化机理，进行区域地面沉降的预测与调控。

④深入探讨地表动静载荷与地面沉降的关系。将动载荷、静载荷区分开来，针对典型的动静载荷区域，采用高分辨率、多视角 InSAR 技术，获取其详细信息，准确刻画区域动静载荷与地面沉降的响应关系。

参考文献

[1] Ana Bertran Ortiz. ScanSar-to-Strimap interferometric observations of Hawaii [D]. Stanford University，2007，9.

[2] Andersen L，Nielsen S R K，Wankiewicz R. Vehicle Moving Along an Infinite Euler Beam with Random Surface Irregularities on A Kelvin Foundation[J]. ASME J Appl Mech，69：69-75，2002.

[3] Andrew Hooper，Rikke Pedersen. Deformation Due to Magma Movement and Ice Unloading at Katla Volcano，Iceland，Detected by Persistent Scatterer InSAR[C]. Proc. ENVISAT Symposium 2007，Montreux，Switzerland，2007.

[4] Andrew John Hooper. Persistent Scatterer RADAR Interferometry for Crustal Deformation Studies and Modeling of Volcanic Deformation[C]. Stanford University，2006 Radar Conference，2006，53-61.

[5] B M Kampes. Displacement Parameter Estimation Using Permanent Scatterer Interferometry. PhD thesis，Delft University of Technology，2005.

[6] Bawden G W，Thatcher W，Stein R S，et al.Tectonic contraction across Los Angeles after removal of groundwater pumping effects [J]. Nature 2001，412：812.

[7] Buckley S M，Rosen P A，Hensley S，et al. Land subsidence in Houston，Texas，measured by radar interferometry and constrained by extensometers [J]. Geophys Res 108（B11）：2542. DOI 10.1029/2002JB001848.

[8] Burbey T J. Stress-strain analyses for aquifer-system characterization [J]. Ground Water，2001，39（1）：128-136.

[9] Büurgmann，Roland，Hilley，et al. Resolving vertical tectonics in the San Francisco Bay Area from permanent scatterer InSAR and GPS analysis [J]. Geology，Mar 2006，34（3）：221-224.

[10] C P Chang，TY Chang. Land-surface deformation corresponding to seasonal ground-water fluctuation，determining by SAR interferometry in the SW Taiwan[J]. Mathematics and Computers in Simulation 67，2004：351-359.

[11] Crosetto M，et al. Validation of Persistent Scatterers Interferometry over a Mining Test Site Results of the PSIC4 project [C]. Proc. ENVISAT Symposium 2007，Montreux，Switzerland，2007.

[12] Daniele Perissin，Claudio Prati，Fabio Rocca，et al. Multi-Track PS Analysis in Shanghai[C]. Proc.，ENVISAT Symposium 2007，Montreux，Switzerland，2007.

[13] Daniele Perissin，D Perissin，F Rocca. High accuracy urban DEM using Permanent Scatterers [J]. IEEE TGARS，2006，44（11）：3338-3347.

[14] D A Schmidt，R Bürgmann. Time-dependent land uplift and subsidence in the Santa Clara valley，California，from a large interferometric synthetic aperture radar data set. Journal of Geophysical Research，108（B9）：2416，28，2003.

[15] F Casu，M Manzo，A Pepe，et al. On the Capability of the SBAS-DInSAR Technique to Investigate Deformation Phenomena of Large Areas with Low Resolution Date [C]. Proc. ENVISAT Symposium 2007，Montreux，Switzerland，2007.

[16] Ferretti A，Savio G，Barzaghi R，et al. Submillimeter Accuracy of InSAR Time Series [M]. Experimental Validation，GeoRS(45)，No. 5，May 2007，pp. 1142-1153.

[17] Ferretti C Prati，F Rocca. Nonlinear subsidence rate estimation using permanent scatterers in differential SAR interferometry，IEEE Trans. Geosci [J]. Remote Sensing，38（5）：2202-2212，2000.

[18] Ferretti C.Prati，F.Rocca. Permanent Scatters in SAR Interferometry. IEEE Transactions on Geoscience and Remote Sensing，Vol.39，No.1，January 2001.

[19] Galloway D L，Bürgmann R，Fielding E，et al. Mapping recoverable aquifer-system deformation and land subsidence in Santa Clara Valley，California，USA，using space-borne synthetic aperture radar [C]. Proceedings of the 6th International Symposium on Land Subsidence，Vol. 2，Ravenna，Italy，24-29 Sept. 2000，National Research Council of Italy（CNR），pp. 229-236.

[20] Galloway D，Jones D R，Ingebritsen S E. Land subsidence in the United States.U.S. [J]. Geological Sruvey Circular 1182，1999.

[21] Halford K J，Laczniak R J，Galloway D L. Hydraulic characterization of overpressured tuffs in central Yucca Flat，Nevada Test Site，Nye County，Nevada [R].USGS Sci Invest Rep 2005-5211.

[22] Hanson E J，S B Berkheimer. Effect of soil calcium applications on blueberry yield and quality [J].Small Fruits Rev 2004，3：133-141.

[23] Hoffmann，Joern.The application of satellite radar interferometry to the study of land subsidence over developed aquifer systems [D]. Stanford University，2003，6.

[24] Hoffmann，Zebker H A，Galloway D L，et al. Seasonal subsidence and

rebound in Las Vegas Valley, Nevada, observed by synthetic aperture radar interferometry [J]. Water Resources Research，2001，37（6）：1551-1566.

[25] Holzer T L，Johnson A I. Land subsidence caused by ground water withdrawal in urban areas[J].Geojournal，11（3）：245-255，1985.

[26] Hooper A. Combined multiple acquisition InSAR method incorporating both persistent scatterer and small baseline approaches [J].Geophys. Res. Lett.，in prep，2007.

[27] Hooper A. multiple-temporal InSAR method incorporating both persistent scatterer and small baseline approaches [J].Geophys. Res. Lett.，2008.

[28] Hooper A，H Zebker，P Segall，et al. A new method for measuring deformation on volcanoes and other natural terrains using InSAR persistent scatterers[J]. Geophysical Research Letters，31（23），5，2004.

[29] http://old.cgs.gov.cn/NEWS/Geology%20News/2005/20050826/Original%20Files/023.jpg.

[30] Huili Gong，Youquan Zhang*. Modeling Atmospheric Effects of InSAR Measurements based on Meris and GPS observations. International Geoscience & Remote Sensing Symposium，2008.

[31] Jan Anderssohn，et al. Land subsidence pattern controlled by old alpine basement faults in the Kashmar Valley, northeast Iran: results from InSAR and levelling[J].Geophysical Journal International，2008.

[32] Kaynia A M，Madhus C，Zackrisson P. Ground Vibration from High. speed Rains：Prediction and Countermeasure[J]. Journal of Geoteehnical Geoenvironmental Engineering，2006，126（6）：531-537.

[33] Lanari Lanari R，Lundgren P，Manzo M，et al. Satellite Radar Interferometry Time Series Analysis of Surface Deformation for Los Angeles，California [J]. Geophysical Research Letters，2004，31（23）：613.

[34] Lyons，Sandwell. Fault creep along the southern San Andreas from interferometric synthetic aperture radar，permanent Scatterers and stacking [J]. J. geophys. Res，2003.

[35] M Watson，Karen，Yehuda Bock，et al. Satellite interferometric observations of displacements associated with seasonal groundwater in the Los Angeles Basin [J]. Journal of Geophysical Research，107（0）: 10.1029/2001 JB000470. 2002.

[36] Mahdi Motagh，Yahya Djamour，Thomas R Walter，et al. Monitoring of Land Subsidence in Mashhad Valley，Northeast Iran，Using Interferometric Synthetic Aperture Radar（InSAR），Precise Leveling and Continuous GPS [C].ISAT Symposium 2007，Montreux，Switzerland，2007.

[37] Mark Warren，Andrew Sowter，Richard Bingley. PS-InSAR without a DEM A 3-Pass Approach [C]. Proc. ENVISAT Symposium 2007，Montreux，Switzerland，2007.

[38] Mingsheng Liao，Liming Jiang，Hui Lin，et al.Urban Change Detection Based on Coherence and Intensity Characteristics of SAR Imagery [J]. Photogrammetric Engineering and Remote Sensing，Vol.74，No. 8，2008.

[39] P Berardino，G Fornaro，R Lanari，et al. A new algorithm for surface deformation monitoring based on small baseline differential SAR interferograms[J]. 2002.

[40] Qiming Zeng，Ying Li，Xiaofan Li .Correction of tropospheric water vapour effect on ASAR interferogram using synchronous MERIS data.IGARSS 2007. IEEE International.

[41] Roland Bürgmann，George Hilley，Alessandro Ferretti，et al. Resolving vertical tectonics in the San Francisco Bay Area from permanent scatterer InSAR and GPS analysis [J]. Geology March 2006；Vol. 34；No. 3；pp.

221-224.

[42] R Lanari，O Mora，M Manunta，et al. A smallbaseline approach for investigating deformations on full-resolution differential SAR interferograms. IEEE Trans.Geosci. Remote. Sens.，42（7）：1377-1386，2004.

[43] S Stramondo .Subsidence induced by urbanisation in the city of Rome detected by advanced InSAR technique and geotechnical investigations [J]. Remote Sensing of Environment，112（2008）：3160-3172.

[44] Schmidt，Bürgmann，Schmidt D A，et al（2003）. Time dependent land uplift and subsidence in the Santa Clara Valley，California，from a large InSAR dataset [J]. J Geophys Res108（B9），2003：2416. DOI 10.1029/2002JB002267.

[45] Schmidt D A，Bürgmann R. Time dependent land uplift and subsidence in the Santa Clara Valley，California，from a large InSAR dataset [J]. J Geophys Res108（B9）：2416，2003.

[46] Schmidt D A，Bürgmann R. Time dependent land uplift and subsidence in the Santa Clara Valley，California，from a large InSAR dataset [J]. J Geophys Res 108（B9）：2416. DOI 10.1029/2002JB002267.

[47] Shi X Q，Xue Y Q，Wu J C，et al. Characteristics of regional land subsidence in Yangtze Delta，China--An example of Su-Xi-Chang Area and the City of Shanghai. Hydrogeology Journal，2008，16（3）：593-607.

[48] Tingting Yan，Thomas J. Burbey .The Value of Subsidence Data in Ground Water Model Calibration [J] GROUND WATER，2008.46（4）：538-550.

[49] Xu Y S，Shen S L，Cai Z Y，et al. The state of land subsidence and prediction approaches due to groundwater withdrawal in China[J]. Natural Hazards，2008，45（1）：123-135.

[50] Youquan Zhan，Huili Gong. InSAR analysis of land subsidence caused by

groundwater exploitation in Changping，Beijing，China，International Geoscience & Remote Sensing Symposium，2008.

[51] Youquan Zhang，Huili Gong，Xiaojuan Li. Seasonal Displacements in Upper-middle Alluvial Fan of Chaobai River，Beijing，China，Observed by The Permanent Scatterers Technique，Joint Urban Remote Sensing Event，2009.

[52] 白俊. 干涉雷达中的永久散射体和交叉干涉技术的研究与应用[D]. 中国科学院自动化研究所，2005.

[53] 北京市地质矿产勘查开发局、北京市水文地质工程地质大队. 北京地下水[M]. 中国大地出版社，2008.

[54] 陈基炜，詹龙喜. 上海地铁一号线隧道变形测量及规律分析[J]. 上海地质，2002（2）：51-56.

[55] 陈强，刘国祥，李永树，等. 干涉雷达永久散射体自动探测——算法与实验结果[J]. 测绘学报，2006，35（2）：112-117.

[56] 陈强. 基于永久散射体雷达差分干涉探测区域地表形变的研究[D]. 西南交通大学，2006.

[57] 崔振东，唐益群，卢辰，等. 工程环境效应引起上海地面沉降预测[J]. 工程地质学报，2007，15（2）：234-236.

[58] 方仲景，程绍平，冉永康，等. 延怀盆岭构造及其晚第四纪断裂运动的某些特征[J]. 地球物理学进展，1993（4）.

[59] 葛大庆，王艳，郭小方，等. 利用短基线差分干涉纹图集监测地表形变场[J]. 大地测量与地球动力学，2008，28（2）：225.

[60] 龚世良. 上海地面沉降影响因素综合分析与地面沉降系统调控对策研究[D]. 2008.

[61] 国土资源部. 中国地质环境公报[R]. 2006.

[62] 何庆成，方志雷，李志明，等. InSAR 技术及其在沧州地面沉降监测中

的应用[J]. 地学前缘，2006，13（1）：179-184.

[63] 何庆成，叶晓滨，李志明，等. 我国地面沉降现状及防治战略设想[J]. 高校地质学报，2006（2）.

[64] 黄庆妮，唐伶俐，戴昌达. 环境卫星（ENVISAT-1）ASAR 数据特性及应用潜力分析[J]. 遥感信息，2004（3）：56-59.

[65] 黄秀铭，汪良谋，等. 北京地区新构造运动特征[J]. 地震地质，1991，13（1）：43-51.

[66] 贾三满，王海刚，罗勇，等. 北京市地面沉降发展及对城市建设的影响[J]. 地质灾害，2007，2（4）.

[67] 焦青，邱泽华. 北京平原地区主要活动断裂带研究进展[C]. 地壳构造与地壳应力论文集，2006（18）：72-84.

[68] 焦青，邱泽华，范国胜. 北京地区八宝山—黄庄—高丽营断裂的活动与地震[J]. 大地测量与地球动力学，2005，25（4）：50-54.

[69] 介玉新，高燕，李广信. 城市建设对地面沉降影响的原因分析[J]. 岩土工程技术，2007，21（2）：78-82.

[70] 介玉新，高燕，李广信，等. 城市建设中大面积荷载作用的影响深度探讨[J]. 工业建筑，2007（37）：57-62.

[71] 李德仁，廖明生，王艳. 永久散射体雷达干涉测量技术[J]. 武汉大学学报，2004，29（8）：664-668.

[72] 李进军，黄茂松. 交通荷栽作用下软土地基累积塑性变形分析[J]. 中国公路学报，2006，19（1）：1-5.

[73] 李志伟. Modeling Atmospheric Effects on Repeat-pass InSAR Measurements [D]. The Hong Kong Polytechnic University，2004.

[74] 廖明生，林珲. 雷达干涉测量——原理与信号处理基础[M]. 测绘出版社，2003.

[75] 凌建明，王伟，邬洪波. 行车荷载作用下湿软路基残余变形的研究

[J]. 同济大学学报，2002，30（11）：1315-1320.

[76] 刘光勋. 东昆仑活动断裂带及其强震活动中国地震[J]. 中国地震，1996，12（2）：119-126.

[77] 刘明，黄茂松. 地铁荷载作用下饱和软黏土的长期沉降分析[J]. 地下空间与工程学报，2006，2（5）：813-817.

[78] 刘毅. 地面沉降研究的新进展与面临的新问题[J]. 地学前缘，2001，8（2）：273-278.

[79] 刘予，叶超，贾三满. 北京市平原地面沉降区含水岩组和可压缩层划分[J]. 分析研究，2007，2（1）.

[80] 牛修俊，等，地层的固结特征与地面沉降临界水位控沉[J]. 中国地质灾害与防治学报，1998，9（2）：68-74.

[81] 上海市地质调查研究院，上海市城市规划设计研究院. 上海市城市地面沉降对规划制定与实施管理的影响研究[R]. 2001.

[82] 沈国平，王莉. 上海城市建设与地面沉降关系初探[J]. 城市规划汇刊，2003（6）：91-93.

[83] 孙刚臣，彭建兵，等. 西安市地面沉降成因机理中的若干问题探讨[J]. 灾害学，2008，9.

[84] 孙颖，苗礼文. 北京市深井人工回灌现状调查与前景分析[J]. 水文地质工程地质，2001（1）：21-23.

[85] 孙颖，叶超，韩爱果，等. 北京地区水资源养蓄方案初探[J]. 水土保持研究，2006（6）：129-132.

[86] 汤益先，张红，王超. 基于永久散射体雷达干涉测量的苏州地区沉降研究[J]. 自然科学进展，2006，16（8）：1015-1020.

[87] 唐益群，崔振东，王兴汉，等. 密集高层建筑群的工程环境效应引起地面沉降初步研究[J]. 西北振动学报，2007，29（2）：105-108.

[88] 唐益群，严学新，王建秀，等. 高层建筑群对地面沉降影响的模型试

验研究[J]. 同济大学学报：自然科学版，2007，35（3）：320-325.

[89] 王祎萍. 北京市超量开采地下水引起的地面沉降研究[J]. 勘察科学技术，2004（5）.

[90] 王霆，刘维宁，张成满，等. 地铁车站浅埋暗挖法施工引起地表沉降规律研究[J]. 岩石力学与工程学报，2007，26（9）：1855-l861.

[91] 王艳，廖明生，李德仁，等. 利用长时间序列相干目标获取地面沉降场[J]. 地球物理学报，2007，50（2）：598-604.

[92] 吴涛，张红，王超，等. 多基线距 D-InSAR 技术反演城市地表缓慢形变[J]. 科学通报，2008（15）：1849-1857.

[93] 谢振华，等. 首都地下水资源和环境调查评价[R]. 北京市地质调查研究院，2003.

[94] 薛禹群，张云，叶淑君，等. 我国地面沉降若干问题研究[J]. 高校地质学报，2006，12（2）：153-160.

[95] 薛禹群，张云，叶淑君，等. 我国地面沉降若干问题研究[J]. 高校地质学报，2006（2）.

[96] 薛禹群，张云，叶淑君，等. 中国地面沉降及其需要解决的几个问题[J]. 第四纪研究，2003，23（6）.

[97] 严礼川. 我国城市地面沉降概括[J]. 上海地质，1992（1）：40-48.

[98] 叶淑君，薛禹群，张云，等. 上海区域地面沉降模型中土层变形特征研究[J]. 岩土工程学报，2005，27（2）：140-147.

[99] 于勇. 基于网络规划的干涉雷达相位解缠算法研究[D]. 中国科学院遥感应用技术研究所，2002.

[100] 曾正强，等. 上海地面沉降灾害经济损失评估// 2002 全国地面沉降学术研讨会论文集[C]. 中国地质调查局地面沉降研究中心，2002：145-154.

[101] 张勤，赵超英，丁晓利，等. 利用 GPS 与 InSAR 研究西安现今地面

沉降与地裂缝时空演化特征[J]．地球物理学报，2009（5）：1214-1222.

[102] 赵慧. 地面沉降人为主控因素研究[D]. 长安大学，2005.

[103] 郑铣鑫，等. 地面沉降研究现状与展望// 2002 全国地面沉降学术研讨会论文集[C]. 中国地质调查局地面沉降研究中心，2002：448-457.

[104] 郑永来，李美利．软土隧道渗漏对隧道及地面沉降影响研究[J]．岩土工程学报，2005，27（2）：243-247.

[105] Shi X，Wu J，Ye S，et al. Regional land subsidence simulation in Su-Xi-Chang area and Shanghai City，China[J]. Engineering Geology，2008，100（1-2）：27-42.

[106] Huili Gong，Menlou Li，Xinli Hu. Management of Groundwater Resources in Zhengzhou City[J]. Water Research，2000，34（1）：57-62.

[107] Oh H，Lee S. Assessment of ground subsidence using GIS and the weights-of-evidence model[J]. Engineering Geology，2010，115（1-2）：36-48.

[108] 王萍. 北京市超量开采地下水引起的地面沉降研究[J]. 勘察科学技术，2004.

[109] Hoffmann J，Zebker H A. Prospecting for horizontal surface displacements in Antelope Valley，California，using satellite radar interferometry[J]. J Geophys Res，2003，108（1）：6011.

[110] 陈强. 基于永久散射体雷达差分干涉探测区域地表形变的研究[D]. 西南交通大学，2006.

[111] Daniele Perissin，D Perissin，F Rocca. High accuracy urban DEM using Permanent Scatterers [J]. Ieee Tgars，2006，44（11）：3338-3347.

[112] 单世铎，赵拥军. 干涉合成孔径雷达取复图像配准方法[J]. 测绘学院学报，2005，22（2）：131-133.

[113] 陶秋香. PSInSAR 关键技术及其在矿区地面沉降监测中的应用研究[D].

山东科技大学，2009.

[114] http://enterprise. lr. tudelft. nl/doris/bibliography/.

[115] 胡乐银. 应用时序分析方法监测断层活动性研究[D]. 山东科技大学，2010.

[116] 何秀凤，仲海蓓，何敏. 基于 PS-InSAR 和 GIS 空间分析的南通市区地面沉降监测[J]. 同济大学学报：自然科学版，2011，39（1）：129-134.

[117] Poland J F，et al. Guidebook to studies of land subsidence due to ground-water withdrawal [J]. Paris，France，UNESCO Studies and Reports in Hydrology，1984：305.

[118] 陈崇希. 关于地下水开采引发地面沉降灾害的思考[J]. 水文地质工程地质，2000，1：45-60.

[119] Gelt J. Land subsidence，earth fissures，change Arizona's landscape[J]. Arroyo，1992，6（2）：7-15.

[120] Galloway D L，K W Hudnut，et al. Detection of aquifer system compaction and land subsidence using interferometric synthetic aperture radar，Antelope Valley，Mojave Desert，California[J]. Water Resources Research，1998，34（7-15）：2573-2585.

[121] 宫辉力，张有全，李小娟. 基于永久散射体雷达干涉测量技术的北京市地面沉降研究[J]. 自然科学进展，2009.

[122] 贾三满，王海刚，赵守生，等. 北京地面沉降机理研究初探[J]. 分析研究，2007，2（1）：20-26.

[123] 朱会义，贾绍凤. 降雨信息空间插值的不确定性分析[J]. 地理科学进展，2004，23（2）：34-42.

[124] 朱求安，张万昌，余钧辉. 基于 GIS 的空间插值方法研究[J]. 江西师范大学学报，2004，28（2）：183-188.

[125] 北京市地质矿产勘查开发局、北京市水文地质工程地质大队. 北京地

下水[M]. 中国大地出版社，2008.

[126] 刘中丽，欧阳宗继. 气候变化对北京水资源的影响[J]. 北京农业科学，1999，17（5）.

[127] 冉茂玉. 论城市化的水文效应[J]. 四川师范大学学报，2000，23（4）：436-439.

[128] 焦青，邱泽华. 北京平原地区主要活动断裂带研究进展[R]. 地壳构造与地壳应力论文集，2006：72-84.

[129] 上海市地质调查研究院，上海市城市规划设计研究院. 上海市城市地面沉降对规划制定与实施管理的影响研究[R]. 2001.

[130] 徐涵秋. 一种基于指数的新型遥感建筑用地指数及其生态环境意义[J]. 遥感技术与应用，2007，22（3）：301-308.

[131] 杨山. 发达地区城乡聚落形态的信息提取与分形研究——以无锡市为例[J]. 地理学报，2000，55（1）：671-678.

[132] 查勇，倪绍祥，杨山. 一种利用 TM 图像自动提取城镇用地信息的有效方法[J]. 遥感学报，2003，7（1）：37-40.

[133] Zha Yong，Gao J，Ni S. Use of normalized difference built-up index in automatically mapping urban areas from TM imagery [J]. International Journal of Remote Sensing，2003，24（3）：583-594.

[134] 徐涵秋. 基于压缩数据维的城市建筑用地遥感信息提取[J]. 中国图象图形学报，2005，10（2）.

[135] Huete A R. A soil-adjusted vegetation index（SAVI）[J]. Remote Sensing of Environment，1988，25（3）：295-309.

[136] Huete A R，Liu H. An error and sensitivity analysis of the atmospheric and soil-correcting variants of the NDVI for the MODIS-EOS[J]. IEEE Transactions on Geoscien ces and Remote Sensing，1994，32（4）：897-905.

[137] Ray T W. Vegetation in remote sensing FAQs[A]. In Applications[M]. ER

M apper Ltd，Perth，Au stralia，2002：85-97.

[138] 冉有华，李文君，陈贤章. TM 图像土地利用分类精度验证与评估[J]. 遥感技术与应用，2003，18（2）：81-86.

[139] 王琳，徐涵秋，李胜. 福州城市扩展的遥感动态监测[J]. 地球信息科学，2006，8（4）：129-135.

[140] 张利田，卜庆杰，杨桂华，等. 环境科学领域学术论文中常用数理统计方法的正确使用问题[J]. 环境科学学报，2007，27（1）：171-173.

[141] 陶澍. 应用数理统计方法[M]. 北京：中国环境科学出版社，1994.

[142] 李彦萍，杨红霞. 非参数统计中相关系数的计算及其应用[J]. 山西农业大学学报，2003，23（4）：363-366.

[143] 吴喜之. 非参数统计（第 2 版）[M]. 北京：中国统计出版社，2006.

[144] 谷彬，赵彦云. 非参数统计作用与发展[J]. 中国统计，2007（4）：55-56.

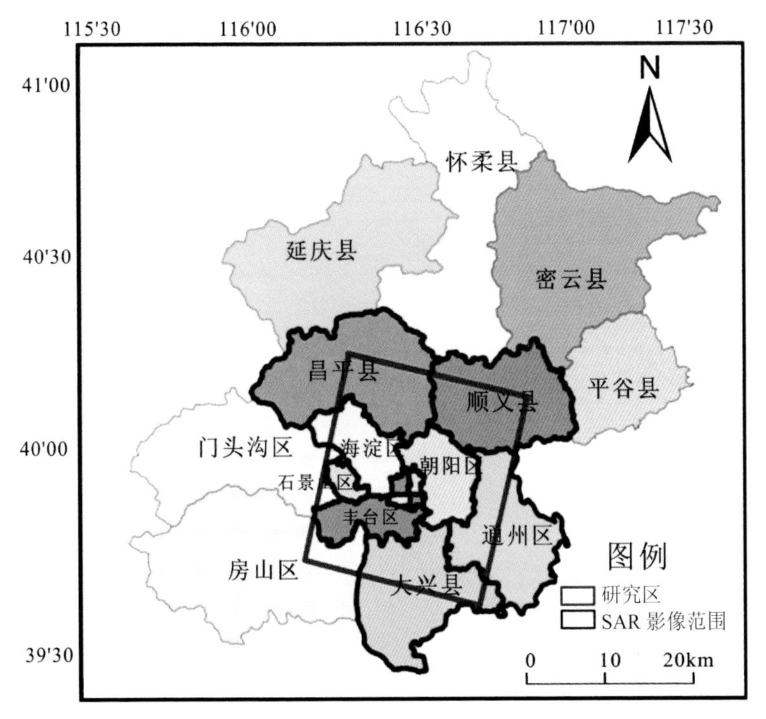

图 2-1　研究区位置与范围

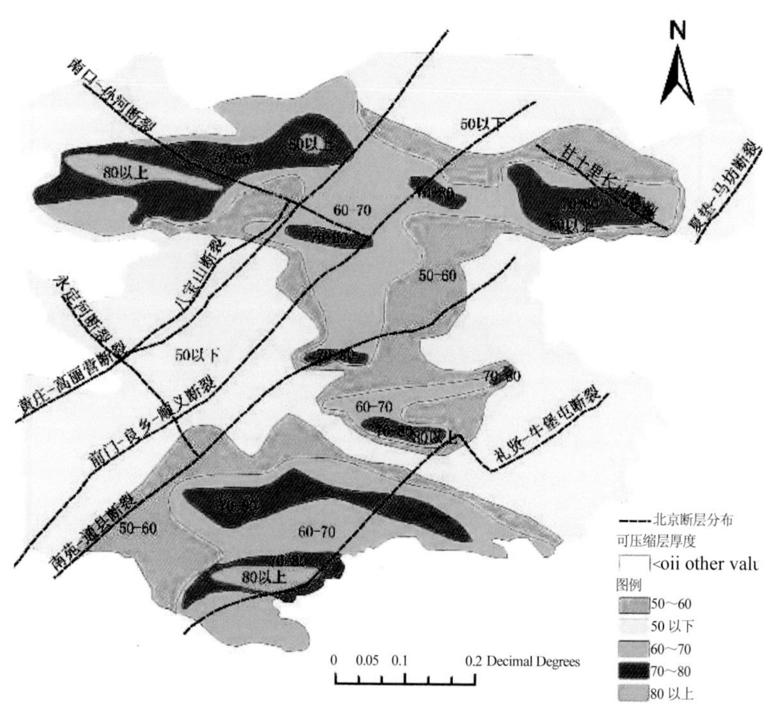

图 2-3 研究区活动断裂带分布图

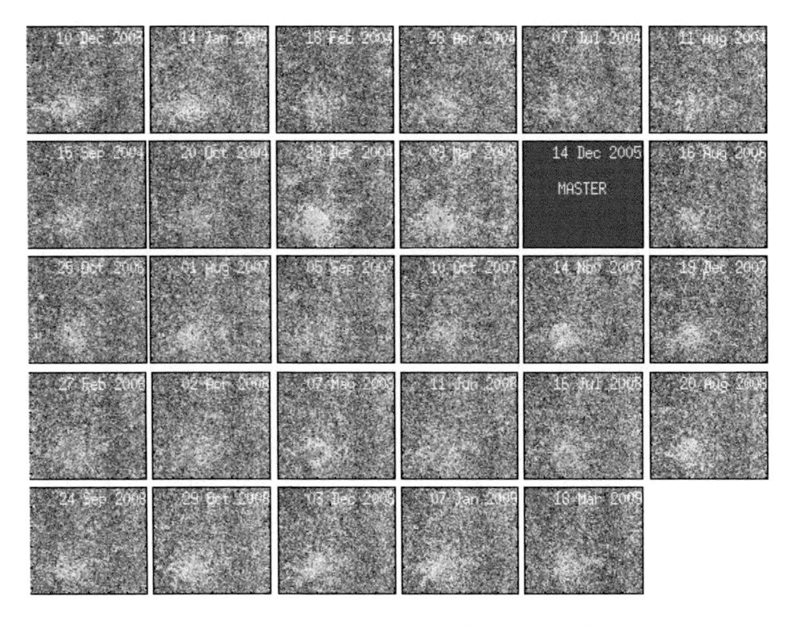

图 4-5　ASAR 时间序列差分干涉结果

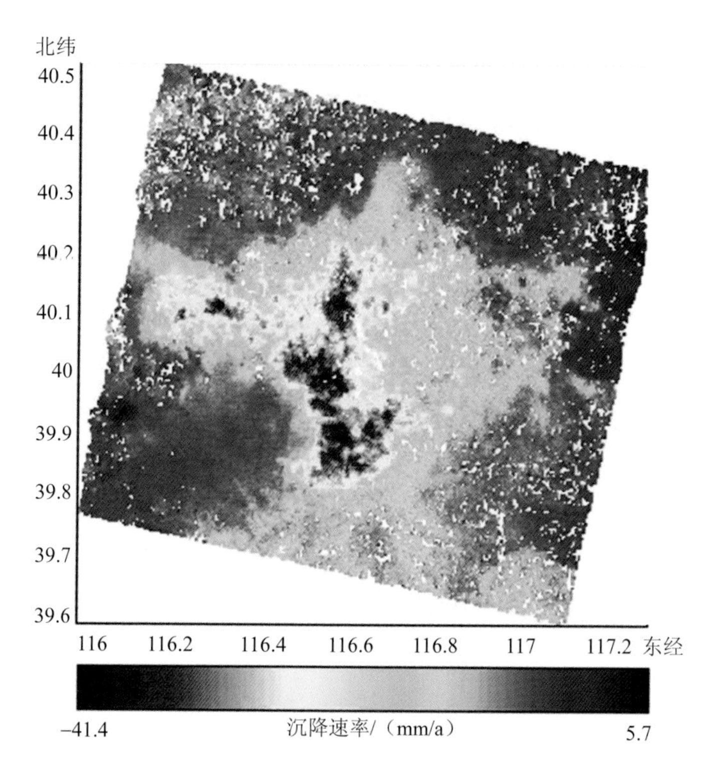

图 4-12　北京地区年地面沉降速率分布

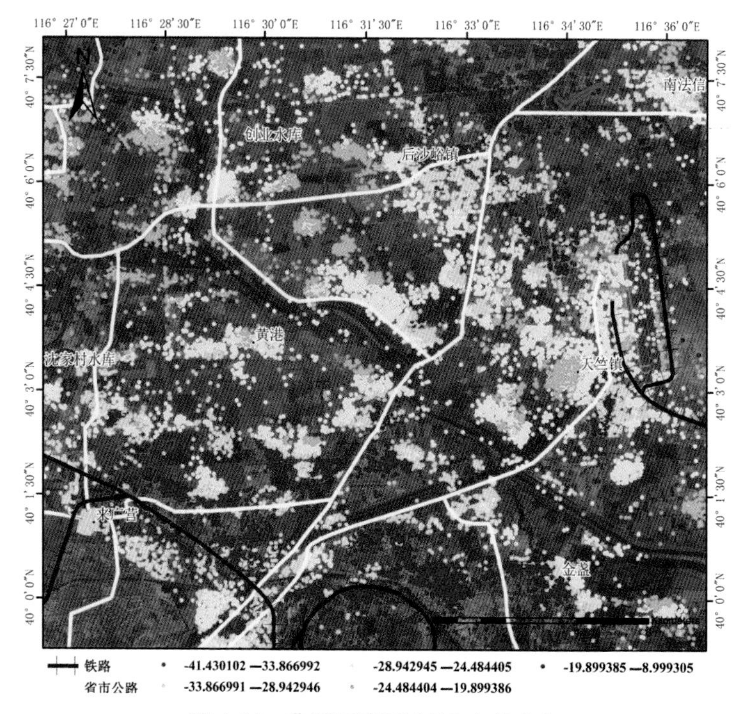

图 4-14　典型沉降区域 PS 点的分布

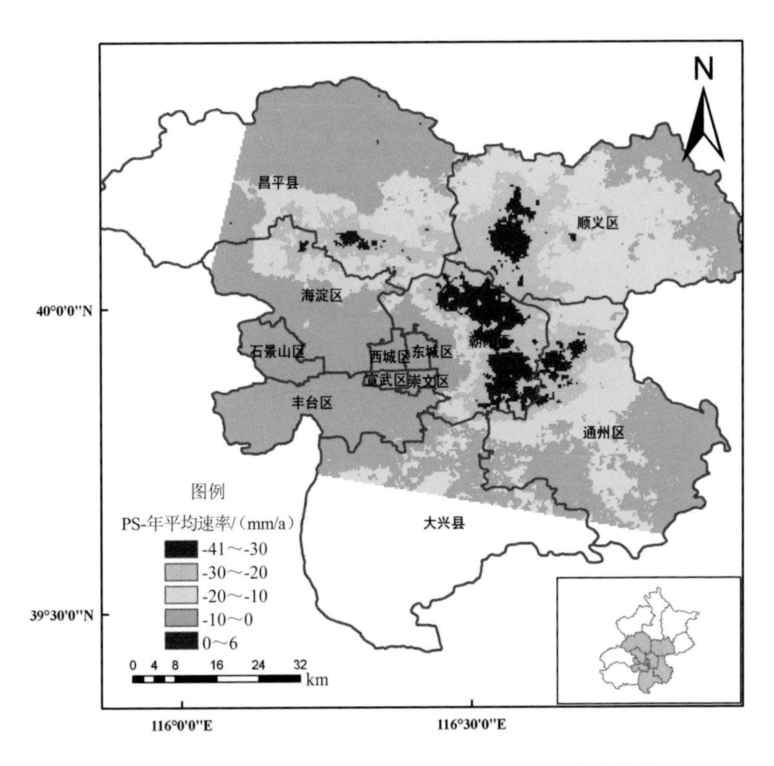

图 4-17　研究区地面沉降年平均速率空间分布趋势图

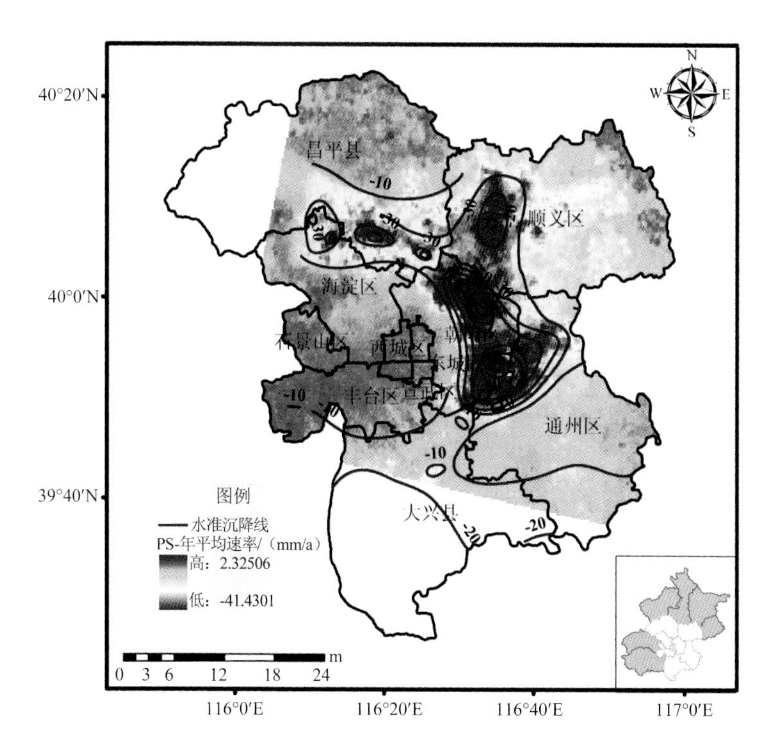

图 4-18　PS-InSAR 与水准等值线对比

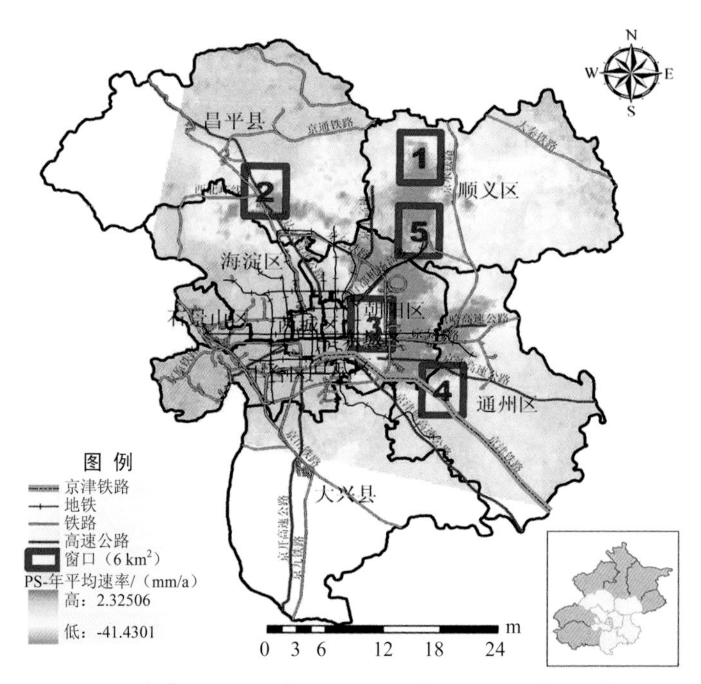

图 4-23　5 个典型的移动窗口的位置分布及对应沉降速率情况

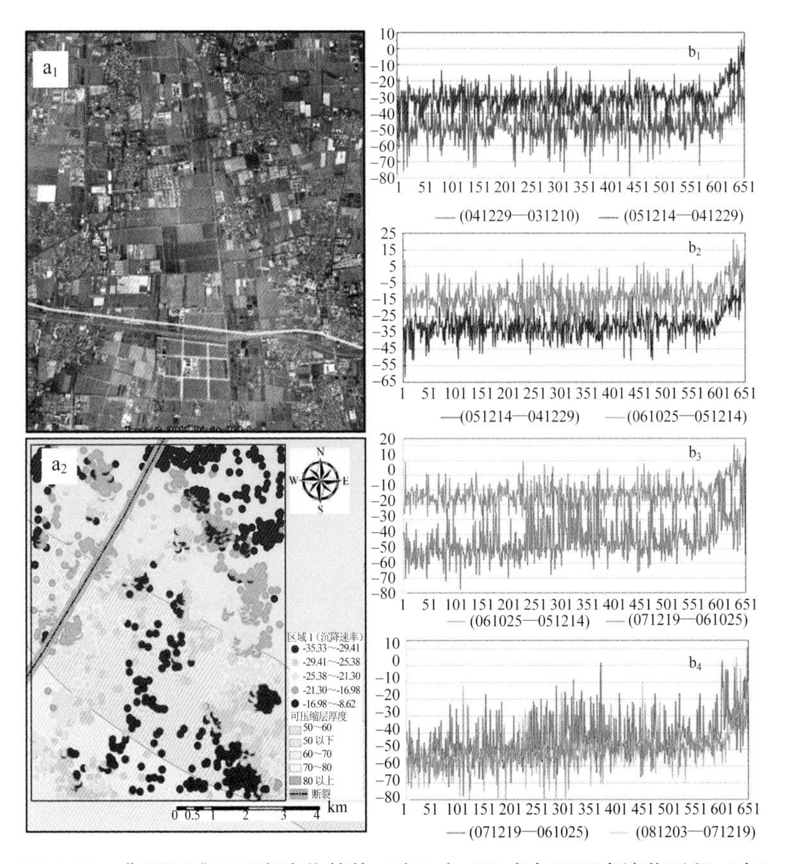

图 4-24　典型区域 1 形变演化趋势（左）与 PS 点年际形变演化过程（右）

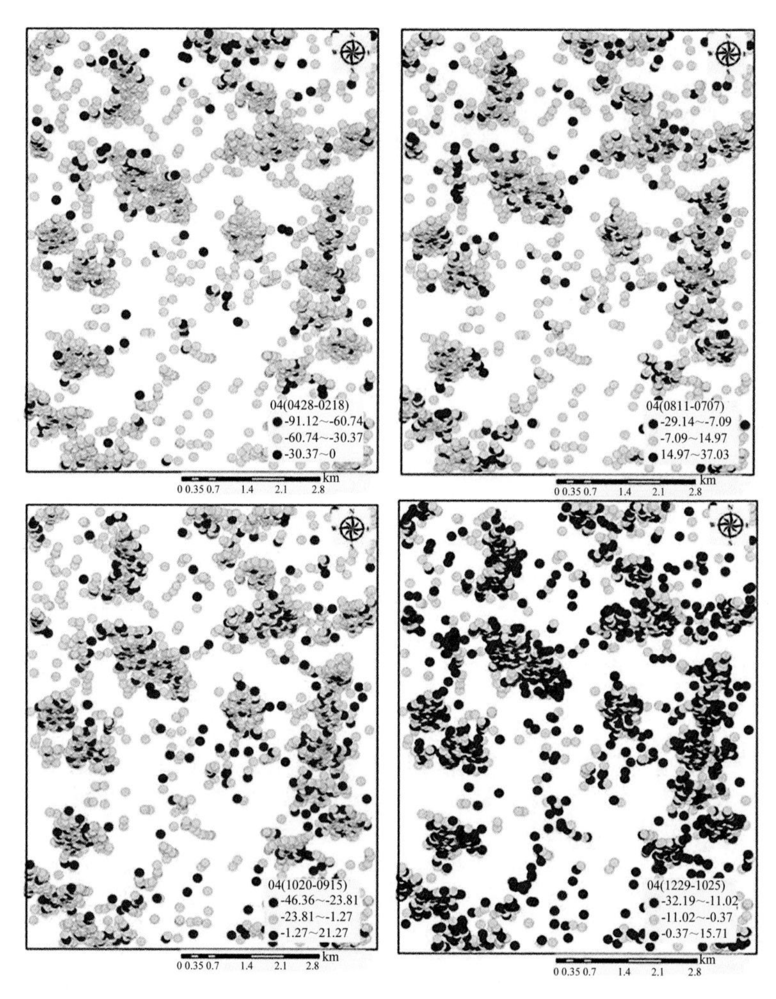

图 4-27　PS 点季节形变演化趋势空间分布（2004 年）

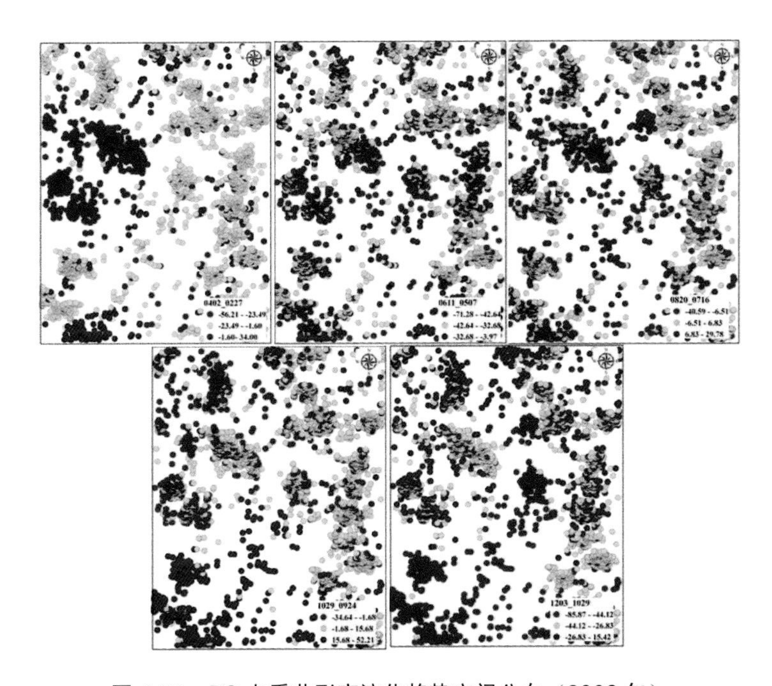

图 4-29　PS 点季节形变演化趋势空间分布（2008 年）

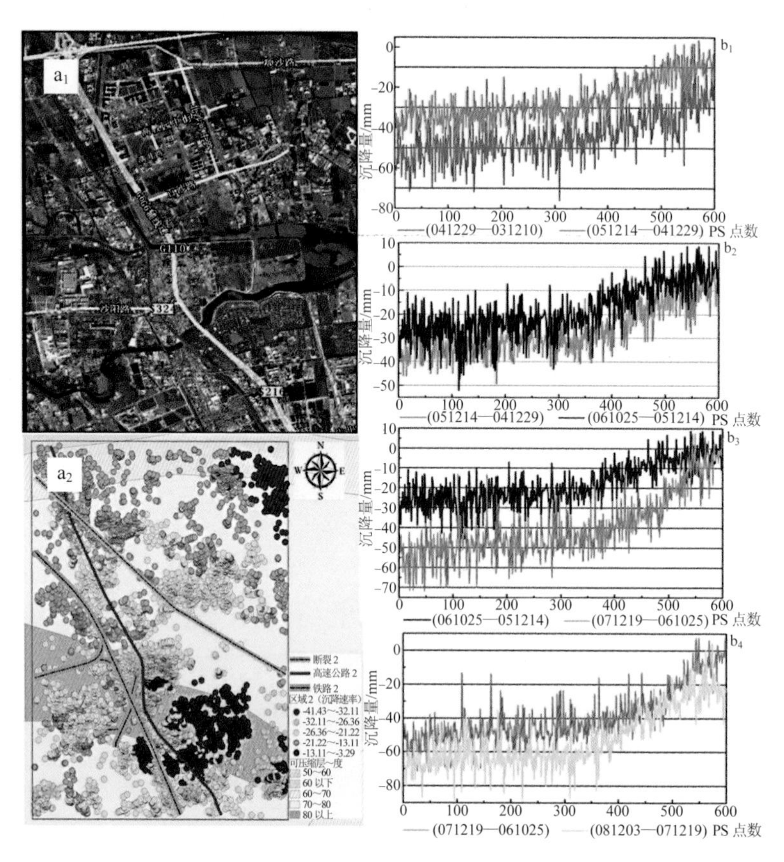

图 4-30　典型区域 2 形变演化趋势（左）与 PS 点年际形变演化过程（右）

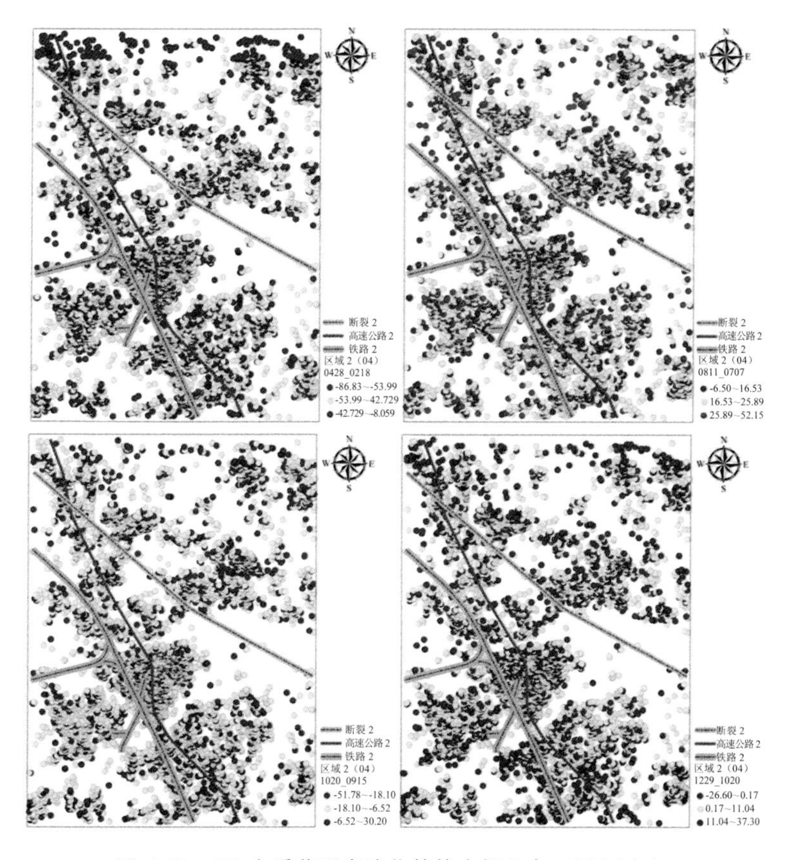

图 4-33　PS 点季节形变演化趋势空间分布（2004 年）

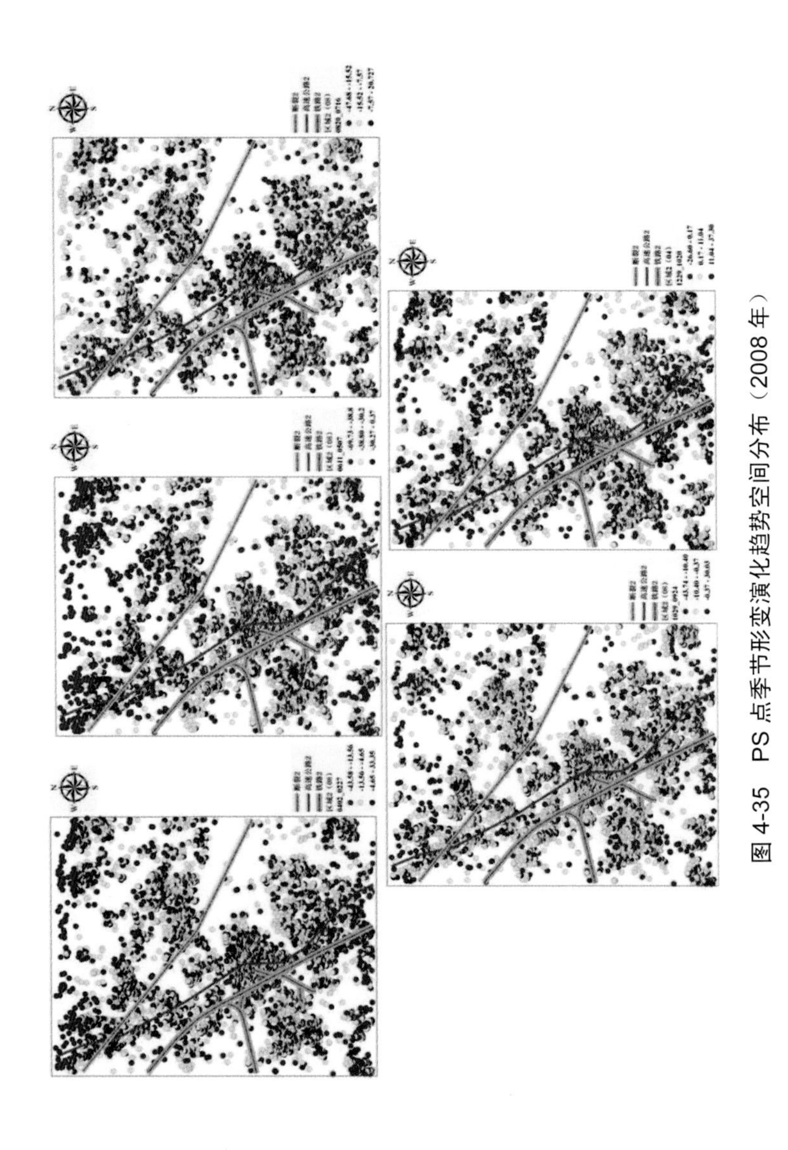

图 4-35 PS 点季节形变演化趋势空间分布（2008 年）

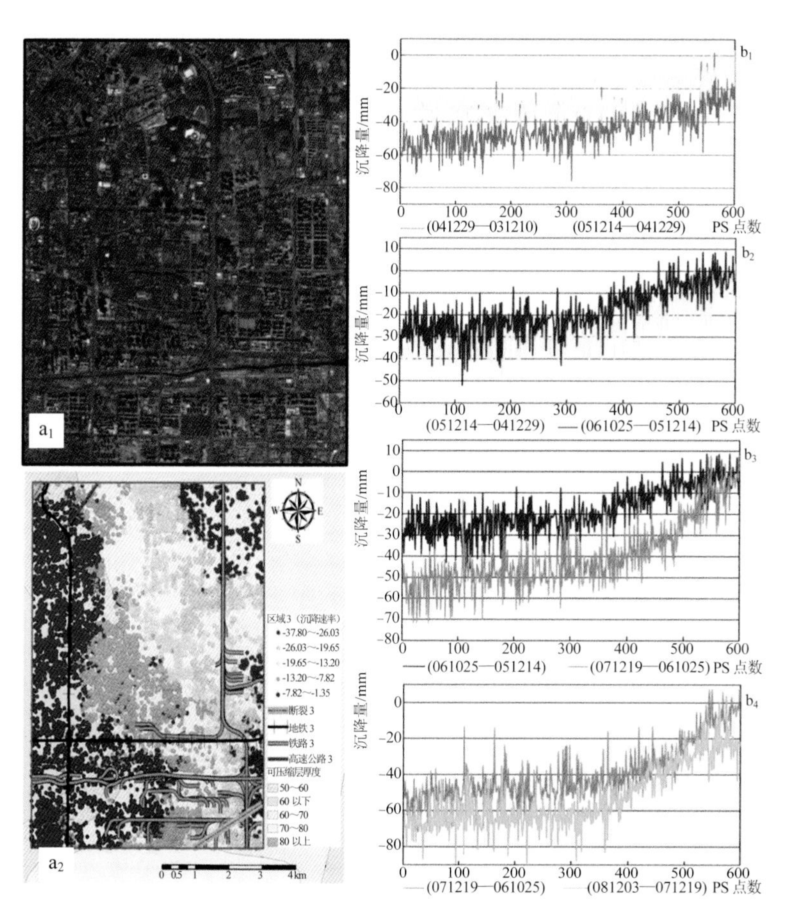

图 4-36　典型区域 3 形变演化趋势（左）与 PS 点年际形变演化过程（右）

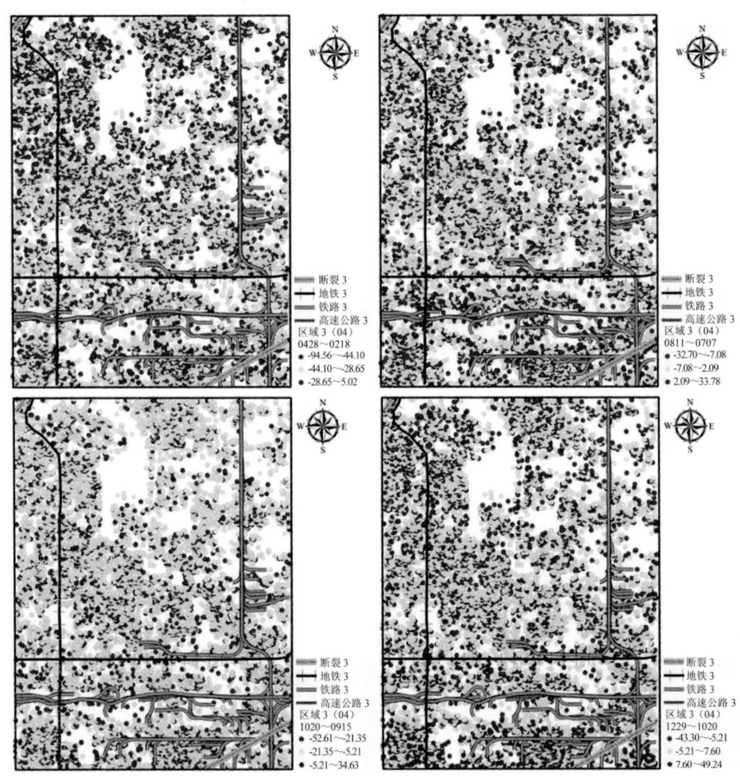

图 4-39　PS 点季节形变演化趋势空间分布（2004 年）

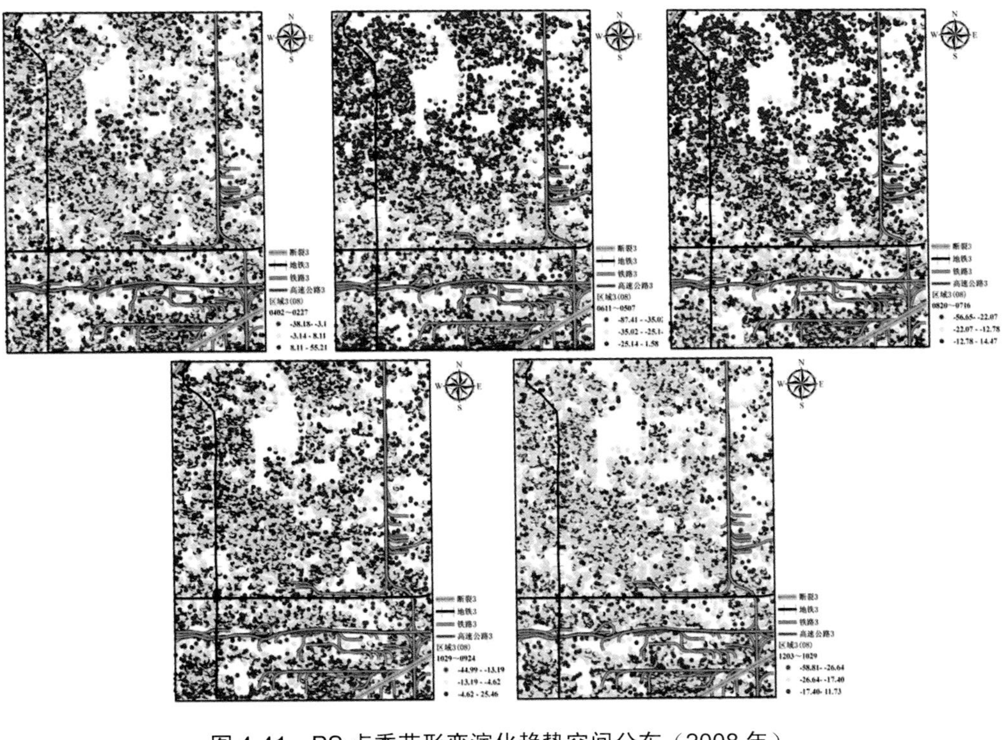

图 4-41 PS 点季节形变演化趋势空间分布（2008 年）

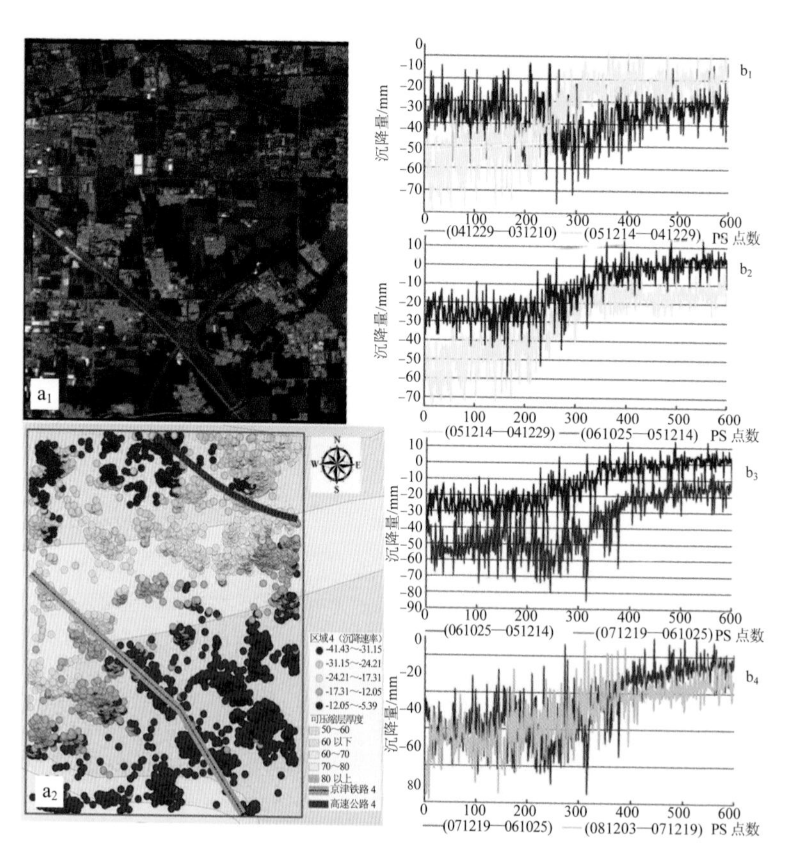

图 4-42　典型区域 4 形变演化趋势（左）与 PS 点年际形变演化过程（右）

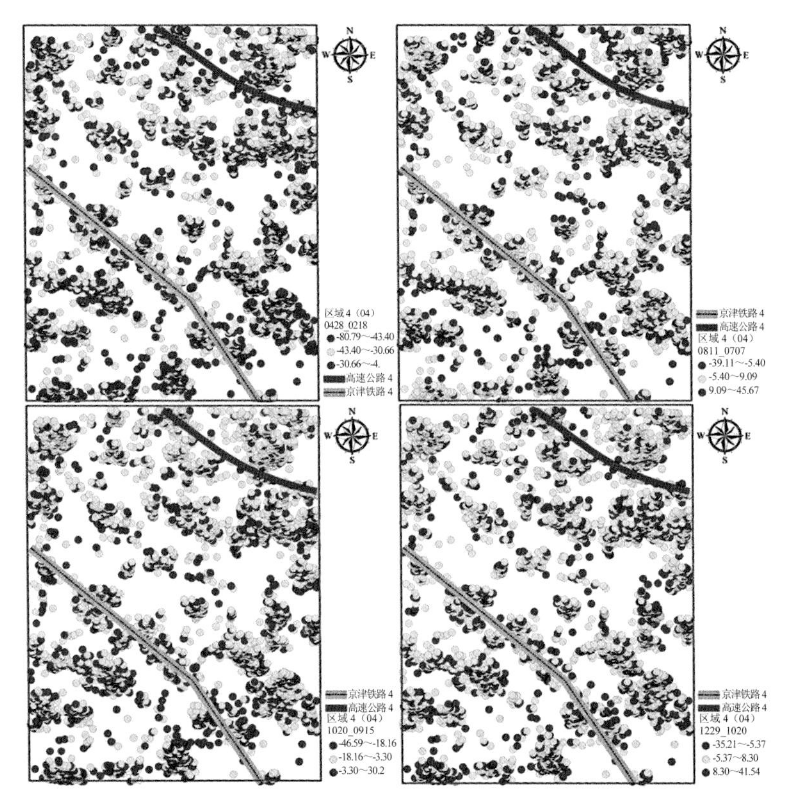

图4-45　PS点季节形变演化趋势空间分布（2004年）

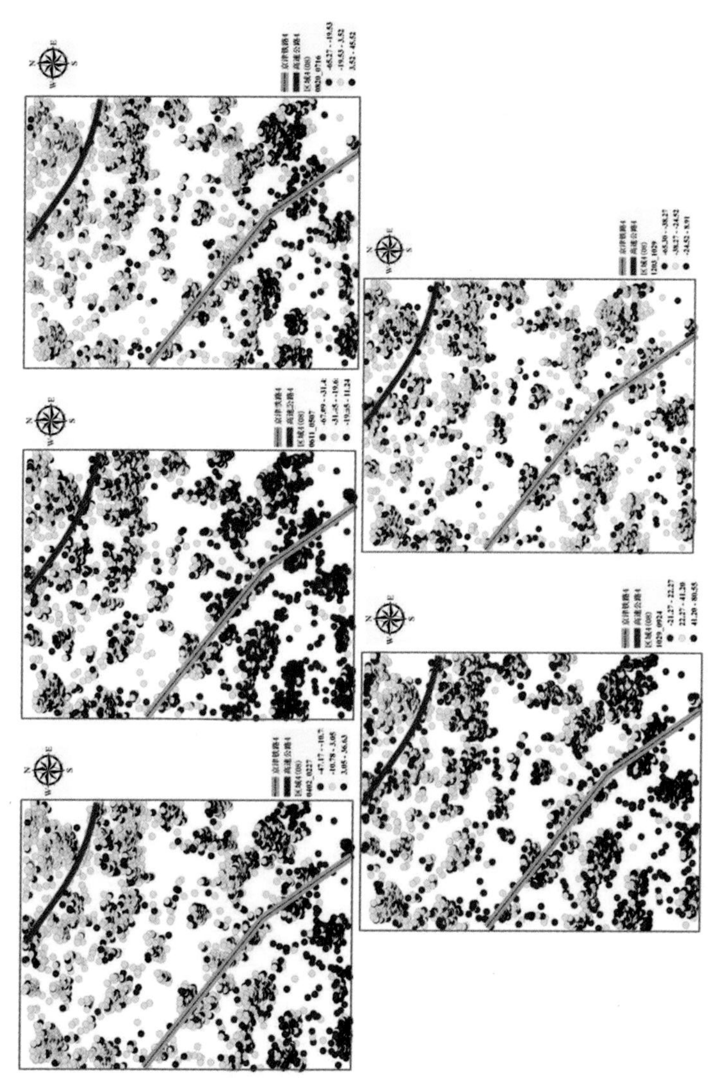

图 4-47　PS 点季节形变演化趋势空间分布（2008 年）

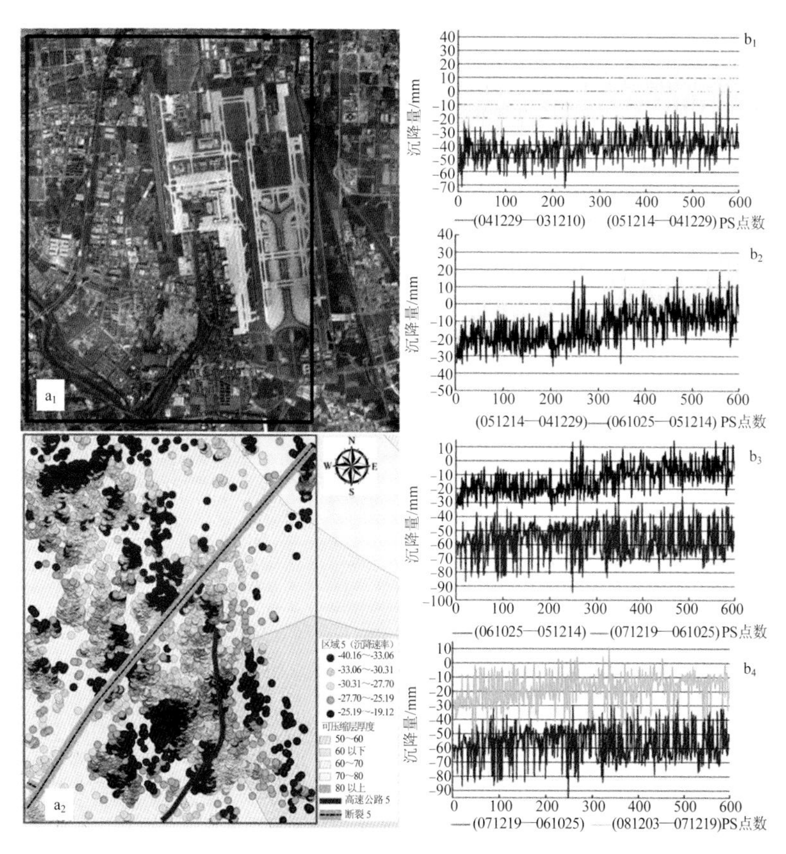

图 4-48　典型区域 5 形变演化趋势（左）与 PS 点年际形变演化过程（右）

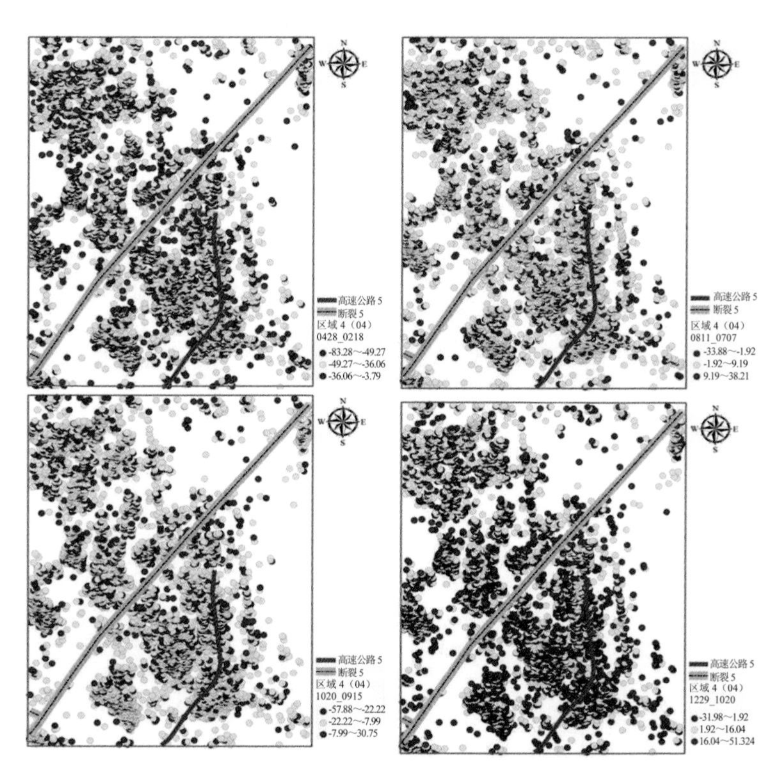

图 4-51　PS 点季节形变演化趋势空间分布（2004 年）

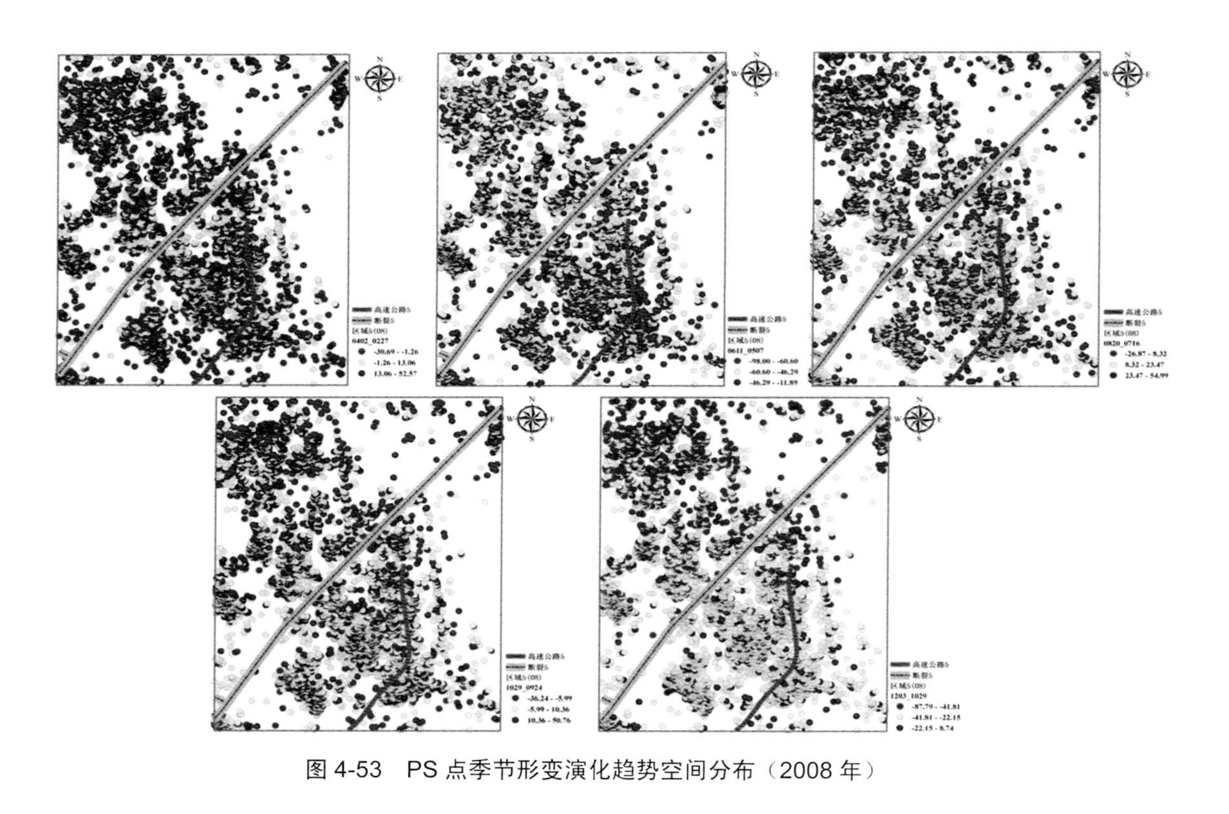

图 4-53　PS 点季节形变演化趋势空间分布（2008 年）

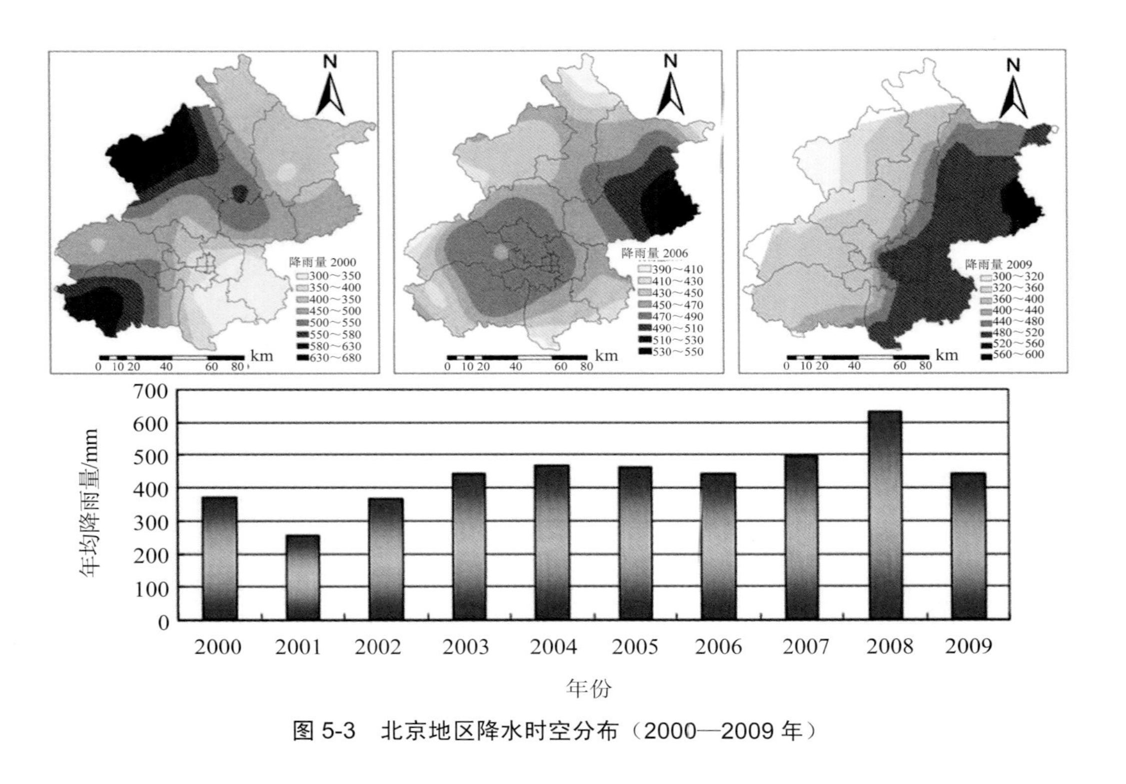

图 5-3 北京地区降水时空分布（2000—2009 年）

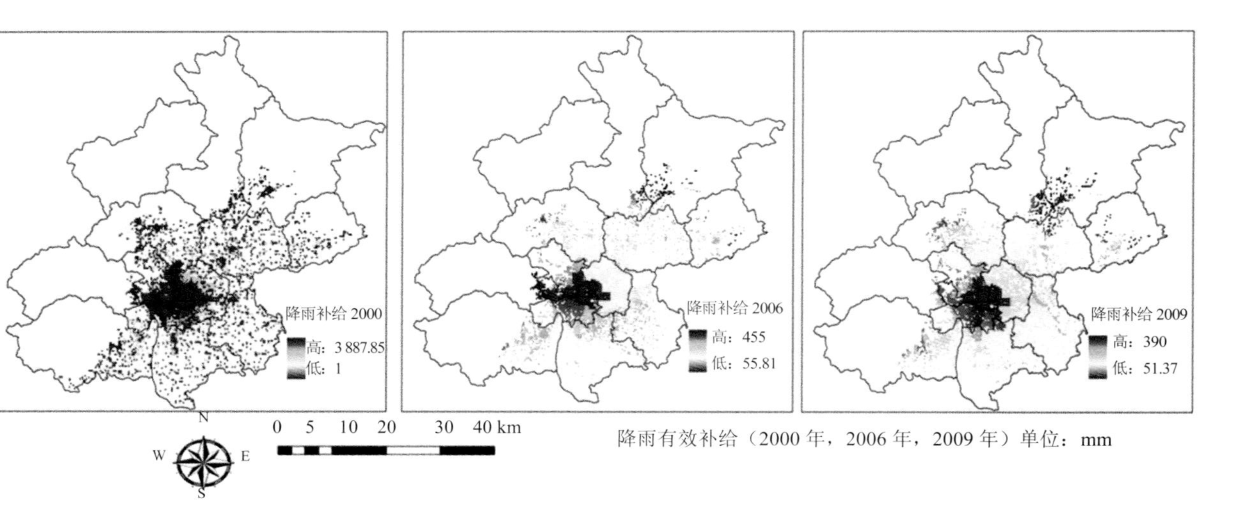

图 5-5　2000—2009 年地下水降雨有效补给时空分布

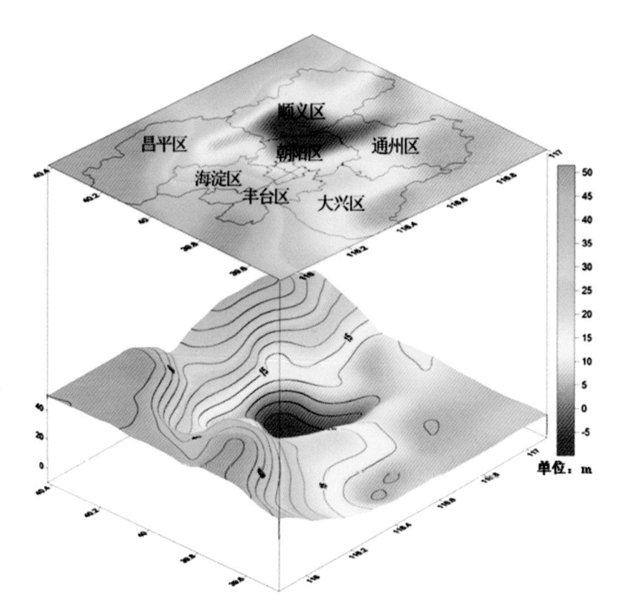

图 5-10　2005 年地下水漏斗变化趋势

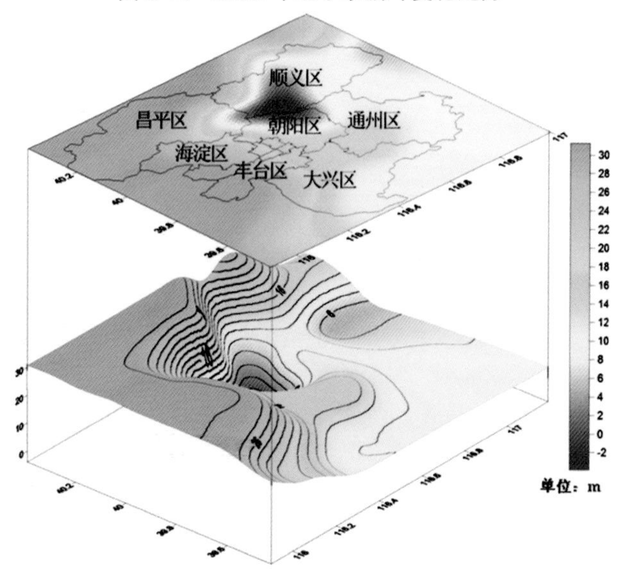

图 5-11　2006 年地下水漏斗变化趋势

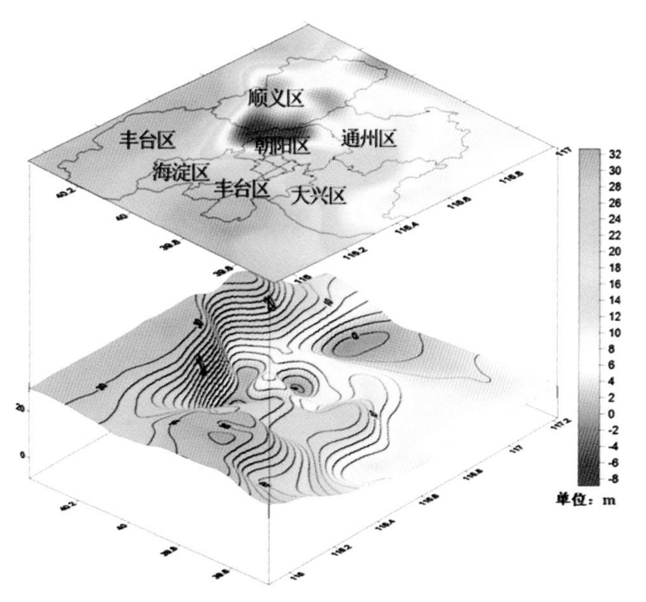

图 5-12　2007 年地下水漏斗变化趋势

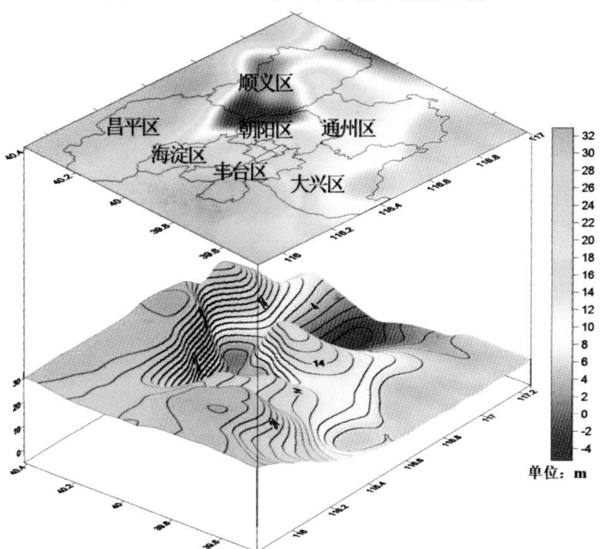

图 5-13　2008 年地下水漏斗变化趋势

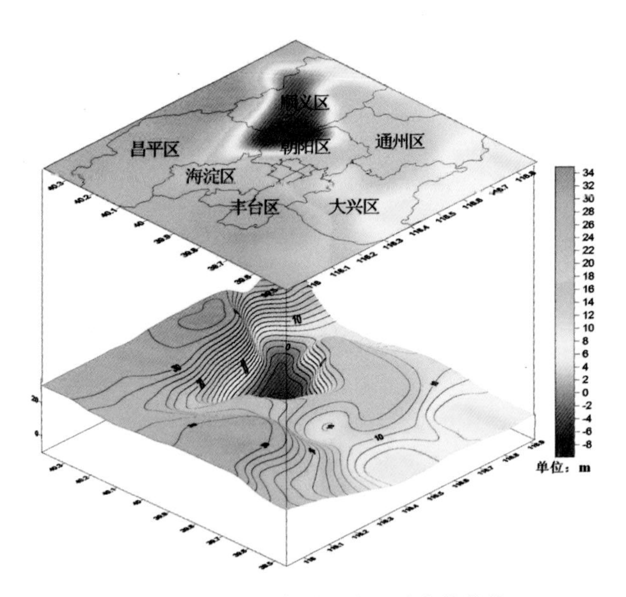

图 5-14　2009 年地下水漏斗变化趋势

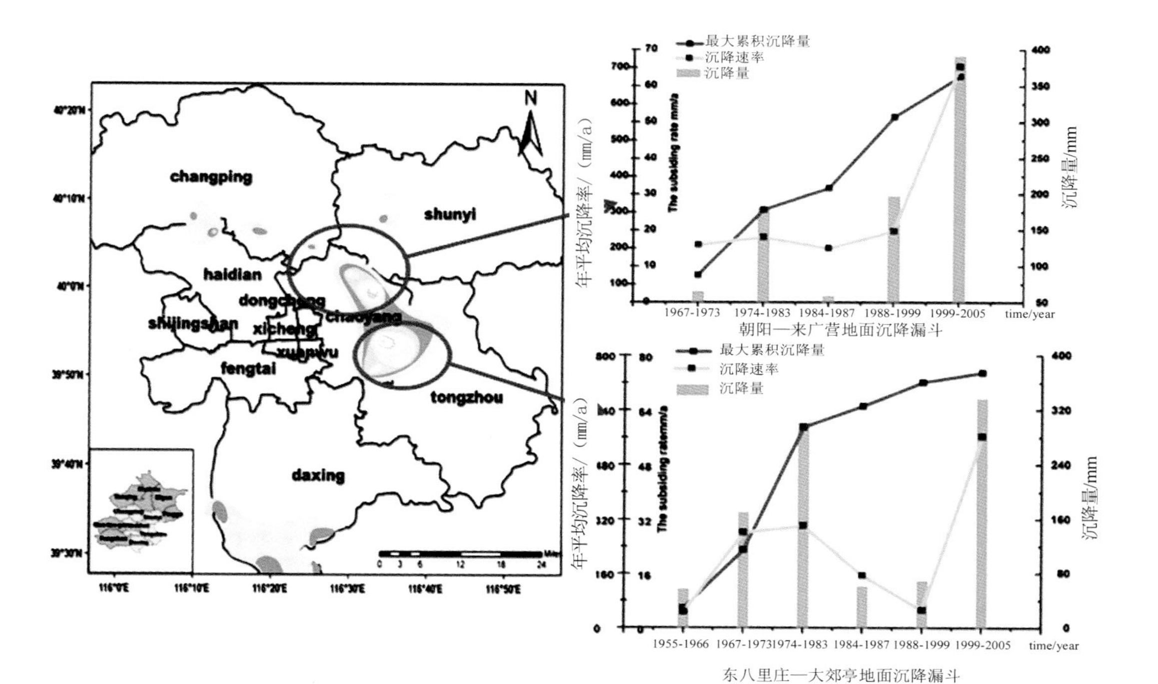

图 5-15　东八里庄—大郊亭、来广营地面沉降漏斗形成与演化

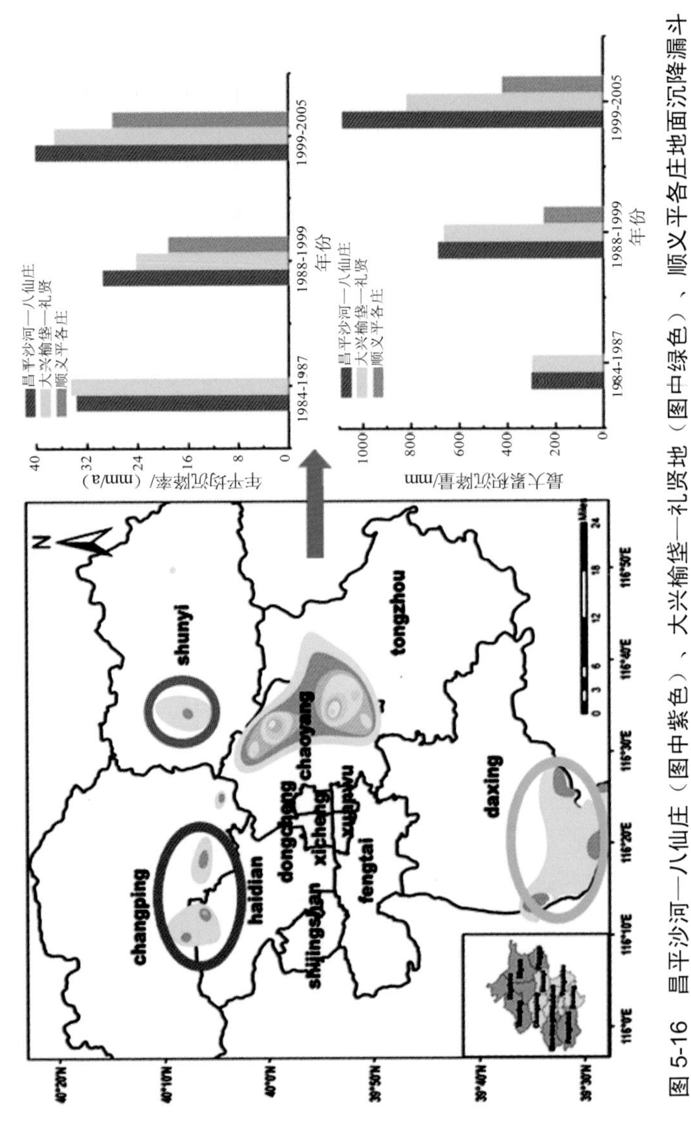

图 5-16 昌平沙河—八仙庄（图中紫色）、大兴榆垡—礼贤地（图中绿色）、顺义平各庄地面沉降漏斗（图中灰色）形成与演化

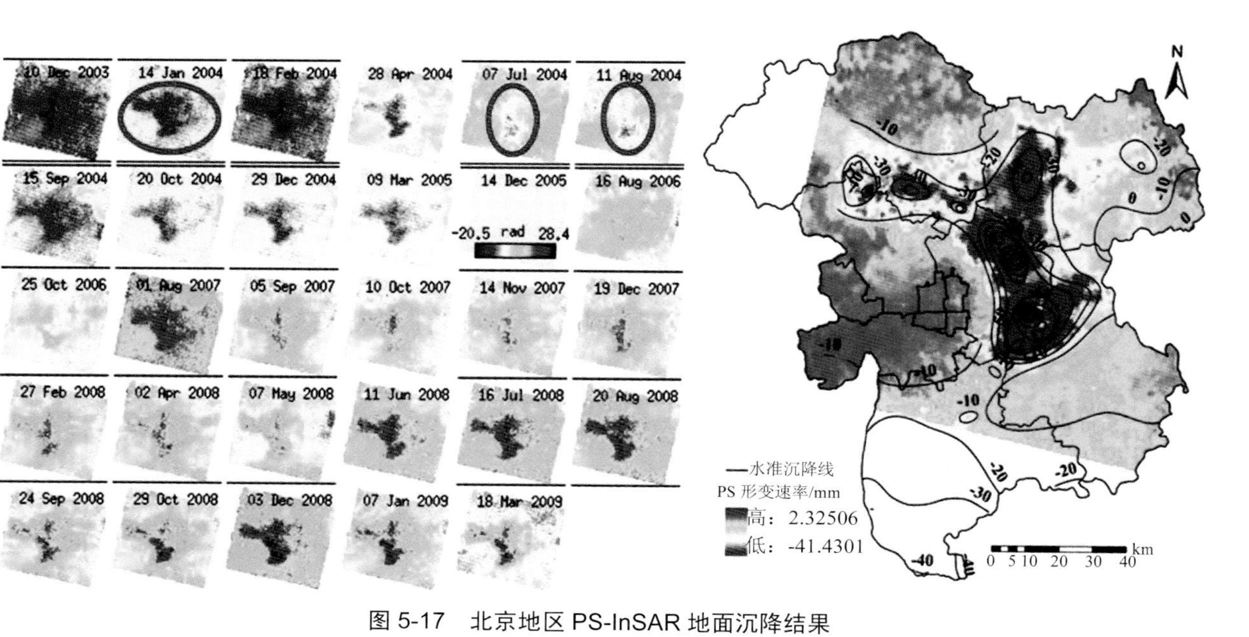

图 5-17　北京地区 PS-InSAR 地面沉降结果

（左图为形变量值，右图为形变速率图）

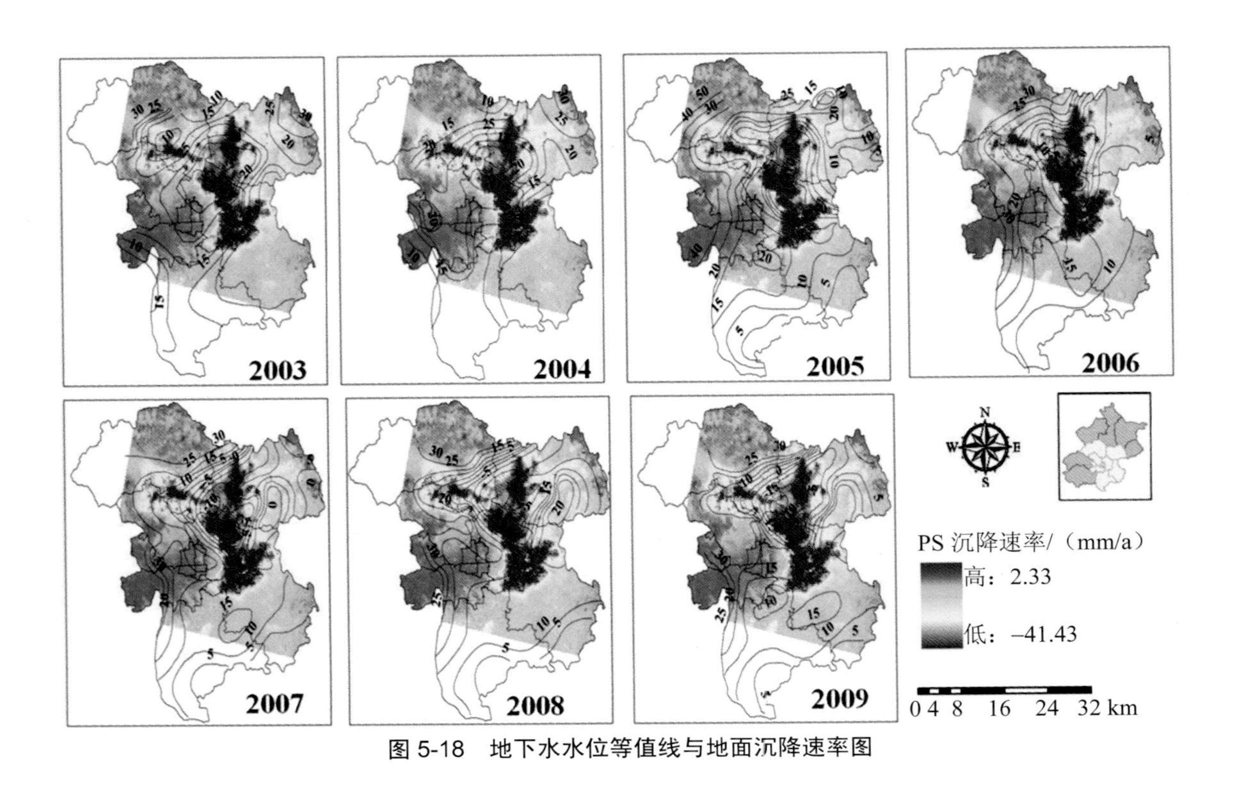

图 5-18　地下水水位等值线与地面沉降速率图

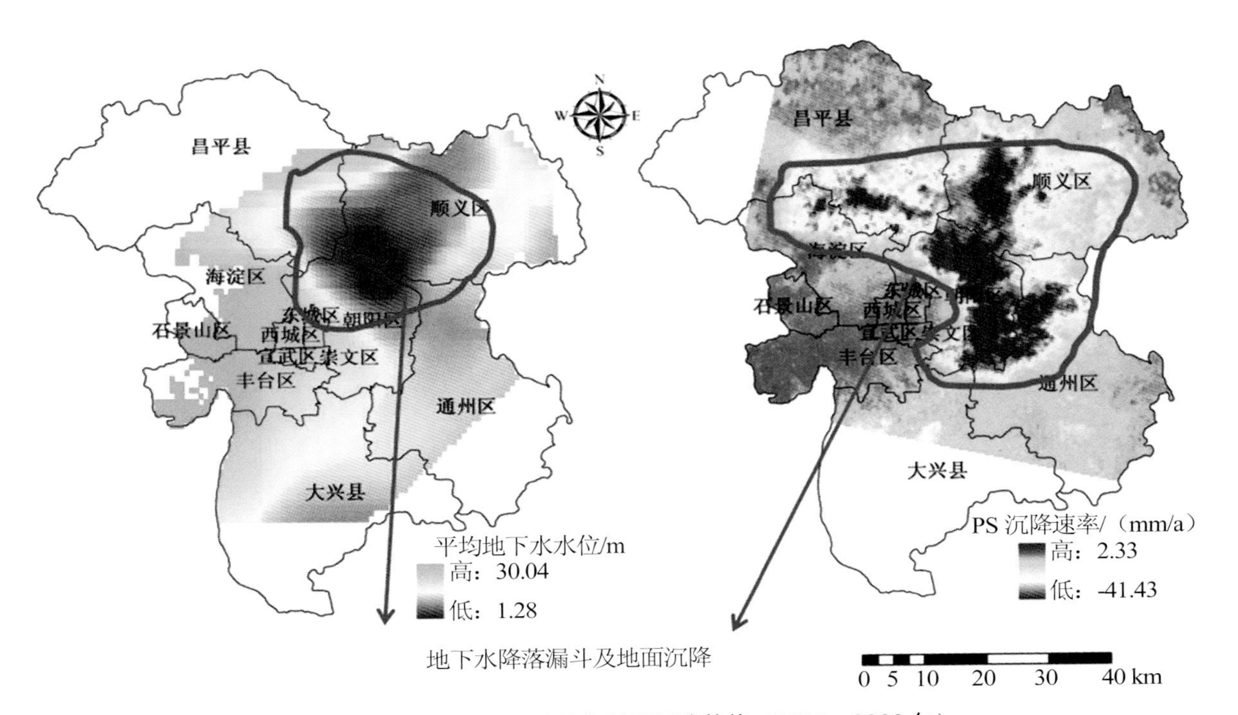

图 5-19　研究区地下水位与地面沉降趋势（2003—2009 年）

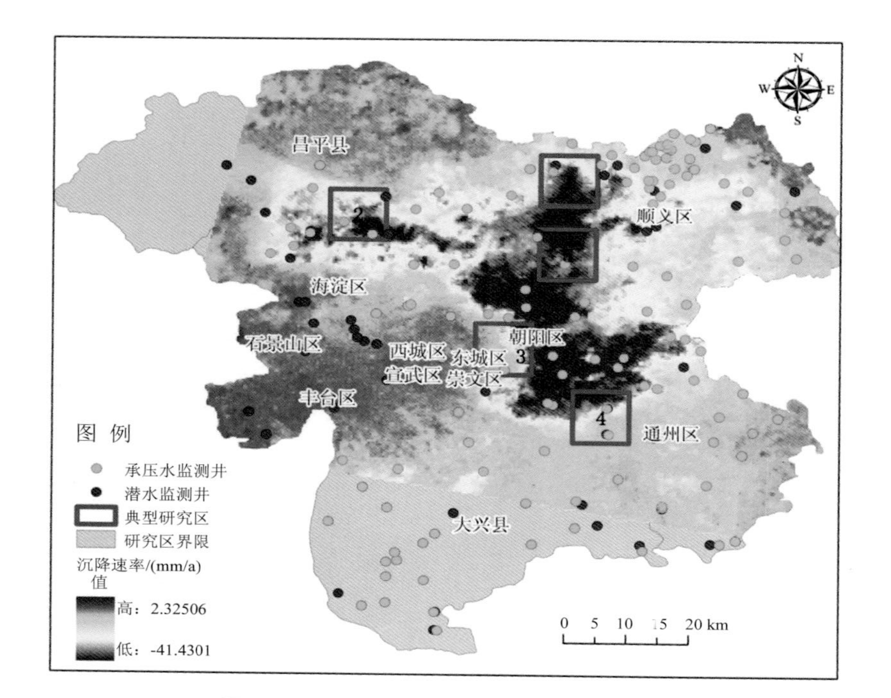

图 5-20 不同含水层系统监测井分布位置

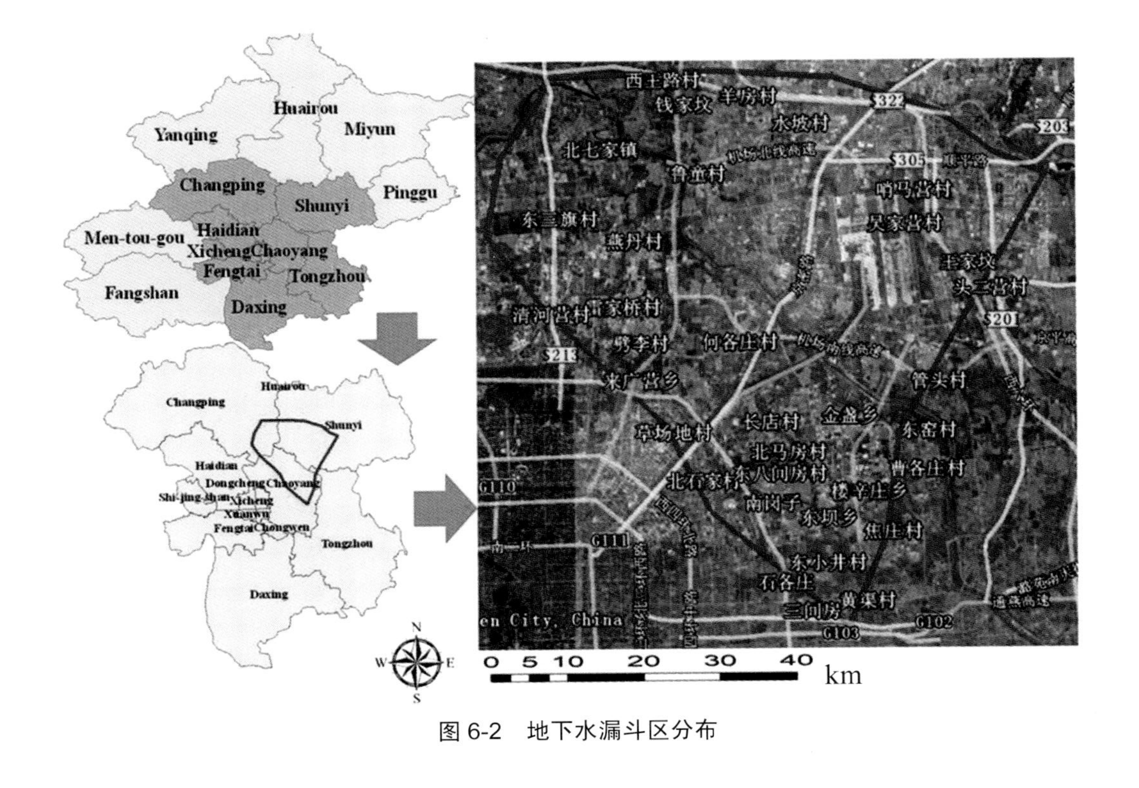

图 6-2　地下水漏斗区分布

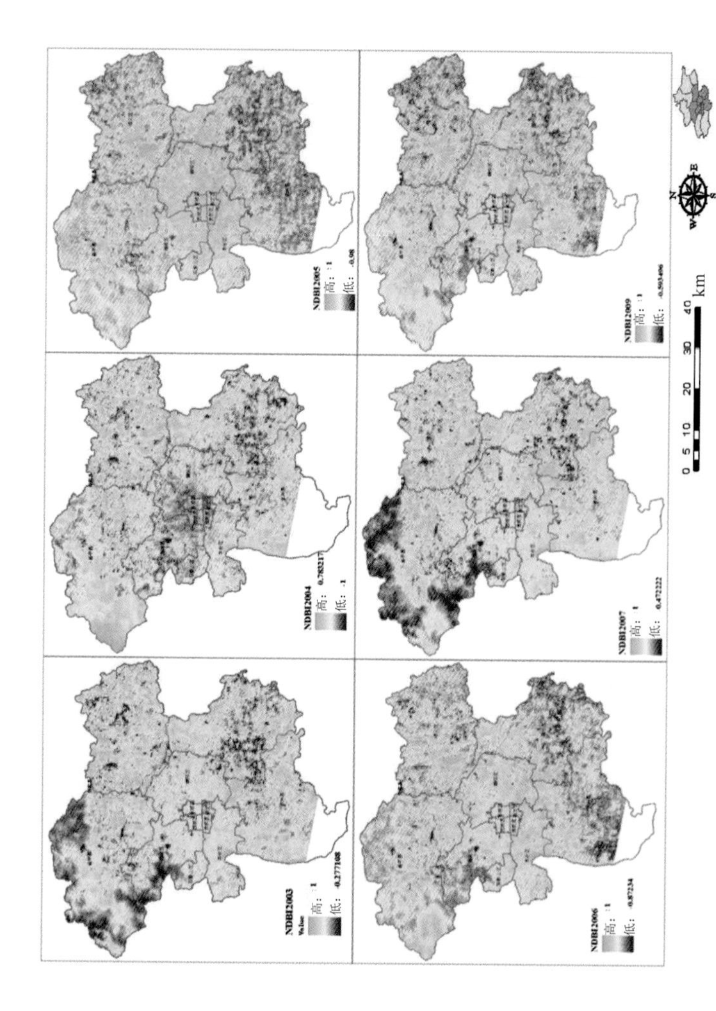

图 6-4　北京平原地区 NDBI 反演结果（2003—2009 年）

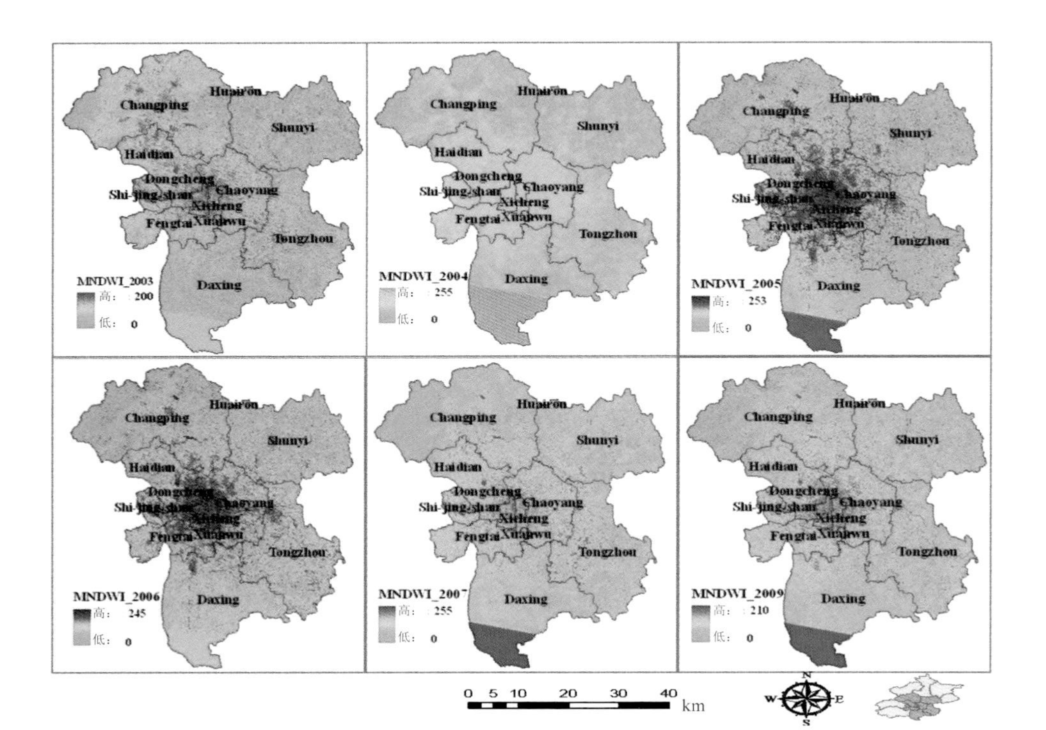

图 6-5　北京平原地区 MNDWI 反演结果（2003—2009 年）

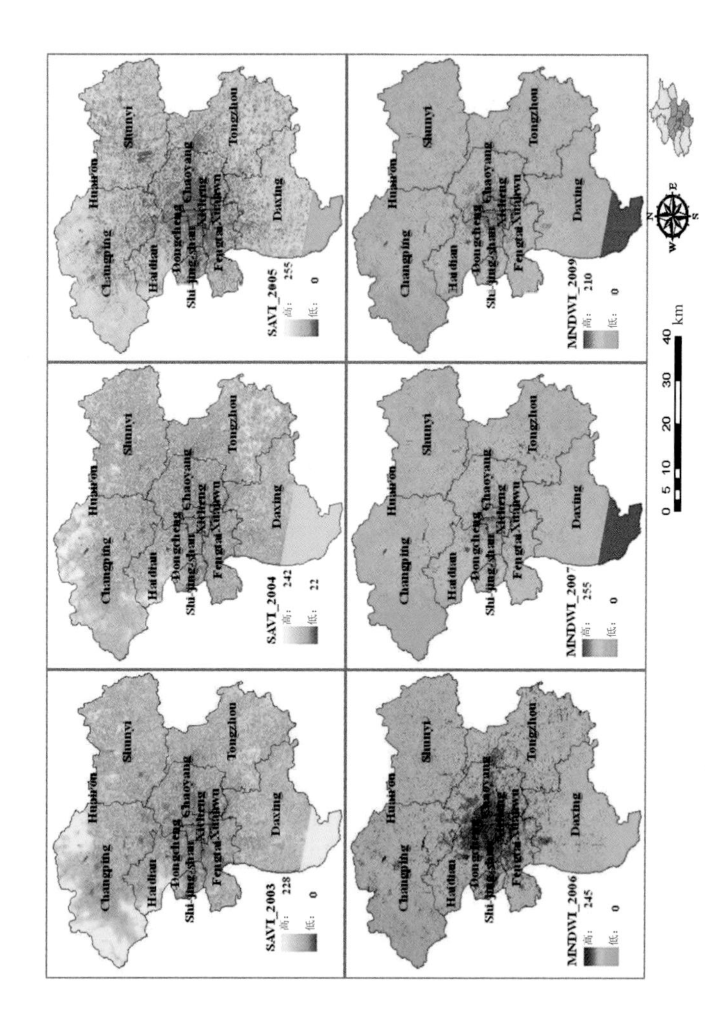

图 6-6　北京平原地区 SAVI 反演结果（2003—2009 年）

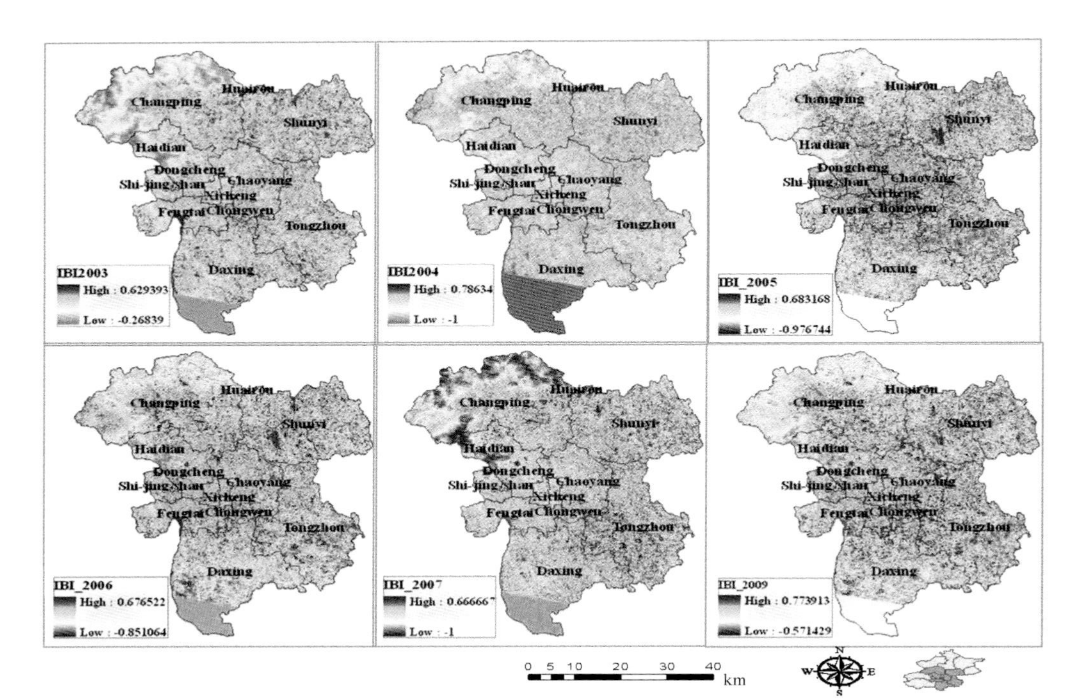

图 6-8　北京平原地区 IBI 反演结果（2003—2009 年）

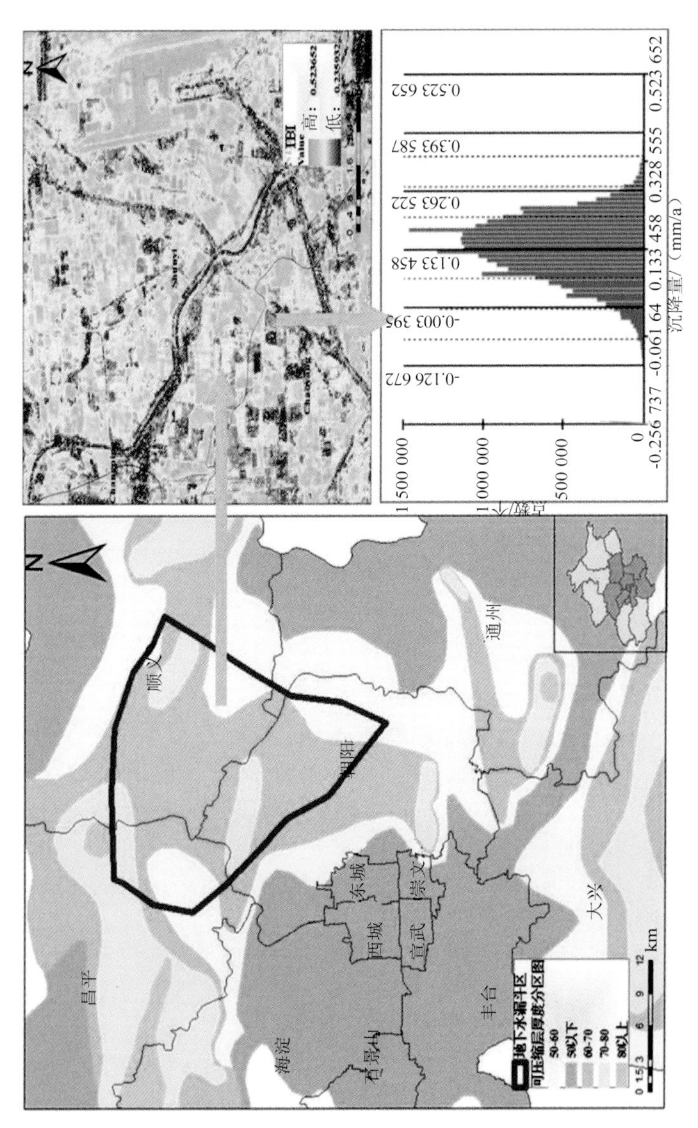

图 6-9 地下水漏斗区 IBI 分布

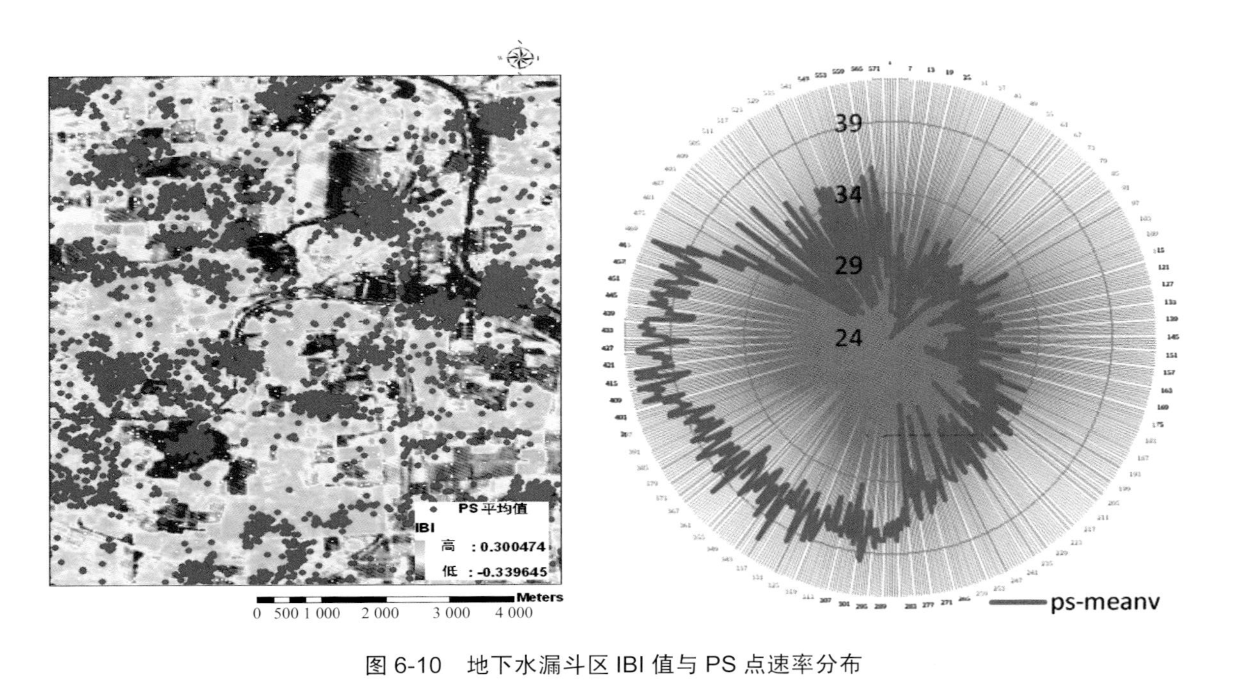

图 6-10　地下水漏斗区 IBI 值与 PS 点速率分布

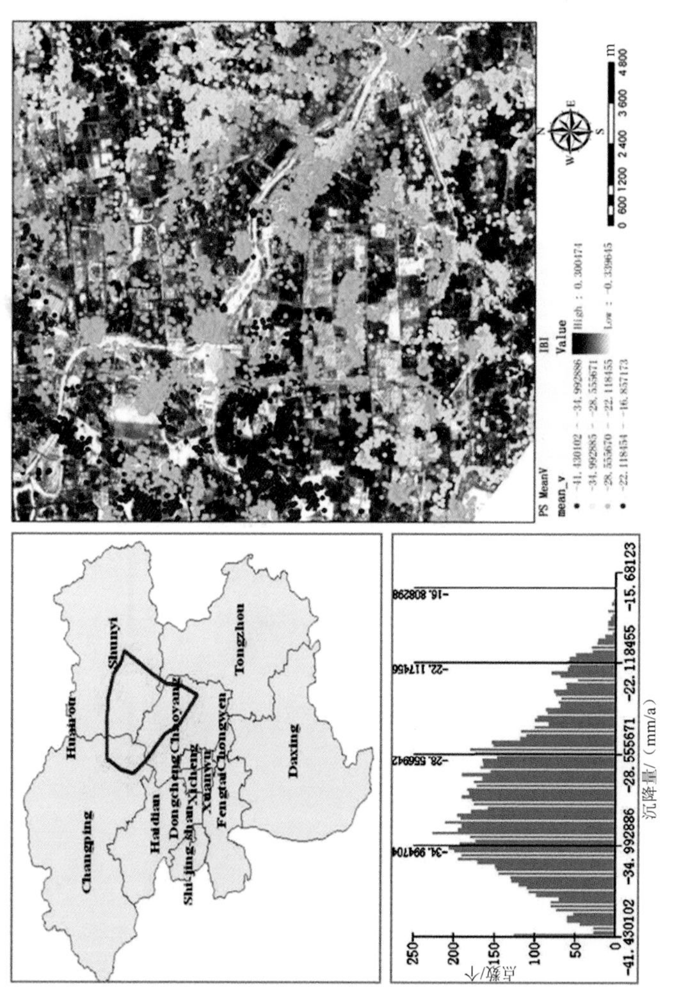

图 6-12　重分类 PS 点分布

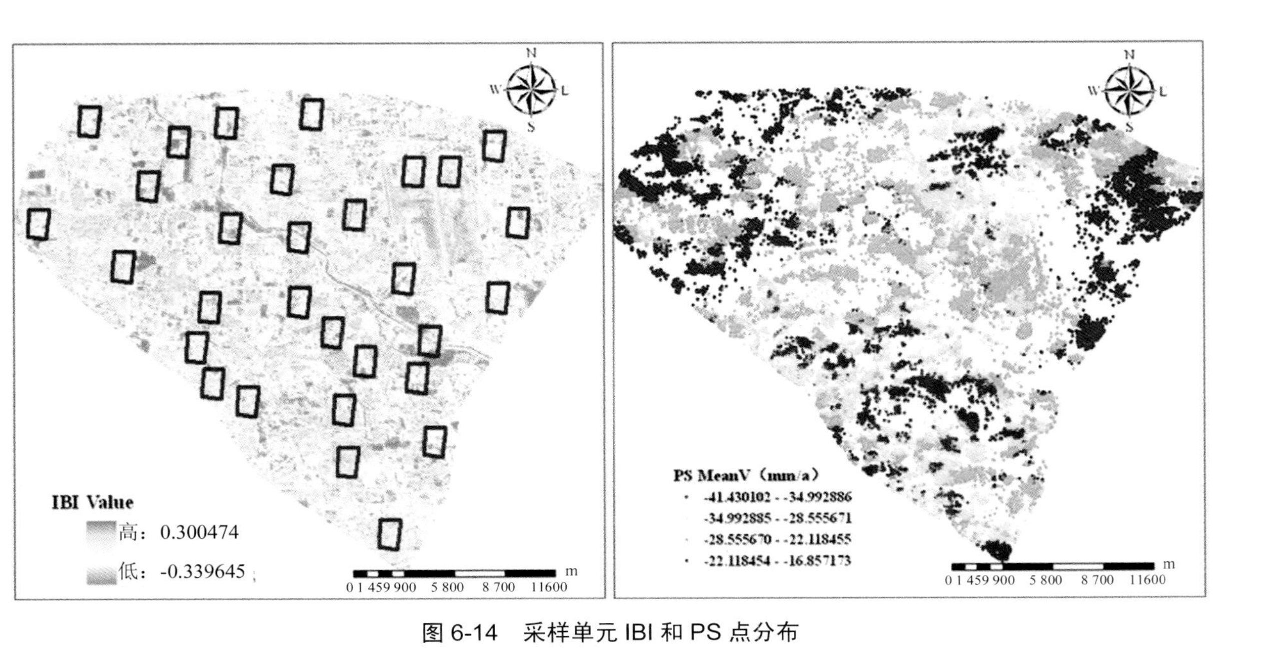

图 6-14 采样单元 IBI 和 PS 点分布

（左图红框表示单个 100×100 窗口，共 30 个）

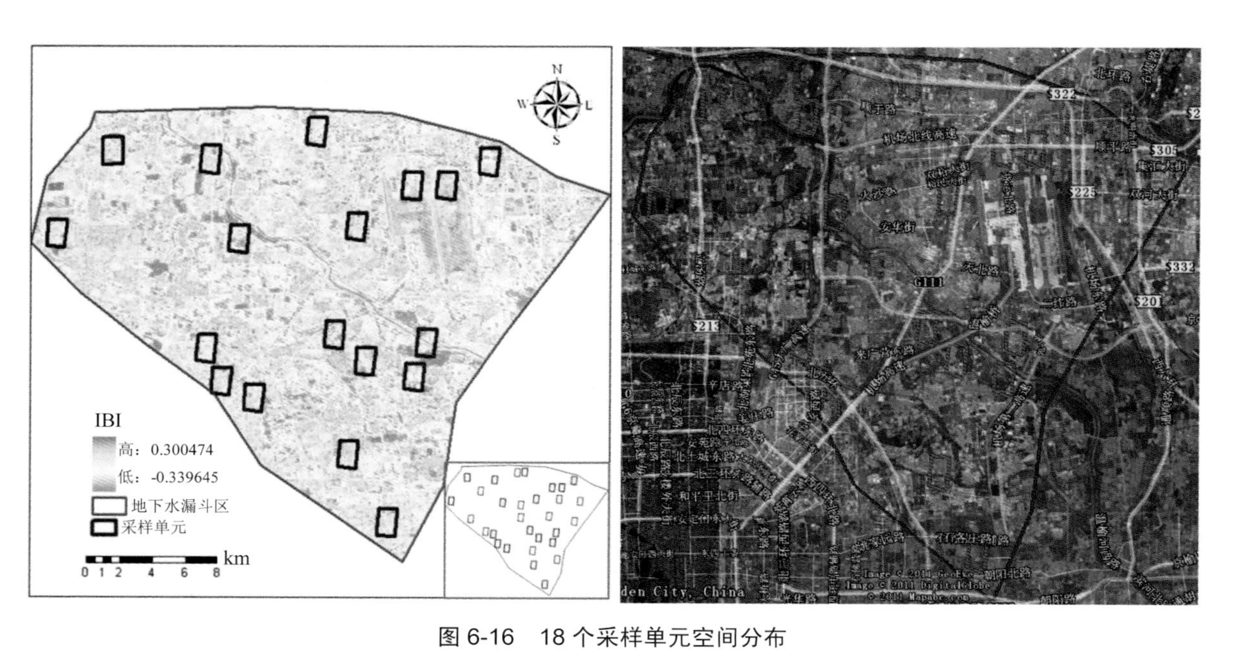

图 6-16　18 个采样单元空间分布

（右图底图修改自 Google earth）

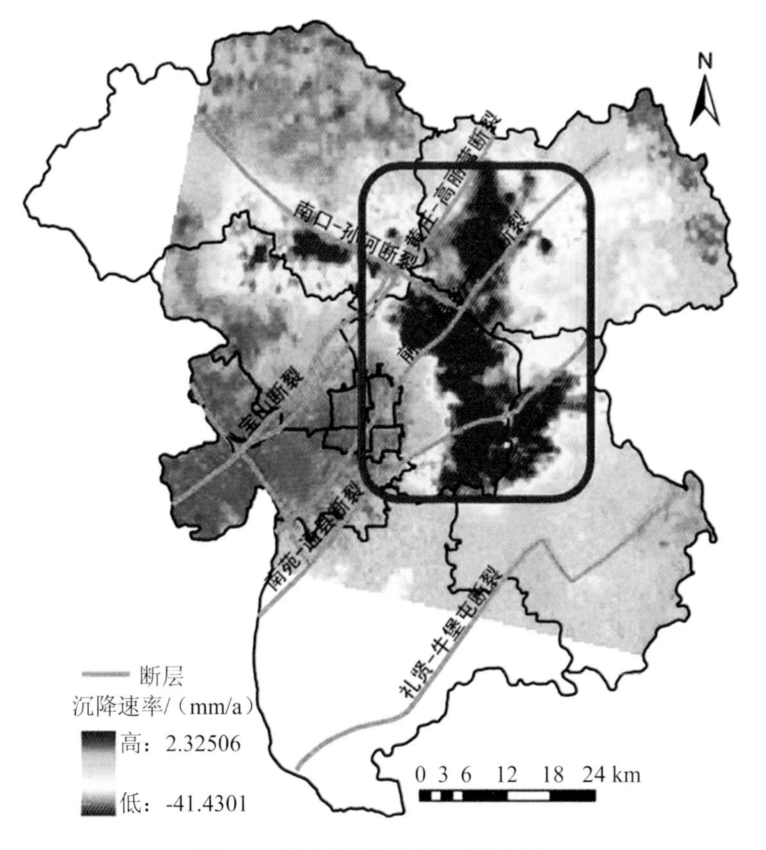

图 7-1　研究区地面沉降与断层分布

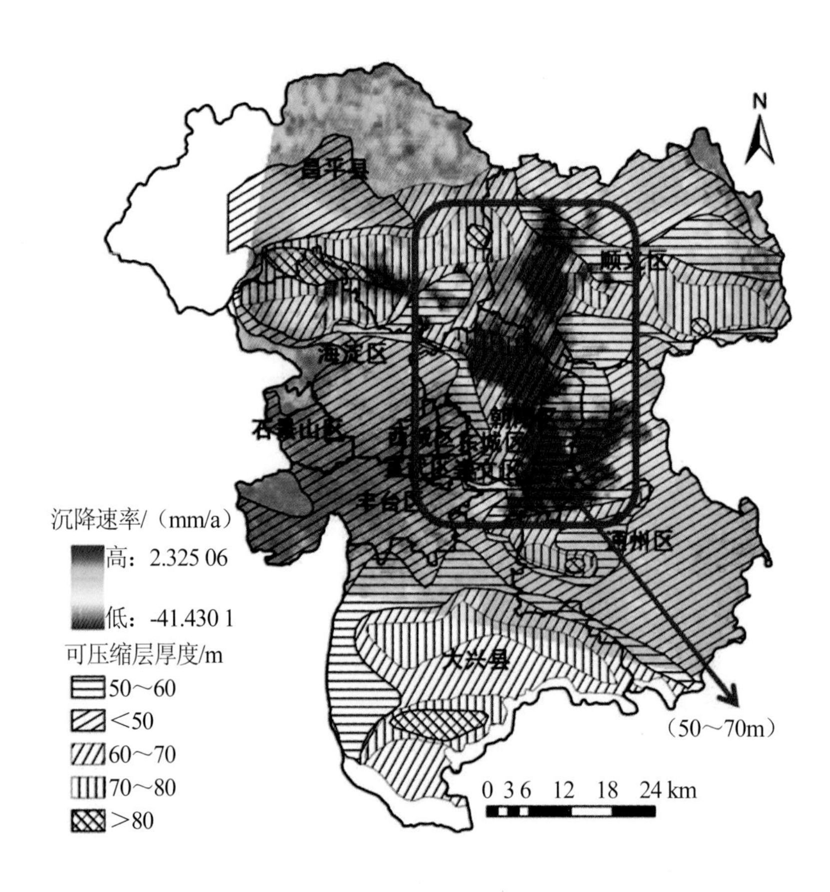

图 7-3　地下水漏斗区地面沉降与黏性土厚度分区